LES VERRERIES

DU

COMTÉ DE BITCHE

Tiré à 200 exemplaires :

5 sur papier du Japon.
195 sur papier de Hollande.

LES
VERRERIES
DU
COMTÉ DE BITCHE

ESSAI HISTORIQUE (XVᵉ — XVIIIᵉ SIÈCLES)

Par Ad. MARCUS

CHEVALIER DE LA LÉGION D'HONNEUR
MEMBRE DES ACADÉMIES DE METZ ET DE STANISLAS
ANCIEN ÉLÈVE DE L'ÉCOLE POLYTECHNIQUE
ANCIEN ADMINISTRATEUR DE LA COMPAGNIE DES CRISTALLERIES DE SAINT-LOUIS

Accompagné de nombreuses pièces justificatives.
Avec 12 dessins ou plans topographiques et une carte générale.

NANCY
IMPRIMERIE BERGER-LEVRAULT ET Cⁱᵉ
11, rue Jean-Lamour

M DCCC LXXXVII

INTRODUCTION.

Plan de l'ouvrage. — Documents et publications consultés. — Monnaies et mesures du duché de Lorraine, et spécialement du comté de Bitche.

Ce qui touche à l'état politique d'un pays et à son gouvernement, autant que sa situation géographique et les éléments matériels de prospérité dont il dispose, a sur son développement économique et sur les progrès de son industrie une influence considérable, que personne ne saurait méconnaître.

C'est ce qui m'engage à débuter en rappelant brièvement l'origine de la seigneurie désignée habituellement sous le nom de comté de Bitche, qui fut réunie à la couronne ducale de Lorraine au commencement du xviie siècle; en consacrant quelques lignes à sa situation politique et aux vicissitudes qui l'ont traversée; en faisant connaître sa topographie et la nature des ressources de la province.

Je fais suivre cet exposé de quelques considérations sur l'état de l'art de la verrerie dans diverses parties des Gaules, antérieurement à la domination romaine, et après l'occupation du pays par les envahisseurs; puis viendront les informations que l'on possède sur cette industrie dans le nord-est de ces provinces, particulièrement dans la Lorraine, à partir du bas moyen âge.

Après avoir constaté que, parmi les écrivains qui, depuis le XVIe siècle jusqu'à l'époque actuelle, ont publié quelques détails sur les vieilles industries de la Lorraine, aucun ne nous apprend rien de l'existence de verreries au comté de Bitche jusqu'au commencement du siècle dernier, je rapporterai d'abord ce que de patientes recherches m'ont appris sur ces établissements, à partir de l'aurore de la renaissance.

J'exposerai ensuite le développement de ceux qui se sont fondés au cours du XVIIIe siècle. Une monographie particulière sera réservée à chaque verrerie.

Un chapitre spécial sera consacré à l'organisation primitive des associations de maîtres verriers qui exploitaient ces manufactures peu considérables; à leur mode de travail; aux privilèges dont elles jouissaient;

Un autre, à l'historique du verre cristallin, du cristal à base de plomb et de l'introduction, sur le continent, de la fabrication de ce dernier produit.

Je terminerai par l'indication — accompagnée de quelques détails historiques — des verreries qui, à diverses époques, ont existé autour des frontières du comté de Bitche, et dont aucune n'existe plus aujourd'hui.

Dans un *Appendice* final, on trouvera, réunis, les textes de ceux des documents originaux qui m'ont paru les plus intéressants parmi ceux que j'ai utilisés.

Décembre 1885.

LISTES ALPHABÉTIQUES

DES DOCUMENTS ET DES PUBLICATIONS

QUI ONT ÉTÉ CONSULTÉS

POUR LA COMPOSITION DE L'OUVRAGE[1].

MANUSCRITS.

Adjudication de la verrerie de Muntzthal (Saint-Louis) et de 8,000 arpents de bois affectés à son exploitation, au citoyen Claude Poncelet et consorts, du 3 prairial an VI. — Archives départementales de Metz, registres des adjudications des domaines nationaux. (N° 43.)

Arrêt du Conseil d'État qui confirme et règle les droits d'affouage, maronage, grasse et vaine pâture des communautés de la partie couverte du comté de Bitche, du 27 décembre 1768. — Archives départementales de Metz, B, 106.

    Ordonnance du Grand-Maître des Eaux et Forêts, pour l'exécution de l'arrêt ci-dessus.

Arrêt du Conseil des finances et commerce qui accorde aux verriers de Meisenthal une affectation de 2,000 arpents de bois, du 2 mars 1763. — Archives départementales de Metz, B, 105. (N° 11.)

Arrêt du Conseil d'État qui maintient Jean-Martin Walter et consorts dans la jouissance et exploitation de la verrerie de Gœtzenbruck et affecte à l'affouage de ladite verrerie la quantité de 1,788 arpents et demi de bois, du 7 avril 1767. — Archives départementales de Metz, B, 106. (N° 14.)

Arrêt du Conseil d'État qui accorde à Jolly et compagnie l'accensement perpétuel de la cense de Muntzthal à charge d'y construire une verrerie, du 17 février 1767. — Archives départementales de Metz, B, 106. (N° 21.)

    Lettres patentes, sur arrêt du 17 février 1767, qui accordent à Jolly et compagnie l'accensement de la cense de Muntzthal, à charge d'y construire

---

1. Les documents transcrits aux *Pièces justificatives* sont indiqués par le numéro sous lequel ils y sont insérés.

une verrerie, etc., du 4 mars 1767. — Archives nationales, Q¹, n° 804. (N° 22.)

Contrat d'acensement de la cense domaniale de Muntzthal pour R. F. Jolly et compagnie, passé en la Chambre des comptes, en exécution des lettres patentes du 4 mars 1767, et conformément à l'arrêt du Conseil du 17 février 1767, du 18 mars 1767. — Archives nationales, Q¹, n° 805. (N° 23.)

Soumission contenant les noms des membres de la Société Jolly et compagnie par laquelle ils s'engagent à l'exécution des clauses et charges portées au contrat d'acensement du 18 mars 1767, de la cense de Muntzthal, du 21 novembre 1768. — Archives départementales de Nancy, B, 11,131. (N° 24.)

Arrêts du Conseil d'État rendus pour l'établissement et l'exploitation de la verrerie de Saint-Louis et concernant : des parties de bois à défricher, du 26 janvier 1768 (N° 25) ; — *un complément d'affectation et les bois pour bâtiments,* du 13 décembre 1768 (N° 26); — *les droits d'entrée dans les cinq grandes fermes des produits de la verrerie de Saint-Louis,* du 10 mars 1772 (N° 42); — *la dîme des terres,* du 28 décembre 1772 (N° 30) ; — *les pins de la forêt de Waldeck,* du 26 avril 1774 (N° 33) ; — *les arbres propres au service,* du 20 juin 1775 (N° 34); — *les arbres délivrés pour la construction de l'usine,* du 11 mars 1777 (N° 35); — *le droit de pâturage,* du 15 février 1784 (N° 36); — *un supplément d'affectation,* du 25 mai 1784 (N° 37); — *un règlement concernant les ouvriers de la verrerie,* du 29 avril 1785 (N° 38). — Archives nationales ; de DIETRICH ; archives départementales de Metz, *passim.*

Lettre du Grand-Maître des Eaux et Forêts qui ordonne une délivrance provisionnelle de bois pour la construction de l'église de Saint-Louis, du 15 janvier 1776. — Archives départementales de Metz, B, 108.

Procès-verbal de justification d'employ des arbres de bâtiments délivrés à la verrerie royale de Saint-Louis, du 27 août 1776. — Archives nationales, Q¹, n° 818.

Ordonnance royale qui autorise la formation de la Société anonyme des verreries de Saint-Louis, du 7 juin 1829.

Jugement du tribunal de Sarreguemines qui confirme les droits perpétuels d'affectation de bois de la verrerie de Saint-Louis, du 30 avril 1828.

Jugements du tribunal de Sarreguemines, relatifs au cantonnement des droits d'affectation de bois, etc., de la verrerie de Saint-Louis, des 7 juin 1855 et 11 janvier 1860.

Arrêts de la Cour impériale de Metz, statuant sur les jugements qui précèdent, des 14 mars 1861 et 25 mars 1862.

Arrêt du Conseil qui permet à M. l'Évêque de Metz d'établir dans la châtellenie de Baccarat, dépendante dudit évêché, une verrerie, du 16 octobre 1764 ; — *lettres patentes du Roy, sur le précédent arrêt, conformes quant aux motifs et au dispositif,* du 23 mai 1765 ; — *acte notarié, réglant les droits des copropriétaires de la verrerie de Baccarat,* du 11 juin 1766. — Archives départementales de Metz, G, 59.

Aveu et dénombrement de Christian, prince palatin du Rhin, pour le comté de Hanau, du 29 mars 1683. In-fol., parchemin. — Archives départementales de Metz, aveux et dénombrements. (Nº 1.)

Aveu et dénombrement de Charles Henry de Lorraine, prince de Vaudémont, pour le comté de Bitche, du 22 décembre 1681. In-fol. — Archives départementales de Metz, aveux et dénombrements. (Nº 3.)

Bail de la verrerie de Muntzthal (Saint-Louis), au profit de Jacques Seiler et ses coassociés, pour une durée de 12 années, passé devant Mᵉ Purnot, notaire à Metz, du 2 pluviôse an VIII. (Nº 44.)

Baux de la verrerie de Meisenthal, des 16 avril 1704 et 13 septembre 1727. — Archives de la verrerie de Meisenthal. (Nᵒˢ 8 et 9.)

Charte des verriers de Lorraine, octroyée en 1448, renouvelée en 1469. — Archives départementales de Nancy, layette Darney.

Comptes du Domaine de Bitche, pour les années 1558 à 1703. — Archives départementales de Nancy, B, 3,006 à 3,208, *passim.* (Nº 4.)

Compte du Domaine de Bitche (Extrait d'un), rendu pour l'année 1673. Tiré des Archives de la Chambre des comptes de Lorraine, fº 22, rº. — Archives nationales, Q¹, nº 804. (Nº 5.)

Compte du Domaine de Bitche (Extrait d'un), rendu pour l'année 1701. Tiré des Archives de la Chambre des comptes de Lorraine, fº 24, rº. — Archives nationales, Q¹, nº 804. (Nº 5.)

Comptes de la gruerie de Bitche, pour les années 1606 à 1632. — Archives départementales de Nancy, B, 3,209 à 3,233, *passim.* (Nº 6.)

Contrat d'acensement de 61 jours de terres du ban de Schiresd'hal, passé en la Chambre des comptes de Lorraine à six ouvriers de bois de Hollande, du 27 juillet 1736. In-4º, parchemin. — Conservé par un descendant des censitaires.

Contrat d'association entre le marquis de Spinola, Levis de Mirepoix, Préaudeau de Chemilly, Loysel, de Beaufort et Amalric, à l'effet d'établir une manufacture de glaces et de cristaux à Mouterhausen (le vieux), du 28 août 1792.

Vente pour la susdite Société, contre Préaudeau de Chemilly, de la cense et forges de Mouterhausen, pour le prix principal de 1,200,000 *fr., passé devant* M⁰ *Pezet de Corval, notaire à Paris,* du 29 août 1792.

État des lieux dépendants des duchés de Lorraine et de Bar, par Thierry Alix de Véroncourt, président de la Chambre des comptes de Lorraine. In-fol., 1594. — Copie, du XVIIIᵉ siècle, du travail original de l'auteur, conservée à la bibliothèque de la ville de Metz, sous le n° 238.

Forêts aliénées depuis 1697 (*Procès-verbaux de visites des*), *dans le département d'Allemagne et réunies au domaine par l'Édit de* 1729, du 29 octobre 1729. — Archives nationales, Q¹, n° 818.

Forêts de la terre et seigneurie de Bitche (*Procès-verbal de reconnaissance des*), par Jacquemin Cueullet, gruyer de Nancy, du 21 mars 1580. In-fol. — Archives départementales de Metz, B, 117. (N° 2.)

Forêts du Roi (*Visite générale des*) *du comté de Bitche, achevée le dernier de l'an* 1754. — Archives départementales de Metz, B, 114.

Forêts du Roi (*État général des*) *du comté et de l'ancienne gruerie de Bitche, avec le projet d'aménagement et règlement desdites forêts,* 1767. In-fol. — Archives départementales de Metz, B, 117.

Forêts et usines du comté de Bitche (*Mémoire sur les*), en forme de lettre, écrite par Thibault, procureur général près la Chambre des comptes de Lorraine, le 18 mars 1769. In-fol. — Archives nationales, Q¹, n° 804.

Lettres de permission pour le sʳ *Poncet, de faire construire une verrerie au comté de Bitche, dans les bois de Gotzbrick,* du 21 janvier 1721. — Archives départementales de Nancy, B, 151. (N° 12.)

Subrogation du susdit privilège à Jean-Martin Walter et consorts, par acte passé devant le tabellion du comté de Bitche, du 6 septembre 1721. — Archives départementales de Metz, notaires et tabellions, Bitche. (N° 13.)

Mandement de Messieurs les chef, président et gens des comptes de Lorraine, pour le fait de la verrerie de Volsberg, 1585. — Archives départementales de Nancy, B, 3,050. (N° 4.)

Ordonnance royale fixant l'indemnité à payer par l'État aux censitaires de Munsthal et verrerie de Saint-Louis, du 26 mars 1829. — Archives départementales de Metz.

Permission octroyée par le duc Léopold, de transporter la verrerie de La Soucht au canton du ruisseau appelé Meiserback (Meisenbach), du 2 septembre 1702. — Archives de la verrerie de Meisenthal.

Poleum Lotharingiæ. Manuscrit in-fol., du commencement du XVIIIe siècle. — Conservé à la bibliothèque de Metz, sous le n° 237.

Privilèges (État des) dont jouissent les ouvriers employés dans les verreries du département de Bitche, du 27 novembre 1769. In-fol. — Archives départementales de Nancy, papiers de l'ancienne intendance de Lorraine. (N° 47.)

Procès-verbaux des communautés qui ont des droits de vaine et grasse pâture, d'affouage, etc., dans la partie découverte du comté de Bitche, du 25 octobre 1769. In-fol. — Archives départementales de Metz, B, 116.

Procès-verbaux de tous les bois et forêts et droits du Domaine de S. A. R., aliénés dans l'étendue de la principauté de Lixheim, des 22 juillet-13 septembre 1729. — Archives nationales, Q^I, n° 818.

Registre contenant déclaration sommaire des mairies, sergenteries, villages, conduitz, rentes, revenus, poids, mesures, estangs, limites, frontières, droits, lois, usages et coustumes de la terre et s[te] de Bitche, par Thierry Alix, conseiller au conseil privé de Mgr président en la Chambre des comptes de Lorraine. Biche (Bitche), 1577. In-fol. — Archives départementales de Nancy, B, 558.

Registres de l'Académie royale des sciences, années 1781 et 1782.

Requête au Roy des censitaires de Frohmuhl qui demandent la réduction de leurs cens.... — Archives nationales, Q^I, n° 804.

Requête de M. le marquis et de Mme la marquise de Laubespin à l'effet d'être autorisés à établir une verrerie à Hanviller, au comté de Bitche, sous le nom de verrerie royale de Sainte-Agricole. — Archives nationales, Q^I, n° 805.

Trois Mémoires de : 1° les verriers de Gœtzenbruck et de Meisenthal, 2° François Lasalle l'aîné et compagnie, 3° baron de Dietrich, *se portant opposants à l'établissement de la susdite verrerie.* — Archives nationales, Q^I, n° 805.

Requêtes de Michel et Simon Undereiner tendant à obtenir, l'une, l'acensement de la cense de Muntzthal, l'autre, la permission de construire un moulin au bas de l'étang du vallon de Muntzthal. Décret de renvoi au Sr Kiecler, pour avis, du 13 septembre 1726. — Archives nationales, Q^I, n° 804. (N° 15.)

Avis du Sr Kiecler sur les requêtes qui précèdent, sans date. — Archives nationales, Q^I, n° 804. (N° 16.)

Décret portant permission pour Michel Undereiner de construire un moulin au bas de l'étang du vallon de Muntzthal, à charge de redevance

perpétuelle, du 18 mars 1727. — Archives nationales, E, n° 3,104.
(N° 17.)

Contrat d'acensement perpétuel pour Michel Undereiner du moulin à construire au bas de l'étang du vallon de Muntzthal, passé en la Chambre des comptes de Lorraine, du 20 juin 1727. — Archives nationales, Q¹, n° 804. (N° 18.)

Décret portant qu'il sera passé à Michel et Simon Undereiner contrat d'acensement de la cense de Muntzthal, du 18 mars 1727. — Archives nationales, E, n° 3,104. (N° 19.)

Contrat d'acensement perpétuel pour Michel et Simon Undereiner de la cense de Muntzthal, passé en la Chambre des comptes de Lorraine, du 25 juin 1727. — Archives nationales, Q¹, n° 804. (N° 20.)

Baux (cinq) *de la cense de Muntzthal, de 1730 à 1768.* — Archives nationales, Q¹, n° 804.

Requête présentée par les verriers de Meisenthal, contre une saisie de bois abattus pour l'alimentation de leur four, du 15 mai 1729. — Archives de la verrerie de Meisenthal.

Subrogation pour Jolly et compagnie de l'acensement du moulin de Muntzthal porté en l'arrêt de la Chambre des comptes de Lorraine, du 20 juin 1727, par acte passé devant Mc Helfflinger, notaire à Bitche, du 7 avril 1768. — Archives nationales, Q¹, n° 804. (N° 28.)

Arrêt du Conseil d'État qui confirme et sanctionne la subrogation précédente et déboute Jolly et compagnie de diverses demandes, du 18 septembre 1770. — Archives nationales, Q¹, n° 804. (N° 29.)

Subrogation pour F. Lasalle et autres des droits appartenant à Jolly et Ollivier dans la cense de Muntzthal et verrerie de Saint-Louis, par acte passé devant Mc Puissant, notaire à Nancy, du 18 avril 1774. — Archives départementales de Nancy, B, 11,130. (N° 31.)

Arrêt de la Chambre des comptes confirmatif de la subrogation qui précède, du 25 avril 1774. — DE DIETRICH, t. III, p. 310. (N° 32.)

Vente à F. Lasalle, par Dosquet l'aîné et Anthoine, de la moitié qui leur appartient dans la cense de Muntzthal et verrerie de Saint-Louis, par acte passé devant Mc Hurto, notaire à Boulay, du 12 novembre 1785. — Archives départementales de Metz, notaires et tabellions, Boulay.
(N° 39.)

Arrêt de la Chambre des comptes confirmatif de l'acte qui précède, du 14 décembre 1785. — DE DIETRICH, t. III, p. 311. (N° 40.)

Vente à M. le baron du Coetlosquet par F. Lasalle, de la cense de Muntzthal et verrerie de Saint-Louis, par acte passé devant Mc Rochatte, no-

taire à Bitche, du 15 janvier 1788. — Archives départementales de Metz, notaires et tabellions, Bitche. (No 41.)

Ventes à Wellenreither et à Franckhauser de parts ou verges dans la verrerie de Meisenthal, par actes passés devant notaire à Bitche, des 1er avril 1766 et 11 janvier 1768. — Archives départementales de Metz, notaires et tabellions, Bitche. (Nos 45 et 46.)

Villages et censes (État des) qui composent le comté de Bitche, maireries par maireries et ceux qui sont en contestations avec nos seigneurs voisins.......... 1733. In-fol. — Archives nationales, Q^1, no 803.

IMPRIMÉS.

Abrégé chronologique de l'histoire de Lorraine, s. n. (Henriquez). 2 vol. in-12. Paris, Moutard, MDCCLXXV.

Agricolæ (Georgii), Kempnicensis, medici ac philosophi clariss., de re metallica, libri XII. 1 vol. in-fol. Basileæ Helvet., MDCXXI.

Alsace (L') ancienne et moderne, ou Dictionnaire topographique, historique et statistique du Haut et du Bas-Rhin, par Baquol. 3e édit. entièrement refondue par P. Ristelhuber. 1 vol. gr. in-8o à deux col. Strasbourg, Salomon, 1865.

Alsatia illustrata, Celtica, Romana, Francica, autor Jo. Daniel Schoepflinus. 2 vol. in-fol. Colmariæ, ex typographia regia, MDCCLI.

Arrest du Conseil d'État du Roi, qui confirme les procès-verbaux de visites, reconnoissances et abornements faits dans les Forêts du comté de Bitche; fixe les Droits des Usagers dans lesdites Forêts et les Cantons où les Droits seront exercés ; enfin ordonne l'aménagement général desdites Forêts, du 18 juin 1771. In-4o, s. l. n. d. (No 27.)

Arrest du conseil royal des finances et commerce, qui accorde à titre de cens, aux habitans et communauté de Meysenthal, la verrerie dudit lieu, pour trente années, du 13 juillet 1762. In-4o, 9 p. Nancy, Charlot, MDCCLXII. (No 10.)

Art (L') de la Verrerie, par Gerspach. 1 vol. in-4o angl. Paris, A. Quantin, s. d. (1885).

Art de la Verrerie ; col. 2,753 à 2,776 de l'*Encyclopédie des connoissances utiles. Cent traités.* Gr. in-8o à 2 col. Paris, Garnier, s. d.

Art de la Verrerie de Neri, Merret et Kunckel, auquel on a ajouté *Le sol sine veste d'Orschall*...... traduits de l'allemand, par M. D*** (le baron d'Holbach). 1 vol. in-4o. Paris, Durand, MDCCLII.

Art de terre (L') chez les Poitevins, suivi d'une étude sur l'ancienneté de la fabrication du verre en Poitou, par Benjamin Fillon. 1 vol. in-4°. Niort, L. Clouzot, 1864.

Céramique poitevine (Coup d'œil sur l'ensemble des produits de la), suivi de recherches sur les verriers...., par Benjamin Fillon. In-4°. Fontenay-le-Comte, 1865.

Chefs-d'œuvre des Arts industriels, par Philippe Burty. 1 vol. gr. in-8°. Paris, Ducrocq, s. d.

Colonies Lorraines et Alsaciennes en Hongrie (Les), par le Dr L. Hecht. In-8°, 54 p. Nancy, Berger-Levrault et Cie, 1879.

Correspondant (Le), année 1866.

Chronique abregee par Petis vers huytains des Empereurs, Roys et ducz Daustrasie : Auecques le Quinternier et singularitez du Parc d'honneur, par Volcyr de Sérouville. 1 vol. petit in-4°. Paris, Didier Maheu, s. d. (1530?).

Décret qui déclare rachetables les cens et redevances dus par les habitants de Meisenthal, propriétaires des maisons, verreries, etc., détaillés en l'arrêt du Conseil du 13 juillet 1762, du 30 juillet 1792. (Bulletin des lois.)

Description de la Lorraine et du Barrois, par M. Durival l'aîné. 4 vol. in-4°. Nancy, ve Leclerc, MDCCLXXVIII.

Description historique et géographique de la France ancienne et moderne, enrichie de plusieurs cartes géographiques, par Dufour de Longuerue. 1 vol. in-fol., s. l., MDCCXXII.

Description des gîtes de minerai et des bouches à feu de la France, par le baron de Dietrich. 6 parties en 3 vol. in-4°. Paris, Didot, 1786-1797.

Dictionnaire des arts et des sciences (Le), de M.D.C. (M. de Corneille), de l'Académie française. Nouvelle édition revue et corrigée par M***, de l'Académie royale des sciences. 2 vol. in-fol. Paris, Coignard, MDCCXXXI.

Dictionnaire topographique de l'ancien département de la Moselle comprenant les noms de lieu anciens et modernes, par M. de Bouteiller. 1 vol. in-4° à 2 col. Paris, imprimerie nationale, MDCCCLXXIV.

Dictionnaire topographique de l'arrondissement de Sarreguemines, par M. Jules Thilloy. (*Mémoires de la Société d'archéologie et d'histoire de la Moselle*. Ann. 1862. 1 vol. gr. in-8°. Metz, Rousseau-Pallez, 1862.)

Edelsasser Chronick, par Bernhard Hertzog. In-fol., Strasbourg, 1592.

Édit portant réunion des domaines aliénés depuis 1697, du 14 juillet 1729. (Recueil des Édits, Ordonnances, etc.) (N° 7.)

Encyclopédie chimique, publiée sous la direction de M. Fremy. T. V, 5⁰ fasc., *Le Verre et le Cristal.* 1 vol. gr. in-8º avec atlas. Paris, Dunod, 1883.

Essai statistique sur les frontières du Nord-Est de la France, par J. Audenelle. 1 vol. in-8º. Metz, 1827.

Essai sur l'art de la Verrerie, par le C. Loysel. 1 vol. in-8º. Paris, an VIII.

Foire de Francfort (La), par Henri Estienne. Traduit en français, pour la première fois, sur l'édition originale de 1574, par Isidore Liseux. 1 vol. in-16. Paris, Liseux, 1875.

France pittoresque (La), ou description topographique et statistique des départements et colonies de la France, par A. Hugo. 3 vol. petit in-fol. Paris, Delloye, 1835.

Gentilshommes Verriers (Les), ou recherches sur l'industrie et les privilèges des verriers, dans l'ancienne Lorraine, par M. Beaupré. Seconde édition; in-8º, 49 p. Nancy, Hinzelin, 1847.

Géographie de Ptolémée, traduction latine de Jean Philésius. Strasbourg, Jean Schott, 1513.

Glossarium mediæ et infimæ latinitatis, conditum a Carolo Dufresne domino du Cange. 7 vol. in-4º. Paris, Firmin-Didot, 1840-1850.

Grandes usines (Les), par Turgan. 10 vol. gr. in-8º. Paris, Michel Lévy, Calman-Lévy, s. d.

Guide du verrier, traité historique et pratique de la fabrication des verres, cristaux, vitraux, par G. Bontemps. 1 vol. gr. in-8º. Paris, 1868.

Histoire de Lorraine, par Dom Calmet. 7 vol. in-fol. Nancy, 1728-1757.

Histoire de l'art de la Verrerie dans l'antiquité, par Achille Deville. 1 vol. in-4º. Paris, A. Morel, 1873.

Histoire de la Verrerie et de l'Émaillerie, par Édouard Garnier. 1 vol. in-4º. Tours, A. Mame et fils, MDCCCLXXXVI.

Histoire d'un morceau de verre, par Jules Magny. 1 vol. in-12. Paris, P. Brunet, 1869.

Mémoires pour servir à l'histoire de Lorraine, par M. Noel. 3 fasc. et 4 vol. in-8º. Nancy, 1838-1845.

Mémoire statistique du département de la Moselle, adressé au ministre de l'intérieur d'après ses instructions, par le C⁽ⁿ⁾ Colchen, préfet de ce département (auteurs: Héron de Villefosse et Viville). 1 vol. gr. in-fol. Paris, imprim. de la République, an XI.

Mémoire sur la Lorraine et le Barrois suivi de la table alphabétique et topographique des lieux, par D. (Durival). 1 vol. in-4º. Nancy, Thomas, 1753.

Mercatoris (Gerardi) Atlas sive cosmographicæ meditationes de fabrica mundi et fabricati figura. Editio quarta. 1 vol. gr. in-fol. Amsterdami, sumptibus I. Hondii, 1612.

Merveilles de l'industrie (Les), ou description des principales industries modernes, par Louis Figuier. 4 vol. in-fol. Paris, Furne, s. d.

Normandie souterraine (La), ou notice sur des cimetières romains et des cimetières francs explorés en Normandie, par M. l'abbé Cochet. Seconde édition. 1 vol. gr. in-8º. Paris, Derache, 1855.

Sépultures gauloises, romaines, franques et normandes, faisant suite à « La Normandie souterraine », par M. l'abbé Cochet. 1 vol. gr. in-8º. Paris, Derache, 1857.

Observations (Les) de plusieurs singularitez et choses mémorables, trouuée en Grèce, Asie, Iudée, Égypte, Arabie et autres pays estranges, redigées en trois liures, par Pierre Belon du Mans. Reueuz de nouueau et augmentez de figures. 1 vol. in-4º. Paris, 1555.

Œuvres choisies de C. F. Panard. 4 vol. in-12. Paris, 1763.

Œuvres de M. Bosc d'Antic. 2 vol. in-12. Paris, MDCCLXXX.

Pont de la Blise (Le), à Sarreguemines. In-8º de 4 p. Extrait du *Petit Glaneur,* du 15 février 1860.

Principes (Des) de l'architecture, de la sculpture, de la peinture et des autres arts qui en dépendent, par André Félibien. 1 vol. in-4º. Paris, Coignard, MDCLXXVI.

Rapport de la Commission chargée d'examiner les produits de l'industrie du département de la Moselle, par M. Poncelet. (Société des lettres, sciences et arts de Metz; IVᵉ ann. 1822-1823. 1 vol. in-8º. Metz, Lamort, 1823.)

Recherches sur l'industrie en Lorraine, par Henri Lepage. (*Mémoires de la Société des sciences, lettres et arts de Nancy;* ann. 1849. 1 vol. in-8º. Nancy, Grimblot, 1850.)

Recueil des Édits, Ordonnances, Déclarations, etc., *des règnes de Léopold Iᵉʳ, de François III et de Stanislas.* 13 vol., plus un volume de tables; continué jusqu'en 1773. In-4º. Nancy, 1733-1777.

Ruines du comté de Bitche (Les), par Jules Thilloy. (*Mémoires de l'Académie impériale de Metz;* XLIIIᵉ ann. 1861-1862. 1 vol. in-8º. Metz, Rousseau-Pallez, 1862.)

Schneeberg (Le) et le comté de Dabo en 1778, étude sur les montagnards vosgiens, par un professeur allemand ; traduction et annotations, par Arthur Benoît. Gr. in-8°, 36 p. Strasbourg, Colmar, 1878.

Stammtafeln mit Anhang : Calendarium medii Ævi, par H. Grote. 1 vol. Leipzig, 1877.

Statistique du canton de Bitche, par M. P. Creutzer. (*Mémoires de l'Académie impériale de Metz*; XXXIII° ann. 1851-1852. 2 vol. in-8°. Metz, 1853.)

Theatrum orbis terrarum Abrahami Ortelii, Antverpiani. 1 vol. gr. in-fol. Antverpiæ, ex officina Plantiniana, MDXCII.

Ursprung der Glashütten von Saint-Louis (dit Münzthal), Meisenthal und Goetzenbrück, Auszug eines Manuscriptes von Georg Walter, durch Peter Berger. Lith. In-4°, ohne Ort, 1830.

Vases en verre de l'époque gallo-romaine et franque, trouvés à Beauvais. Notes descriptives, par M. Mathon. Gr. in-8°, 8 p., s. l. n. d. (1860).

Verre (Le), son histoire, sa fabrication, par Eug. Peligot. 1 vol. gr. in-8°. Paris, Masson, MDCCCLXXVII.

Verrerie (De la) et des vitraux peints dans l'ancienne province de Bretagne, par Auguste André. 1 vol. gr. in-8°. Rennes, J. Plichon, 1878.

Verreries de Murano (Les), par Vincenzo Lazari (*Gazette des beaux-arts*. T. XI, juillet à décembre 1861. Gr. in-8°. Paris.)

Verreries (Les) de la Normandie, les gentilshommes et artistes verriers normands, par O. Le Vaillant de la Fieffe. 1 vol. gr. in-8°. Rouen, Lanctin, 1873.

CARTES GÉOGRAPHIQUES ET TOPOGRAPHIQUES.

Alsatia inferior, Under Elsas, autore clariss. viro Daniele Specchelio Argentinense, 1576. Carte de 27 c. sur 19 c. — Une copie en fac-similé est jointe à *L'Alsace ancienne et moderne....* de Baquol et P. Ristelhuber, 1865.

Atlas topographique du comté de Bitche. 3 vol. gr. in-fol. Manuscrit, 1755. — Conservé à l'administration des forêts.

Bailliage (Le) de Deux-Ponts, partie de celui de Lictemberg, les seigneuries de Landstoul, de Grevenstein ; partie du Palatinat et de la Lorraine. Carte de 66 c. sur 49 c., par le s^r Jaillot, 1705.

Carte du comté de Bitche, levée en 1749 par les ordres de M. de Bombelles, lieutenant général des armées du Roi, employé à Bitche.... Carte manuscrite de 2^m,25 sur 1^m,93, au 14,400°. *Descripsit* Jac.

quet, capit. aide-major de la ville de Bitche, 1749. — Bibliothèque de Metz, mss. n° 1,044.

Carte géométrique de la France, dite de l'Académie (plus connue sous le nom de *carte de Cassini*), levée par ordre du Gouvernement sous la direction de Cassini de Thury, Camus et Montigny, 1744, au 86,400°. 160 feuilles de 90 c. sur 55 c. et 24 demi-feuilles.

Le territoire du comté de Bitche se trouve compris dans la feuille n° 161.

Carte très particulière du Pays de Hondsruch avec le duché des Deux-Ponts, partie du Palatinat et du comté de Bitsche.... par les s^{rs} Naudin, père et fils et Denis, 1736-1737. Carte ms. de 2^m,90 sur 2^m,15, au 28,800°. — Bibliothèque de Metz, mss. n° 1,045.

Nouvelle carte topographique de la France.... dressée à l'échelle du 80,000° (généralement connue sous le nom de *carte de l'État-major*) .... commencée par les ingénieurs géographes militaires et continuée par le corps de l'État-major. 273 feuilles de 80 c. sur 50 c.

Le territoire de l'ancien comté de Bitche se trouve réparti dans les feuilles n° 37, n° 38, n° 53 et n° 54.

MONNAIES ET MESURES DE LORRAINE

ET SPÉCIALEMENT DU COMTÉ DE BITCHE.

MONNAIES. — La *Livre de Lorraine* se subdivisait, comme la livre de France, ou livre tournois, en 20 sous et le sou en 12 deniers. 31 livres de Lorraine représentaient 24 livres de France ; en sorte que la livre de Lorraine valait, en livre tournois, 0 liv. 772.

Le *Franc barrois* n'était plus, depuis le xve siècle, qu'une monnaie de compte, usitée dans les deux duchés de Lorraine et de Bar. Il se subdivisait en 12 gros, le gros en 4 blans, le blan en 4 deniers. 7 francs barrois équivalaient à 3 liv. de Lorraine ; d'où ressortent les équivalents suivants pour le franc : en livre de Lorraine, 0 liv. 429 ; en livre tournois, 0 liv. 331.

Le *Gros* était d'un emploi fréquent dans les contrats, pour la constitution de cens et de redevances, de péages et de droits seigneuriaux, comme aussi pour la taxe des frais de justice et des amendes. Il représentait en livre tournois, 0 liv. 028. Le gros, en monnaie réelle, continua d'exister longtemps après que le franc barrois n'était plus qu'une monnaie de compte.

Le *Florin* qui avait cours dans le pays de Bitche ne paraît pas différer du florin d'Empire, dont il avait la valeur : 2 liv. tourn. environ. Il se subdivisait en 15 batz à 14 pfennings ou pricottes (Th. Alix).

Le *Batz* valait, en conséquence, 0 liv. 133, et la *pricotte*, 0 liv. 009.

La *Livre de Bitche* avait une valeur de 17 batz et 2 pfennings et se subdivisait en 20 schillings à 12 pfennings (Th. Alix). Sa valeur, en monnaie de France, correspondait à 2 liv. 280 et celle du schilling à 0 liv. 114.

Le *Risdale* d'Empire, au commencement du xviiie siècle, représentait 5 fr. barrois ; mais, à cette époque, le franc barrois avait une valeur plus que double de 0 liv. 331.

MESURES LINÉAIRES. — Le *Pied de Lorraine*, d'où découlent les autres mesures de longueur, celles des surfaces et celles des volumes, se divise en 10 pouces, le pouce en 10 lignes, la ligne en 10 points ; il est égal à 10 pouces, 6 lignes, 9 points du Pied-de-Roi, ou à 0^m,286.

INTRODUCTION.

La *Toise* ou *Verge de Lorraine* est de 10 pieds de Lorrain ; elle est égale à 8 pieds, 9 pouces, 7 lignes, 6 points et demi du Pied-de-Roi ou à 2^m,859.

La *Lieue de Lorraine* était primitivement de 1,750 toises de Lorraine, représentant aujourd'hui 5,004 mètres ; mais elle a souvent varié au cours du XVIIIe siècle, ce qui fait dire à Durival, dans sa *Description de la Lorraine*, que « on ne sait trop ce que l'on entend quand on parle de lieue ». Ce qui augmentait encore la confusion, c'est qu'il existait, en outre, une *Petite lieue de Lorraine* ; le géographe Bugnon, l'aîné, la supposait égale à la grande lieue de France, soit à 4,444 mètres.

MESURES AGRAIRES. — L'unité superficielle pour les terres est la *Toise carrée* ou *Verge carrée*, égale, en expression métrique, à 8^{m2},1756.

L'*Arpent*, le *Jour*, la *Fauchée*, sont une même mesure, suivant qu'il s'agit de forêts, de terres labourables, ou de prairies. Dans le comté de Bitche, cette mesure était de 250 verges carrées, équivalant à 2,043^{m2},90 et représentant 20 ares 44. Elle se divisait en 10 *ommées* (ou mieux *hommées*).

MESURE DES VOLUMES. — La *Corde de bois* avait en Lorraine — comme en France — 8 pieds de couche, 4 pieds de haut et 4 pieds de bûche ; elle contenait, par conséquent, 128 pieds cubes. Mais, le bois façonné pour l'usage particulier des verreries, n'ayant que 2 pieds de bûche, on donnait à la corde verrière 16 pieds de couche, pour lui conserver ce même volume de 128 pieds cubes.

D'après la longueur précitée du pied de Lorraine en mètre, ces 128 pieds cubes représentent 2 st. 9924 ; on peut dire : 3 stères [1].

MESURE DE CAPACITÉ. — Dans le comté de Bitche, l'unité principale, pour les matières sèches, était le *Maldre* (ou *Malter*), se divisant en 8 fasses et la fasse en 24 sesters. Le maldre équivaut à 228 lit. 70, si la mesure est rase, et à 234 lit. 15, si elle est comble.

POIDS. — La *Livre*, en Lorraine, était l'équivalent de la livre de France, et, comme elle, se divisait en 16 onces, etc.

---

[1]. En France, l'administration forestière et celle du Domaine ont, de tout temps, adopté 2 st. 97, comme équivalant à une corde de Lorraine. J'ignore les motifs de la préférence, donnée à ce chiffre, qui est, à la fois, moins exact et moins commode pour les transformations à opérer.

LES VERRERIES
DU COMTÉ DE BITCHE

CHAPITRE Ier.

LE COMTÉ DE BITCHE.

Ses possesseurs successifs. — Ses limites, sa topographie. — Ses forêts; droits d'usage de ses habitants. — Sa population. — Son industrie.

La seigneurie habituellement désignée sous le nom de comté de Bitche était le plus étendu des nombreux comtés qui relevaient de la Lorraine ducale[1]. Les anciens auteurs ne nous apprennent rien de précis des origines de ce vaste et beau domaine. Ce que l'on sait, c'est que la terre de Bitche, après avoir appartenu à Adalbert, le dernier des ducs bénéficiaires de la Haute-Lorraine (1046-1048), passa à son

---

[1] « Ledit duché est composé d'huict provinces ou bailliages, savoir : Nancy, Vosges, Allemagne, Vaudémont, Espinal, Chastel-sur-Mozelle, Haton-Chastel, Aspremont, et de huit comtés, vieux : Vaudémont, Blamont, Bitche et Chailligny ; nouveaux : Salm, Saruerden-Bouquenom, Boullay et Morhanges. » (THIERRY ALIX, *État des lieux dépendants des duchés de Lorraine et de Bar*; ms. in-fol., 1594; p. 34.)

fils, puis à son petit-fils, Gérard d'Alsace, le premier duc héréditaire (1048-1070) de cette partie de l'ancien royaume de Lorraine, et, pendant deux siècles et demi, fut possédée par des princes de la maison de Lorraine. Cédée en 1297, à charge de foi et hommage[1], par mariage, suivant certains auteurs, par échange, suivant d'autres, à Evrard, ou Eberhard, comte de Deux-Ponts, elle porta désormais le titre de comté[2], et resta à ses descendants pendant une période de trois siècles. En 1531, Marguerite-Louise, fille du comte Jacques de Deux-Ponts, apporta ce domaine en dot à son mari, Philippe V, comte de Hanau, qui y réunit, en 1570, sa seigneurie de Lichtenberg[3].

---

1. Le comté de Bitche, suivant les expressions de TH. ALIX, était « un ancien domaine, pied de terre, fond, patrimoine et souveraineté du duché de Lorraine ». (*Loc. cit.*, p. 172.)

2. DOM CALMET, *Histoire de Lorraine,* t. V, p. 764.

Longtemps après, cependant, les dynastes de Deux-Ponts prenaient le simple titre de sire de Bitche, 𝔖𝔢𝔯𝔯 𝔳𝔬𝔫 𝔅𝔦𝔱𝔰𝔠𝔥, ainsi qu'on peut le lire, encore aujourd'hui, dans une inscription sculptée à l'intérieur de la chapelle de Mouterhausen (le vieux), construite en 1505, par Reinhard, comte de Deux-Ponts, qui est mort en 1531. (H. GROTE, *Stammtafeln....* Leipzig, 1877; p. 153).

Les armoiries du comté de Bitche ont varié avec ses possesseurs. Suivant l'image qu'on en voit dans la traduction latine de la Géographie de Ptolémée par Jean Philésius, imprimée à Strasbourg en 1513, c'est-à-dire au temps que les comtes de Deux-Ponts le détenaient, il portait d'*argent à un lion de gueules passant.* (Pl. j.)

Plus tard, ses armes ont été d'or *à un écusson de gueules.* (JULES THILLOY, *Dict. topog. de l'arrond. de Sarreguemines*, v° *Bitche;* dans les *Mém. de la Soc. d'arch. et d'hist. de la Moselle,* ann. 1862).

3. Cette seigneurie comprenait les bailliages de Paffenhoven, Bromt (Brumath) et Busweiler (Bouxwiller).

Pl. j.

ARMOIRIES DU COMTÉ DE BITCHE.
(Géogr. de Ptolémée, 1513.

Ce prince, qui avait embrassé la religion réformée, fit ses efforts pour propager les doctrines de Luther dans toutes les parties du comté de Bitche et jusque dans l'abbaye de Sturtzelbronn. Non content d'enfreindre, par là, les plus expresses défenses de son suzerain, il aurait encore, au dire de quelques historiens, refusé de lui rendre foi et hommage. Résolu à punir ce vassal insoumis, le duc Charles III procéda par la force, et une expédition armée prit par escalade la ville et le château de Bitche, le 11 juillet 1572 ; le comté entier fut confisqué, aussi bien que le bailliage de Lemberg, touchant à sa frontière septentrionale [1], que détenait le comte Philippe V, et où les ducs de Lorraine ne possédaient plus que quelques droits sur le château de même nom [2].

Cette confiscation fit surgir les prétentions, au comté de Bitche, de quelques membres de la maison de Deux-Ponts, notamment de la princesse Amélie, nièce du comte Jacques, mariée à Philippe de Linange-Westerbourg. Par un traité

---

1. V. Carte du *Bailliage de Deux-Ponts...*, par Hubert Jaillot, 1705.

2. Lemberg, près de Pirmasens — qu'il faut éviter de confondre avec Lemberg, situé au midi de Bitche, sur la route de cette ville à Phalsbourg — était le chef-lieu d'une terre, ancien démembrement du comté de Bitche. Voici ce qu'en dit Th. Alix, sur la fin du XVIe siècle :

« Lemberg, chaū pour la moitié fied de Lorraine et de Trèves, pour l'autre moitié, tenu par le compte de Hanauu, duquel chasteau despend les villages cy apres qui néantmoins ne vienent en fied du duché de Lorraine. » (*Loc. cit.*, p. 139.)

Suit une liste de 13 villages dont plusieurs se trouvent inscrits sur la carte précitée de H. Jaillot.

passé entre Charles III et ce prince, le 21 septembre 1573, celui-ci fut désintéressé de ces revendications ; mais les contestations entre le duc de Lorraine et le comte de Hanau, auxquelles donna naissance cette double éviction, ne prirent fin qu'au bout de 34 ans. Le 8 février 1606, intervint une transaction entre Charles III et Jean-René, fils et héritier de Philippe V, qui confirma aux ducs de Lorraine la possession absolue du comté de Bitche, rendit au comte de Hanau le bailliage de Lemberg, en lui attribuant une indemnité pour la non-possession de ce district durant 34 ans[1], et arrêta irrévocablement la frontière[2] qui devait séparer le domaine du comté des terres de Hanau.

La seigneurie de Bitche fut alors incorporée à la Lorraine, dont elle partagea désormais l'organisation et suivit les destinées. Dès 1611, la ville de Bitche devint le siège

---

[1]. Cette indemnité comprenait, outre une somme d'argent de 60,000 florins d'Allemagne, 6 hameaux de la seigneurie de Bitche, sis tout proche du bailliage de Lemberg, nommés Eppenbronn, Schweigs, Troulben, Hulscht, Greppen et Steinbach (Ober-) ; les deux vieux châteaux de Petit-Arnsperg et de Lutzelhard ; le hameau de Fisbach, ainsi que tous les droits qui appartenaient aux ducs de Lorraine sur les fiefs situés dans les villages de Offweiler, Urweiller et Forsheim. (V. pièce justif. n° 1.)

[2]. Des bornes ont été établies, qui fixent cette frontière sur le terrain. Elles commencent, au Sud, à un petit groupe de rochers armoriés, nommé Dreypeterstein, servant, en même temps, de limite entre les territoires de Nassau et de Hanau, et auquel viennent toucher, aujourd'hui, les bans des communes de Meisenthal et de Soucht, en Lorraine, et ceux des communes de Rosteig et de Wingen, en Alsace. Les images un peu fantaisistes de ces rochers, qu'on rencontre dans quelques publications, m'ont engagé à en donner le croquis relevé

Pl. ij

LE *DREYPETERSTEIN*

borne tribanale, entre les terres de Bitche, de Hanau
et de La Petite-Pierre.

(Dessin de l'auteur.)

d'une prévôté. En 1727, à la création des grueries, elle fut dotée d'une juridiction de gruyers et, lors de la suppression de l'institution, en 1747, et de l'organisation des maîtrises, les forêts du comté furent comprises dans le ressort de la maîtrise de Sarreguemines. Enfin, quatre années plus tard, lorsque disparurent les grands bailliages de la Lorraine, on voit le bailliage de Bitche figurer au nombre des 35 bailliages royaux qui les remplacèrent dans les duchés.

Comme la Lorraine, et peut-être plus qu'elle, le comté de Bitche souffrit cruellement, pendant le xviie siècle, des dévastations des Suédois et des guerres qui les suivirent, ne laissant à ses ducs qu'une souveraineté nominale sur leurs États ; comme elle aussi, il fut l'objet des stipulations des traités de Vienne (1735-1737), qui attribuaient au Roi de Pologne la souveraineté viagère des duchés de Lorraine

---

sur place (Pl. ij). Ces bornes vont ensuite du Sud au Nord, en un demi-cercle qui passe par le menhir de Breitenstein, et, tournant sa convexité à l'Est, va se terminer, au Nord, entre les villages de Steinhausen et de Walschbronn, sur les bords du ruisseau de Strulbach, qui continue de former la séparation du comté de Bitche. Elles portent les unes le millésime de 1605, les autres celui de 1608. D'un côté sont ingravés les chevrons des armes de Hanau, de l'autre, la croix de Lorraine.

Aux environs du Breitenstein, elles donnent une idée assez exacte de l'ancienne limite entre la tribu gauloise des Médiomatriques et les Triboques, qui avaient franchi le Rhin, pour s'établir entre le fleuve et les Vosges.

On en rencontre, encore aujourd'hui, un certain nombre, debout ou renversées. L'écart de Banstein, dans la vallée de Niederbronn, où existe une station de chemin de fer, doit son nom au voisinage d'une de ces pierres-bornes.

et de Bar, avec réversibilité à la France, clause qui reçut son exécution en 1766, à la mort du roi Stanislas.

Laissant de côté les variations que les événements politiques des temps anciens ont successivement amenées dans les frontières de la seigneurie de Bitche, je me borne à faire remarquer que la configuration géographique du comté de Bitche, depuis sa réunion au duché, est celle d'une sorte de promontoire de la terre de Lorraine, s'avançant à l'Est du bailliage de Sarreguemines, au milieu des domaines de nombreux dynastes relevant de l'Empire [1].

La *Carte géométrique de France*, dite *de l'Académie*, levée en 1744, par ordre du Gouvernement, et mieux connue sous le nom de *Carte de Cassini*, offre le tracé des frontières du comté de Bitche, qui est plus complet encore dans la carte d'ensemble de l'*Atlas topographique du comté de Bitche*, manuscrit de 3 vol. grand in-fol., daté de 1755.

La carte jointe au présent travail est un fragment en fac-similé de la feuille n° 161 de la carte de Cassini. On retrouve d'ailleurs, facilement, le circuit du comté de Bitche sur la *Nouvelle Carte topographique de France*, dite *de l'État-*

---

1. Ces domaines appartenaient : au Nord, au comte de La Leyen (Bliescastel) et au duc de Deux-Ponts ; à l'Est, au prince de Hesse-Darmstadt (comté de Hanau) ; au Sud, au même prince et au duc de Deux-Ponts (principauté de la Petite-Pierre, ou Lutzelstein) ; à l'Ouest, au rhingrave d'Auhn (seigneurie de Diemeringen) et aux princes de Nassau. Une enclave existait, en outre, dans le comté de Bitche : le village et ban de Montbronn, dépendance de la principauté de Lixheim.

major, dans celui du groupe des trois cantons de Bitche, de Rohrbach et de Volmunster, qu'il a servi à former, mais en diminuant ce groupe du ban de la commune de Bærenthal et de ses annexes, qui n'ont été distraits de l'Alsace qu'en 1790, et en l'augmentant des bans des communes de Wœlfling et de Wieswiller[1] qui font partie du canton de Sarreguemines depuis la même année; des villages de Vieux-Altheim, Nouveau-Altheim, Nieder-Gailbach et Utweiler, qui ont passé à la Bavière à diverses époques.

Malgré les pertes que les désastres des guerres, les déplacements, ou d'autres causes ont fait subir aux archives de la Lorraine, dans le cours des XVIIe et XVIIIe siècles, il existe dans les dépôts publics, un grand nombre de documents, où se rencontrent de précieux renseignements sur le comté de Bitche.

Parmi les plus anciens que j'ai pu consulter, se trouvent, sous la date du 18 juin 1577, un *Registre contenant déclara-*

---

1. Longtemps ces deux villages ont été en litige entre la Lorraine et l'Empire. Voici ce qu'en écrit, en 1594, THIERRY ALIX, dans son *État des lieux...*, p. 134 :

Wolflingen et Wieswiller possédez par le comte de Nassau, lesquels sont scis soub et en la seigneurie de Bitche.

En 1621, une convention d'échange, entre le duc Henri de Lorraine et le comte Louis de Nassau, les attribua à la Lorraine. Suivant le *Mémoire sur la Lorraine,* publié par DURIVAL en 1753, Wœlfling et Wieswiller ressortissaient au bailliage de Sarreguemines; cependant, sur la grande carte ms. du comté de Bitche, dressée en 1749 par le capitaine JACQUET, et sur celle de l'*Atlas topographique du comté de Bitche,* de 1755, ces lieux sont situés à l'intérieur des limites du comté et bailliage de Bitche.

tion sommaire des mairies.... de la Seigneurie de Bitche, par Thierry Alix, président de la Chambre des comptes [1], et, sous la date du 21 mars 1580, un *Procès-verbal... sur le fait de la visitation des bois... de la seigneurie de Bitche*, par Jacquemin Cueullet, gruyer de Nancy [2].

Ces pièces émanant de fonctionnaires spécialement investis de la mission de reconnaître le pays, offrent d'autant plus d'intérêt, que c'est à l'époque où la famille de Lorraine, après une interruption de trois siècles, reprenait le gouvernement d'un ancien domaine de ses ancêtres, qu'elles en exposent la situation.

Un peu plus tard, en 1594, Thierry Alix présentait à son Souverain un travail, déjà mentionné, plus considérable et plus général, comprenant la Lorraine entière et le Barrois, et dont une copie, possédée par la bibliothèque de

---

1. *Registre contenant déclaration sommaire des mairies, sergenteries, villages, conduitz, rentes, revenus poids, mesures, estangs, limites, frontières, droits, loix, usages et coustumes de la terre et s*ie *de Bitche*, par THIERRY ALIX, conseiller au conseil privé de Mgr, président en sa chambre des comptes de Lorraine avec commission du dernier d'avril mil cinq cent septante-sept. Biche, mil cinq cent septante-sept. *In fine:* Fini le dix-huitième jour du mois de juin mil cinq cent septante-sept. (Arch. dép. de Nancy, série B, n° 558.)

2. *Procès-verbal avec l'avis du gruyer de Nancy sur le fait de la visitation des bois de la terre et seigneurie de Bitche appartenant à l'Altesse de Monseigneur, fait en la semaine du Lundy quatorzième jour du mois de mars* 1580, par JACQUEMIN CUEULLET, gruyer de Nancy par ordonnance et mandat exprès de Mondit seigneur conduit sur ces bois par le receveur et foretier d'iceux en la seigneurie dudit Bitche. (Pièce justif. n° 2.)

Metz, a pour titre : *État des lieux dépendants des duchés de Lorraine et de Bar* [1].

Sur la fin du XVIe siècle, la garde des bois du comté de Bitche était confiée à six forestiers, ayant chacun son département ou triage. L'un d'eux résidait à Bitche, qui était aussi le siège du receveur des forêts.

Les recettes de cet agent financier devaient être maigres, si l'on en juge par maintes observations consignées au *Procès-verbal* précité, du 21 mars 1580. Son auteur, en effet, ayant parcouru les montagnes couvertes de magnifiques futaies, qui s'étendent au Nord-Est, de Bitche à Lemberg, écrit que :

« ... N'est possible de dresser aucune vente à frondt de taille en celle contrée parcequ'il n'y a aucun villaige qui voulsissent acheter bois pour autant qu'ils ont *la permission de prendre bois*

---

1. TH. ALIX consacre, dans ce Mémoire, des passages étendus à la terre de Bitche. Aux pages 172 et 173, par exemple, on lit :

« Ledit comté de Bitche, ancien domaine, pied de terre, fond, patrimoine et souveraineté de Lorraine, est divisé en deux parties, celle qui est exposée à Lorrian est située au Wasgawo et celle vers Occident est dicte Imgawo qui est la plus fertile.

« Le Wasgawo comence en la basse Aulsacs (Alsace), et s'extend jusques à un pays ou contrée dicte Holtzland proche Keyserslautern cette contrée de Wasgowo est stérile, rude et montueuse, consistant en grandes forests, habondante en venaison et bestes sauuages.

« La partie et contrée dite Imgawo est plus fertile en toutes espèces de grains et légumes, et par conséquent mieux peuplée que l'aue, commence es montagnes d'Aulsacs, passe outre la Sarre et s'extend jusques au comté de Sarbruckn, pays plain n'y ayant que bien peu de montagnes ou collines, y sont plusieurs petites riuières et ruisseaux assez fertiles en barbaux, perches, truites, loches et escreuisses ny manques aussi les forests non plus que la venaison et gibier.

« Ledict pays est froid, l'aer y est bon et salubre, le circuit est de 10 liuues communes de longuer, 6 et 3 de largeur au cœur duquel est le chau dudicte Biche sur une montagne, consiste au reste en plusieurs bons villages, gagnages, moulins et grand nombre d'estanges dont sera fait dénombrement et déclaron cy après ensemble des limites district et extendue selon que le tout est fort clairement distiqué tant par les panchartes authentiques desdites limites, district extendue et fondation de l'abbaye de Sturtzelborn que par la visitaton et recueue qui en fut faicte du commandement de S. A. par le président des comptes de Lorraine en l'année 1577 en présence d'aucuns officiers et des six forestiers à chal qui par

pour leurs nécessités (comme ils disent), si ce n'est quelques villaiges d'alentour du chateau de Lemberg qu'appartiennent audit Sr de Hanaulx[1] qui voudroient bien achepter des pièces de chênes pour faire douves de tonneaux, paxels et landres... »

Et plus loin :

« ...Remontre en outre ledit gruyer que lesdits habitants de la Seigneurie de Bitche ont *droit de prendre bois marins*[2] *par tous lesdits bois pour bastir* (comme ils disent)......»

Dans les limites de leurs besoins, les habitants du comté de Bitche avaient donc une jouissance assez arbitraire des produits de ses immenses forêts ; ils n'étaient d'ailleurs soumis à aucune espèce de règle ni d'ordre dans l'abattage des arbres, non plus qu'à aucune redevance ; le *Procès-verbal* de 1580 continue en effet :

« Ledit gruyer dit son avis etre tel qu'il seroit nécessaire ordonner auxdits habitants de Bitche et autres habitants dépen-

---

chacun jours de l'année font leurs cavalcades chūñ es limites de sa charge et notamment en bois afin qu'il n'y puisse avoir entreprise au   de S. A.
    « Le comté consiste   Kaltenhauszen en 46 villages du domaine et 9 mairies sauoir Schorbach, Buszuueiller, Oberstembach, Waldszborn, Rumlingen, Altheim, Velbach, Beningen, cinq censes ou gagnages savoir Gerstersberg, Waldecke, Egersharet (Eguelshardt), Albertingen et Udweiller et en autres villages qui ne sont de mairie ainsi qu'il sera dict cy après. »

1. Le comte de Hanau-Lichtenberg.
2. Ce bois marin (ou marrein) n'est autre que celui employé à la charpente des maisons, et ne doit être pris ni pour bois propre au service de la marine, ni pour du merrain, bois de fente, spécialement destiné à la confection des tonneaux.
Marrein est un terme de vénerie par lequel, suivant Th. Corneille (*Diction. des arts et des sciences*, 1731), on désigne la grosse branche de la tête du cerf qui sort des *meules* et porte les *andouillers* ; d'où paraît dériver l'expression de bois de *mareinage*, de *marnage* ou de *marouage* qui, plus tard, a remplacé la dénomination de bois *marin*.

dant de ladite Seigneurie ne prendre bois pour leurs batimens qu'il ne leur soit assigné par contrée et au moins dommageable par ceux à ce commis et marqués de la marque qu'il plaira à mondit Seigneur ordonner..... Pareillement seroit bon que mondit Seigneur y commette quelque redevance pour son profit pour chacunes pièces qui se couperont, trois ou quatre gros par pièce, afin qu'aucun abus ne se commette par icy après. »

Selon toute vraisemblance, ces usages ont leur origine dans les temps où les premiers habitants se fixèrent dans le pays. Par la suite, ils devinrent les droits consuétudinaires d'affouage et de maronage [1], reconnus et confirmés, au cours du XVIIIᵉ siècle, par plusieurs actes officiels, notamment : l'arrêt du Conseil du 27 décembre 1768 [2], les procès-verbaux du 25 octobre 1769 [3], et enfin l'arrêt du Conseil du 18 juin

---

1. Suivant DU CANGE, affouage, *affoagium*, est : *Jus lignum exscindendi ad focum ;* et maronage : *Jus lignum in nemoribus pro ædificiis exscindendi*. (Gloss., t. I, p. 132, et t. IV, p. 317 ; éd. Firmin-Didot, Paris, 1840-1850.)

2. On verra plus loin comment la superficie du comté de Bitche se divise en partie *couverte* et en partie *découverte*. L'arrêt du 27 décembre 1768 maintient les habitants des communautés de la partie couverte dans l'exercice des droits d'affouage, de maronage, de grasse et vaine pâture, dans les forêts de Bitche. (Arch. dép. de Metz, série B, n° 106.)

3. Les procès-verbaux du 25 octobre 1769 concernent les communautés qui ont des droits de grasse et vaine pâture, d'affouage, etc., dans la partie découverte du comté. Ils mentionnent fréquemment la déclaration des officiers de la gruerie de Bitche, que les habitants ont joui des droits d'affouage et de maronage, *sans payer plus que les vacations* des officiers de ladite gruerie. (Arch. dép. de Metz, série B, n° 116.)

1771 [1], actes qui témoignent, de plus, que les habitants de la seigneurie de Bitche jouissaient encore, pour leur bétail, de la vaine et grasse pâture sur les terres et dans les forêts du Domaine, sans payer d'autre redevance que la taxe générale de 6 pricottes ou pfennings par tête de porc, qui constituait, au profit du seigneur, le droit dit de *Dechtumb*.

Ces divers droits, plus ou moins altérés avec les années, se sont perpétués jusqu'à nos jours, mais on sait qu'après la promulgation du Code forestier, en 1827, le domaine de l'État les a successivement éteints, soit par rachat, soit par des *cantonnements*, qui ont conféré aux communes la propriété incommutable d'une fraction des forêts sur lesquelles ils s'exerçaient, et ont affranchi le surplus de toute servitude.

Les industries qui, vers la fin du XVIe siècle existaient sur la terre de Bitche, ne jouissaient pas de facilités moindres que le reste de la population, pour s'approvisionner à leur gré de bois d'affouage, dans les forêts de la seigneurie. On en peut juger par ce que contient, à leur sujet, le *Procès-verbal*, déjà mentionné, du gruyer envoyé sur les lieux par le duc de Lorraine, en 1580 :

« Depuis a été conduit ledit gruyer sur une verrerie dicte et appelée Riderchingen [2] à laquelle contrée de bois les verriers

---

1. Cet arrêt, fort étendu, résume et confirme tous les droits d'usage dans les forêts du comté de Bitche, dont traitent l'arrêt et les procès-verbaux qui précèdent, et ordonne l'aménagement général desdites forêts. — Il a été imprimé, in-4º, s. l. n. d. (Arch. départ. de Metz, série B, nº 106.)

2. Petit-Rederching.

font couper bois sans tenir ordre ni règle et coupent en toute saison le bois pour la fourniture de ladite verrerie de sorte que les tailles qu'ils font les estocqs sont de trois à quatre pieds de hauteur et si ni a aucune occasion de couper si haut parcequ'il n'y a aucun gros estocs qui les puissent empêcher de les couper à rez de terre afin que lesdits estocs puissent rejetter fuons et recrus, ils coupent ordinairement le bois à vers pour la provision de ladite verrerie et laissent pourrir le bois qui est tombé des vents et tempêtes pour autant qu'il leur semble qu'ils avoient trop de peine à deffendre ledit bois tombé. Il seroit besoin et nécessaire pour le profit de l'altesse de Monseigneur, sauf meilleure opinion, assigner auxdits verriers à prendre bois par contrée recoler et amasser lesdits bois tombés proche et tout à l'entour d'icelle qui leur pourroit bien servir et en ce faisant les contrées desdits bois ne se ruineroient comme ils font à présent parcequ'il n'y a aucunes règles.

. . . .

« Ledit gruyer dit en outre qu'en poursuivant sadite visitation passant ez mêmes bois veant les degats que l'on y avoit eu fait et faisoient ordinairement, demandant aux forestiers qui étoient ceux qui avoient commis lesdits degats et delictz que l'un a esté que ce faisoient les salpetriers ne voulant tenir aucune règle, délaissant les bois qui tombent par les vents qui sont fort bons pour bruler et en coupant du verd là où ils veuillent.

« Seroit bon de les contraindre à prendre lesdits bois tombés par lesdits vents pour bruler et non couper du verd à peine de l'amende.

« Ledit gruyer remontre qu'il a vu en la contrée des bois de Bitche et Lemberg le désordre fait par les rouÿers[1] qui sont admodiez à prendre bois propres à leurs mestier sans contenir

---

1. Charrons.

ordre aucunement et coupent lesdits bois de la hauteur de trois à quatre pieds arrier de terre en tous temps et ez saisons deffendues et ne pregnent du bois qu'ils abattent que ce qui leur est de nécessité pour leur dict mestier et laissent l'autre rester pourrir.

« Seroit bon leur deffendre qu'ils ayent à couper lesdits bois à rez de terre bien proprement ez saisons pour et ordonnées et non autrement et par contrées, et là où ils feroient le contraire, leur faire payer l'amende et intérests. »

Ces observations indiquent quelles ressources, par toute l'étendue de la seigneurie de Bitche, ses habitants, cultivateurs ou industriels, pouvaient trouver dans les produits des forêts, au moment où le pays passa sous la loi des ducs de Lorraine.

Thierry Alix nous montre[1] le territoire du comté de Bitche se partageant en deux régions, d'étendues inégales, de nature et d'aspects très différents : la plus considérable, à l'Ouest, appartenant à l'Imgaw, contrée essentiellement agricole, relativement peu accidentée et clairsemée de petits bois ; la moins grande, à l'Est, faisant partie du Wasgaw, d'un caractère montagneux très accentué et couverte de grands massifs de riches forêts, entre lesquels peu de terres maigres restent à l'agriculture. La première de ces régions a été, depuis, habituellement désignée sous le nom de *partie découverte*, et la seconde, — appelée souvent aussi « Pays de Bitche[2] » (en allemand, Bitscherland), — sous celui de

---

1. *État des lieux....*, pp. 172, 173. Voir ci-dessus, *ad notam*.
2. Il faut remarquer, cependant, que les limites du « Pays de

partie couverte. La ligne assez tourmentée qui les sépare, et qui se trouve reportée sur la carte de Cassini, jointe à ce travail, suit une direction générale du Nord-Est au Sud-Ouest, depuis le village de Liederscheidt, jusqu'au hameau de Speckbronn.

Les grands massifs des bois appelés « Forêt de Bitche », qui composent presque exclusivement cette partie couverte, constituent une propriété domaniale qui, à l'origine, s'étendait sur près de 90,000 arpents de Lorraine. Après d'anciens essartements de plus de 3,000 arpents, au profit de villages, de hameaux, etc., ils avaient, suivant un état [1]

Bitche » ne sont ni aussi précises, ni aussi resserrées que celles de la « partie couverte » ; et il arrive, parfois, que le langage des populations étend les premières, au Nord, jusqu'aux frontières du comté, à l'Ouest, jusqu'aux villages de Volmunster, de Petit-Rederching, de Montbronn.

1. Arch. dép. de Metz, série B, n° 117. — Cet état partage la Forêt de Bitche en 6 forêteries, qui ont chacune leur nom et leur consistance particulière, savoir :

	Arpents.
Forêterie de Haspelscheidt	17,458
— de Bitche	18,949
— de Waldeck	6,426
— d'Eguelshardt (forêterie du milieu)	7,180
— de Lemberg (forêterie supérieure)	13,488
— de Soucht	9,723
Total	73,224

Ce que l'on a appelé plus tard *Bois de Mouterhausen*, parce qu'il était affecté à l'alimentation des forges de ce nom, n'était qu'un démembrement de ces 6 forêteries, s'étendant sur celles de Bitche, d'Eguelshardt et de Lemberg, et comprenant 24,320 arpents. Il en était de même de la *Forêt de Saint-Louis*, d'une superficie de 8,020 arpents,

dressé en 1767 par la maîtrise de Sarreguemines, une étendue de 73,224 arpents qui, augmentée des 12,368 arpents, détachés par les ducs de Lorraine, pour en doter l'abbaye de Sturtzelbronn, fondée par eux au XIIe siècle, mais redevenus bien national à la Révolution, s'est élevée à 85,592 arpents. De nouveaux défrichements projetés, de 5,000 arpents, ont dû abaisser ce chiffre d'autant ; mais ce qui a sensiblement diminué, au XIXe siècle, les possessions du domaine de l'État, ce sont les *cantonnements* dont j'ai parlé tout à l'heure, destinés à éteindre les droits d'usage des communes et les droits d'affectation des établissements industriels.

Au XVIe siècle, le Pays de Bitche n'avait qu'une population très clairsemée et peu d'industrie.

Dans la partie découverte, à côté des moulins, on ne rencontrait d'autres usines que des fours de verriers. Th. Alix et J. Cueullet, envoyés pour explorer le pays, le premier, en 1577, le second, en 1580, mentionnent les verreries de la vallée de la Schwolbe, mais ne font connaître aucun autre établissement [1].

Sur l'*État des lieux* que nous a laissé, en 1594, le président Th. Alix, on ne trouve, à l'actif de la partie couverte, après le château, la ville et le faubourg de Bitche, que les cinq villages de Roppewiller, Haspelscheidt, Reyerswiller,

---

affectés au roulement de la verrerie de ce nom, et composés d'une partie des forêteries de Soucht et de Bitche et de quelques cantons des bois de la partie découverte.

1. V. *infrà*, chap. III ; et pièce justif. n° 2.

Steinbach [1] et Smalendal [2], les deux gagnages de Eguelshardt et de Waldeck, et l'abbaye de Sturtzelbronn [3].

Mais à côté de ces centres habités, de petites verreries existaient de longue date, à l'état nomade, sur le revers occidental de cette partie des Vosges. Ces usines à feu, devenues stables en se développant, dans le cours des XVIIe et XVIIIe siècles, ont été, avec les forges qui s'établirent sur le versant oriental, les moulins à farine, à huile, à planches (scieries) et les battants d'écorce, installés sur les nombreux cours d'eau des vallées, la source du mouvement industriel et commercial du pays, et lui ont valu, plus tard, la fondation de plusieurs villages importants.

---

1. Cédé au comte de Hanau par la transaction de 1606.
2. Village de la vallée de Mouterhausen, aujourd'hui disparu sans laisser de traces, mais dont on retrouve le nom et l'emplacement sur la carte de H. Jaillot, de 1705.
3. Th. Alix mentionne encore, mais non plus comme lieux habités, à l'époque où il écrivait :

« Motterhausen, maison de plaisir bastie au milieu d'un estang à truiste, laquelle se ruinera en bref si elle n'est mieux entretenue, ensemble une belle chappelle construite au deuant d'icelle.

« Hochuurrssburg (alids, Hochweyersberg), maison de chasse et de plaisir durant le rue sur une haulte montagne entre les bois, ademy ruinée. » (Loco cit., p. 139.)

De ces maisons, il ne reste aujourd'hui que quelques pans de murs d'une tour, au milieu de l'étang. Mais la chapelle est bien conservée et entretenue. Au-dessus de la porte d'entrée est sculptée la date de

C'est peut-être à cause de son peu d'importance que Th. Alix néglige le hameau de Horn, que sa situation perdue au fond des bois n'a pas sauvé des dévastations des Suédois, en 1633, et près des ruines duquel s'est élevé, depuis, le village de Althorn.

Au XVIIIe siècle vint s'ajouter au commerce des produits des industries locales la traite des *bois de Hollande*, qui prit tout à coup une activité considérable. En 1736, un contrat d'acensement [1], consenti par le duc de Lorraine, pourvut à la création d'un établissement spécial pour la préparation de ces bois, au milieu des forêts, sur le ruisseau de Meisenthal.

---

1. Le contrat, qui porte la date du 27 juillet, acense à perpétuité, à Christophe Neyreider, Christian Steinbach, Jean Copher (ou Koch), André Schirmer, Jean Veimman (ou Weymann) et Jean Georges Griveyer (ou Griesmeyer), « tous ouvriers de bois de Hollande », la quantité de 61 jours de terre, situés sur le ban de Schiresdhal,

« .... A charge par eux de former leur établissement proche le moulin de Meyzendhal joignant le village de même nom avec lequel ils ne feront qu'une même communauté, et à charge en outre par eux de bâtir des maisons solides et de payer un cens annuel et perpétuel de six gros par chacun desdits soixante un arpens, entre les mains du régisseur du domaine de Bitche.... »

CHAPITRE II.

L'ART DE VERRERIE DANS LES TEMPS ANCIENS.

L'art de verrerie dans les Gaules et particulièrement dans les provinces du Nord-Est. — Anciennes verreries de la Lorraine. — Les historiens ne rapportent rien des verreries du comté de Bitche antérieures au XVIIIe siècle.

Au dire de Loysel, auteur d'un ouvrage sur la verrerie, ce ne serait que du temps des croisades, aux XIIe et XIIIe siècles, que passa en Europe l'art de fabriquer le verre, qui s'était élevé à un si haut degré de perfection et conservé chez les Phéniciens ; que si quelques vases de cette matière, trouvés dans d'anciens tombeaux, dans la forêt de Saint-Gobain, font présumer qu'il a pu, autrefois, exister dans les Gaules des manufactures de verre, ils attestent qu'on n'y connaissait que des ouvrages très communs [1].

Ces appréciations ne sauraient plus se soutenir aujourd'hui. Les nombreux produits vitriques sortis, depuis le commencement du siècle, des cimetières gallo-romains, découverts en Normandie et dans d'autres provinces ; l'étude qui en a été faite dans de savantes publications, par

---

1. Cf. LOYSEL, *Essai sur l'art de la Verrerie*. In-8°, Paris, an VIII; Disc. prél., pp. ij, iij.

M. l'abbé Cochet [1]; l'*Histoire de l'art de la verrerie dans l'antiquité,* due à M. Achille Deville [2], et de nombreux mémoires, insérés dans les Annales de plusieurs sociétés savantes, ne laissent aucun doute sur l'habileté avec laquelle se travaillait le verre dans les Gaules, sous la domination des Romains et même avant leur apparition dans le pays.

Suivant l'abbé Cochet :

« Les verreries du comté d'Eu remontent à la plus haute antiquité et, très probablement, se perdent dans la nuit des temps [3]. »

M. Mathon, d'autre part, estime que :

« L'industrie du verre ne cessa point dans nos contrées, après l'occupation romaine, et les habitants de la Gaule, ainsi que leurs dominateurs, chez lesquels la fabrication a été plus grande qu'on ne le suppose, ne furent que les successeurs d'autres verriers, qui les avaient précédés depuis bien des siècles [4]. »

Dans l'Ouest, enfin, Benjamin Fillon, auteur d'une étude sur l'ancienneté de la fabrication du verre en Poitou, conclut, de son côté, que :

« De nombreuses découvertes sont venues faire justice de fausses traditions, léguées par le moyen âge, et montrer que

---

1. *La Normandie souterraine, ou Notice sur des cimetières romains et des cimetières francs, explorés en Normandie.* Seconde édition, in-8º, Rouen-Paris, 1855. — *Sépultures gauloises, romaines, franques et normandes,* faisant suite à *La Normandie souterraine.* In-8º, Paris, 1857.

2. In-4º, Paris, 1873.

3. *La Normandie souterraine,* sec. éd., p. 163.

4. *Vases en verre de l'époque gallo-romaine et franque trouvés à Beauvais.* Broch. gr. in-8º, s. l. n. d. ; se trouve aussi dans les *Mém. de la Société académique du départ. de l'Oise,* t. VIII, p. 705.

nos manufactures modernes descendent, en ligne directe, de celles dont l'antiquité a laissé de nombreux vestiges sur le sol de la patrie[1]. »

Ainsi se trouve confirmé ce qui est rapporté au livre XXXVI, LXVI, de l'*Hist. nat.* de Pline sur l'art de faire le verre chez les Gaulois[2].

Dans le Nord-Est de la Gaule, en particulier chez les Médiomatriques nos ancêtres, si les objets dus à l'art de la verrerie, qu'ont livrés les cimetières de l'époque gallo-romaine, permettent d'y supposer l'existence de manufactures de verre, ils ne suffisent pas, jusqu'à présent, à caractériser un état de grande perfection de leurs produits, dans les temps anciens.

Une réserve, cependant, se présente au sujet d'une trouvaille toute récente, faite aux portes de Metz. En 1880, des travaux de fortification exécutés entre cette ville et le village de Montigny, près de la *Lunette d'Arçon,* ont mis au jour une certaine quantité de pièces de céramique et de verrerie qui ont plus ou moins bien résisté à l'action du temps. Parmi ces dernières se trouve une sorte de coupe de verre, en bon état de conservation, sauf le dépoli et l'irisa-

---

1. *L'Art de terre chez les Poitevins, suivi d'une Étude sur l'Ancienneté de la fabrication du verre en Poitou.* In-4º, Niort, 1864 ; p. 186.

2. Après avoir exposé comment, de son temps, on traitait un sable blanc très tendre, recueilli à l'embouchure du Vulturne, en Italie, pour en obtenir un verre pur et blanc — *Vitrum purum, ac massa vitri candidi,* Pline ajoute :

« *Jam vero et per Gallias Hispaniasque simili modo arenæ temperantur* — Cet art a passé même en Gaule et en Espagne, où l'on traite le sable de la même façon (trad. de LITTRÉ). »

tion, qui se produisent sur tous les objets de cette nature, lorsqu'ils séjournent longtemps en terre. Cette pièce (Pl. iij) est d'une remarquable perfection, tant sous le rapport de la pureté et de la blancheur de la matière, que sous celui de la forme et de l'exécution du travail. Il serait à désirer que des indices certains permissent de constater l'origine de ce beau spécimen de verrerie, conservé au musée de Metz.

A quelques rares exceptions près, tous les vases de verre retirés des tombeaux des Francs, découverts sur le sol de la Gaule, témoignent d'une décadence dans le travail du verre, qui a suivi l'invasion de ces peuplades. Si les verreries qui ont pu exister dans les provinces dont s'est formée plus tard l'ancienne Lorraine, n'y ont pas échappé, l'état de prospérité de l'industrie verrière dans le duché, depuis des siècles, montre combien elle s'y est relevée et propagée, et l'histoire de ces progrès serait des plus intéressantes à connaître.

Mais c'est en vain qu'on s'adresserait aux monuments écrits, pour en avoir des renseignements sur l'art de fabriquer le verre au moyen âge, dans la Lorraine ducale. L'attention des vieux chroniqueurs lorrains, confinés pour le plus grand nombre dans les monastères, se portait ailleurs que sur le progrès des arts et le développement de l'industrie [1].

---

[1]. Cf. BEAUPRÉ, *Les Gentilshommes Verriers, ou Recherches sur l'industrie et les privilèges des verriers dans l'ancienne Lorraine, aux* xve, xvie *et* xviie *siècles.* Sec. éd. In-8º, Nancy, 1847 ; pp. 6 et suiv.

Pl. iij

COUPE EN VERRE

trouvée en 1880 à la *Lunette d'Arçon*, près de Metz.

(Musée de Metz.)

N'y a-t-il pas dans les nombreuses verreries des forêts de l'Argonne et des montagnes des Vosges de successeurs de manufactures anciennes? — Sont-elles, au contraire, toutes, ou indigènes et sans attache avec un passé reculé, ou d'importation étrangère? — A quelle époque remonte leur création?

Rien de précis n'a encore, que je sache, été établi à cet égard, et il faut arriver jusque vers la fin du bas moyen âge, pour savoir quelque chose de certain sur le travail du verre dans l'ancienne Lorraine. C'est une charte que fait connaître M. Beaupré[1], octroyée en 1448, à des verriers de la forêt de Darney, par Jean de Calabre, gouverneur de la Lorraine, en l'absence de René d'Anjou, son père, et renouvelée en 1469, par le même prince, après son avènement au duché, qui nous fournit la preuve que, au milieu du XVe siècle, plusieurs verreries étaient en activité dans la Lorraine. Il est vrai que, par ses termes, par les faits et les circonstances qui y sont mentionnés[2], ce document autorise à supposer que, à cette date, l'art de la verrerie y comptait déjà bien des années, des siècles peut-être, d'existence. Mais, si peu téméraire que soit cette opinion, ce n'est, en somme, qu'une conjecture, et aucune découverte n'a encore, à ma connaissance, contribué à dissiper l'incertitude et les doutes qui en sont inséparables.

C'est donc à partir de l'aurore de la Renaissance que l'on

---

1. *Op. cit.*, pp. 11 et suiv.
2. *Ibid., passim.*

possède des informations certaines sur le travail du verre dans les États des ducs de Lorraine. Mais, ce que les écrivains, qui se sont succédé jusqu'à nos jours, nous ont transmis sur les développements de cet art, dans le comté de Bitche, se réduit à bien peu de chose.

Volcyr, seigneur de Sérouville, secrétaire ordinaire et historien du duc Antoine, le premier qui ait publié des renseignements sur les produits des verreries des provinces soumises à son maître, mentionne maintes célèbres usines, tant des montagnes des Vosges que des bois de l'Argonne, mais aucune des forêts du comté de Bitche[1]. A cette époque, en effet, cette seigneurie, inféodée aux comtes de Deux-Ponts, n'était pas sous la domination directe des ducs de Lorraine.

Abraham Ortelius et Gérard Mercator, qui parlent avec éloge des productions de la Lorraine, ne manquent pas de signaler ses manufactures de miroirs et de verreries, le premier dans son *Theatrum orbis*[2], et le second dans son *Atlas*[3], mais sans aborder aucun détail, ce qu'excluait d'ailleurs le caractère de leurs œuvres.

---

1. L'ouvrage de Volcyr a pour titre : *Cronicque abregee Par petis vers huytains des Empereurs, Roys et ducz Daustrasie : auecques le Quinternier et singularitez du Parc d'honneur*. Petit in-4°, Paris, s. d. (1530?).

2. *Est et materia qua specula et vitrinæ fabricantur cujus profectò præstantia cæteras Europæ provincias facilè antecellere satis est in confesso ; cùm alibi huius modi non inveniantur.* (Abraham Ortelius, *Theatrum orbis terrarum, opus nunc denuò auctore recognitum multisque locis castigatum et qudm plurimis nouis tabulis atque commentariis auctum*. Antwerpiæ, MDXCII. — La 1ʳᵉ éd. a paru en 1570.)

3. *Est et materia qua specula et vitrinæ fabricantur qualis in reliquiis Europæ provinciis non invenitur.* (Gerardi Mercatoris *Atlas sive cosmographicæ meditationes de fabrica*

THIERRY ALIX, président de la Chambre des comptes de Nancy, termina sur la fin du XVIᵉ siècle, en 1594, la description de la Lorraine et du Barrois, dont j'ai parlé au chapitre précédent, et qui n'a pas été imprimée[1]. Ce travail offre un exposé enthousiaste des singularités du pays, parmi lesquelles les produits des manufactures de verre sont particulièrement signalés[2] ; et la liste complète des verreries

---

mundi et fabricati figura denuo auctus. Ed. quart. Amsterdami, 1612. — La 1ʳᵉ éd. est de 1594.)

ORTELIUS et MERCATOR qui font ainsi, dans des termes à peu près identiques, l'éloge des ressources que la Lorraine offrait à la fabrication du verre, ne disent mot, ni l'un ni l'autre, de celles qui se rencontrent en abondance dans les montagnes de la Bohême. Serait-ce que, à l'époque où ils écrivaient, la réputation des verreries de la Lorraine précédait ou éclipsait celle des produits de ce dernier royaume? Sans prétendre résoudre la question, qui s'éloigne de mon sujet, je me borne à faire remarquer que HENRI ESTIENNE, qui a publié en 1574 son intéressant opuscule sur la foire de Francfort (traduit du latin par J. Liseux, en 1875), faisant, avec admiration, l'énumération des produits que l'on trouve dans ce grand *Emporium* de l'industrie d'outre-Rhin, ne mentionne pas la verrerie de la Bohême, et conclut par cette remarque, qu'on n'y peut regretter l'absence d'une marchandise quelconque valant la peine d'y figurer (p. 67).

1. Une copie du ms., ayant pour titre : *État des lieux dépendant des duchés de Lorraine et de Bar*, est conservée à la bibliothèque de Metz, sous le nº 238 ; une autre à la Bibliothèque nationale, à Paris, sous l'étiquette : *S. germ.* 1091 ; c'est de la première que j'extrais mes citations.

2. On y lit, à la page 32 :

« .... Ne sont aussy à obmettre les grandes tables en verres de toutes couleurs qui se font ez haultes forrestz de Voges, ez quelles se tiennent à propos les herbes et autres choses nécessaires à cet art, qui ne se rencontrent que fort rarement en autres pays et provinces, dont une bonne partie de l'Europe est servie par le transport et traffic continuel qui s'en fait ez pays-bas et Angleterre puis de là aux régions plus éloignées sans autrement faire état d'une quantité et nombre infiny de petitz et menus verres, les grands miroirs en bosse et toutes autres façons qui ne se font ailleurs en tout l'univers.... »

qui existent dans les recettes de Darney et de Dompaire dans les Vosges, au nombre de 16 de gros verres et 7 de menus verres[1]; mais, pour ce qui concerne le comté de

---

1. Ce qu'on appelait alors *gros verres* comprenait les bouteilles, bonbonnes, cloches, verres en table et verres de vitres ; les *menus verres* étaient les carafes, gobelets, verres, etc., tout, en un mot, ce qui porte aujourd'hui le nom de gobeleterie.

Les dénominations de *gros verres*, de *grosses verreries* paraissent remonter à l'époque où, en Normandie, fut inventé, par Philippe de Caqueray, le *verre à vitres en plats*, époque qui peut appartenir aux dernières années du XIIIᵉ siècle, car déjà en 1302, le roi Philippe IV *dit* le Bel faisait exploiter, pour son compte, dans la forêt de Lyons, une verrerie appelée *La Haye*, travaillant le *gros verre*. (O. LE VAILLANT DE LA FIEFFE, *Les Verreries de la Normandie.... passim.*)

Le verre à vitres en plats prit encore d'autres noms: *verre de France, verre à férule, verre à boudine, verre en lune* (en allemand, 𝔐 onbglas).

Le verre à vitres fabriqué par le procédé des manchons, — comprenant le *verre en table*, qui n'était autre qu'un verre à vitres de qualité supérieure, destiné à protéger les estampes, à garnir les portières des carrosses, etc., — se classa naturellement dans les gros verres, puis les bouteilles, les bonbonnes, etc.

Dans les verreries de Normandie, les bouteilles n'étaient point soufflées par les gentilshommes. Dans les Vosges, au contraire, les souffleurs de bouteilles, qui étaient autant chasseurs et laboureurs que verriers et portaient l'épée, ne regardaient pas, sans dédain, les ouvriers en verre blanc, qui n'avaient pas, comme eux, le droit de port d'armes. (DE DIETRICH, *Description des gîtes de minerai...*, t. III, Disc. prél.)

Dans certaines provinces de France, les menus verres s'appelaient aussi *verroteries;* mais le mot était peu répandu dans cette acception : il servait, il sert encore généralement à désigner les bracelets, grains, perles et autres petites pièces de verre noir ou de couleur, qui sont un objet de troc avec les populations sauvages.

Les *cavenettes* étaient encore un produit de la verrerie fait pour l'exportation. Composées de 6, 9 ou 12 flacons, en carré, réunis dans une caisse de verre peinte, elles étaient spécialement destinées aux rois

Bitche, on ne trouve dans le manuscrit, au dénombrement des lieux habités de cette terre, que l'indication sommaire de *Holbach aliàs glashütte;* cependant, dans son *Registre* de 1577, — mentionné au chapitre précédent, — Th. Alix a recueilli sur la verrerie de ce nom, alors en activité, quelques détails assez précis, qui auront leur place dans la courte notice qui sera, plus loin (chap. III), consacrée à cette usine.

Durival a fait imprimer, en 1753, un *Mémoire sur la Lorraine et le Barrois* [1], et, en 1779, une *Description de la Lorraine et du Barrois* [2]. Ces publications fournissent peu de particularités sur les manufactures de verre et, à de rares exceptions près, laissent ignorer leurs commencements et leurs progrès. On y lit cependant que « un arrêt du Conseil d'État du roi, du 21 août 1759, fixe les droits d'entrée dans le royaume sur les bouteilles et autres ouvrages provenant des verreries de la Lorraine... » ; que « les verreries, après ce qui se consomme dans le pays, exportent beaucoup en bouteilles, verres, verres plats d'une grande beauté [3] » ; et on y retrouve, avec l'indication de quelques établissements verriers isolés, la nomenclature de

---

nègres, dans la traite des noirs. En 1783, un arrêt du Conseil d'État autorisa la fondation d'une verrerie à Nantes, avec permission d'y fabriquer des cavenettes. (Benj. Fillon, *Poitou et Vendée.* — *Céramique poilevine*, p. 31, ad nolam.)

1. 1 vol. in-4°, Nancy.
2. 4 vol. in-4°, Nancy.
3. *Description....*, t. 1, pp. 232 et 363.

ceux qui sont en grand nombre dans le bailliage de Darney[1] et dont plusieurs figurent déjà sur la liste, de 1594, du président Th. Alix.

Dans l'état des lieux du bailliage de Bitche, Durival indique, en 1753, comme verreries, celles de Souchtt, Schiresdhall, Maizendhall et Gœtzenbruck[2], puis celle de Saint-Louis, ci-devant Muntzdhall. Il ajoute : « Les ouvrages de la verrerie de Gœtzenbruck sont fort estimés ; celle de Saint-Louis est beaucoup plus considérable ; elle fut commencée en 1767[3]. » A cela se réduit ce que nous transmet Durival sur la fabrication du verre au comté de Bitche, et encore faut-il y relever une double inexactitude : il y avait un demi-siècle, en 1753, que la verrerie de Souchtt était éteinte et remplacée par celle de Maizendhall ; et, dans les documents originaux du temps, non plus que dans les souvenirs des populations, on ne découvre aucune trace de manufacture de verre ayant existé à Schiresdhall.

Au chapitre suivant, j'indiquerai comment cette dernière erreur a pu se produire.

En 1786, le baron DE DIETRICH, membre de l'Académie royale des sciences, et qui fut maire de Strasbourg en 1790, 1791 et 1792, commença la publication de son grand ouvrage sur les richesses minéralogiques et les usines à feu continu des provinces françaises, sous le titre de : *Descrip-*

---

1. *Mémoire...*, p. 203.
2. *Ibid.*, p. 231.
3. *Ibid.*, p. 227. — *Description...*, t. I, p. 253.

tion des gîtes de minerai et des bouches à feu de la France, œuvre magistrale et qui promettait un monument complet de statistique minérale et industrielle, digne du pays auquel il était consacré. Malheureusement, elle fut interrompue par la mort de son auteur qui, comme bien d'autres savants, périt victime des tribunaux révolutionnaires et fut décapité le 31 décembre 1793, à l'âge de 45 ans. Trois volumes seulement ont été imprimés, dont le dernier, qui concerne la Lorraine, n'a vu le jour qu'après la mort de l'auteur [1]; un quatrième volume devait être relatif aux Trois-Évêchés et le manuscrit en a certainement été rédigé, puisque de Dietrich y renvoie à plusieurs reprises, au cours des volumes qui ont été publiés.

Les verreries devaient former et forment une part importante des pages consacrées dans cet ouvrage aux établissements industriels. Toutefois, les manufactures de verre existantes, seulement, y sont signalées et étudiées, et si parfois, des usines éteintes s'y trouvent mentionnées, ce n'est que par de très courtes digressions, dont aucune ne touche le bailliage de Bitche. Ce qui, d'ailleurs, y est exposé sur les verreries en activité, est une source précieuse d'informations étendues, précises et authentiques, sur leur fon-

---

1. Baron DE DIETRICH, *Description des gîtes de minerai et des bouches à feu de la France*. 6 parties en 3 vol. in-4°, fig. col. Paris, Didot le jeune, 1786-1797.
 1er vol., 1re et 2e part.: Pyrénées, 1786.
 2e vol., 3e et 4e part.: Alsace, 1789.
 3e vol., 5e et 6e part.: Lorraine, 1797.

dation, leurs titres, leur organisation, le nombre de leurs ouvriers et leur consommation ; sur la nature de leur production, sur les débouchés qui leur sont ouverts, etc., etc.

En l'an XI, parut sous le nom du C^{en} COLCHEN, préfet de la Moselle, un *Mémoire statistique* de ce département[1] qui est l'œuvre de MM. Héron de Villefosse et de Viville, et embrassant les renseignements multiples et concis qui, d'habitude, concourent à la composition des documents de cette nature, mais qui ne visent guère qu'à constater, en tout, la situation du moment. Il ne faut donc pas songer à chercher dans ce travail des informations sur l'existence d'anciennes verreries.

J. AUDENELLE qui, en 1827, a publié une statistique des régions du Nord-Est de la France[2], n'apprend rien de particulier sur les manufactures de verre qui ont précédé celles qui se trouvaient en activité à cette date. Il se borne à dire que « l'art du verrier ne se propagea dans cette contrée qu'au commencement du XVIIe siècle » — assertion contredite dans les documents mis au jour par Beaupré, qui constatent l'existence de verreries dans la forêt de Darney dès la fin du moyen âge — ; que « les premiers établissements de cette nature s'élevèrent dans les vastes forêts des Vosges, et durent leur existence à de grands privilèges ».

---

1. *Mémoire statistique du département de la Moselle adressé au ministre de l'intérieur, d'après ses instructions*, par le C^{en} COLCHEN, préfet de ce département. 1 vol. gr. in-f°. Paris, imp. de la Rép., an XI.
2. *Essai statistique sur les frontières du Nord-Est de la France*. 1 vol. in-8°, Metz, 1827.

Beaupré, après une première édition, fit imprimer à Nancy, en 1847, la 2ᵉ édition, revue et augmentée, de : *Les Gentilshommes Verriers, ou Recherches sur l'industrie et les privilèges des verriers dans l'ancienne Lorraine, aux xvᵉ, xviᵉ et xviiᵉ siècles*. Cet opuscule offre d'intéressantes réflexions sur l'incertitude de l'origine de l'industrie verrière en Lorraine, sur les causes auxquelles on la doit attribuer, et sur la nécessité, pour obtenir quelque lumière sur ses commencements, de recourir aux documents administratifs du temps, notamment aux collections du *Trésor des chartes de la Lorraine*. Cet auteur fait connaître, pour le cours des siècles dans lesquels il a cantonné ses recherches, des détails inédits pour le plus grand nombre, sur la réputation, en Europe, des produits verriers du duché ; sur les manufactures de verre du Clermontois, de Raon-en-Vosges, de Bainville-aux-Miroirs et de la forêt de Darney ; mais les verreries qui, avant le xviiiᵉ siècle, existaient dans la partie des Vosges qui constitue le Pays de Bitche — incorporé cependant à la Lorraine avec tout le comté, depuis le commencement du xviiᵉ siècle, — ne sont, de sa part, l'objet d'aucune mention.

M. Henri Lepage, l'éminent archiviste de Meurthe-et-Moselle, a, dans ses *Recherches sur l'industrie en Lorraine*[1], essayé, comme il l'écrit lui-même, de compléter, ou plutôt de continuer les recherches de Beaupré, en dehors de la

---

1. V. *Mémoires de la Société des sciences, lettres et arts de Nancy* (Académie de Stanislas), ann. 1849, pp. 24 et suiv.

circonscription territoriale dans laquelle celui-ci s'était renfermé, et en deçà du XVIIe siècle. Parmi les verreries dont la création est postérieure à l'année 1700, M. H. Lepage ne manque pas de s'occuper de celles qui ont été établies dans le bailliage de Bitche, et qui sont encore aujourd'hui en pleine activité ; mais, pas plus que son devancier, il ne fournit d'indications et de renseignements sur les manufactures de verre de cette contrée dans les temps antérieurs au XVIIIe siècle.

Les résultats négatifs de la revue qui vient d'être faite d'ouvrages parus depuis la fin du moyen âge, jusqu'à l'époque actuelle, et dont les auteurs se sont occupés des anciennes industries de la Lorraine, montrent qu'il n'y a rien à leur demander, concernant la fabrication du verre dans les forêts de Bitche, avant le dernier siècle. C'est aux documents originaux manuscrits qu'il faut recourir.

Mais les comptes d'administration de la seigneurie de Bitche, avant sa réunion à la couronne ducale, et d'où se pourrait tirer plus d'une information sur les établissements de cette province, sont restés aux comtes de Hanau [1] ; s'ils existent encore, où les rechercher aujourd'hui ?

Les archives anciennes des duchés restent donc seules comme sources d'investigations. Le Trésor des chartes, à Nancy, après les pertes qu'il a éprouvées, possède encore des renseignements qui n'ont pas été épuisés. Et, malgré un triage trop sévère de ce qui a été transporté à Paris, après

---

1. V. Pièce justif. n° 1, *in fine*.

la mort de Stanislas, les papiers relatifs à la Lorraine, déposés aux Archives nationales de France, ont conservé une certaine quantité de requêtes, de rapports, de lettres, etc., concernant des acensements domaniaux de terres à défricher, ou d'usines à construire, et où se trouvent des citations d'anciennes verreries, qui en constatent l'existence et révèlent des particularités qui les touchent. Les archives départementales, à Metz, accrues de ce qui provient des maîtrises des eaux et forêts, et des minutes antérieures à 1790 des notaires et tabellions, qui y ont été versées, renferment aussi des informations restées inédites.

C'est en fouillant patiemment ces mines, en étudiant des cartes des siècles passés, où il n'est pas toujours facile de se reconnaître, à cause des fautes d'orographie commises par les géographes et des noms de lieux estropiés par l'ignorance des copistes ; en m'appuyant de documents authentiques et de renseignements certains, mis à ma disposition, avec une obligeance sans réserve, par les directeurs des verreries de Meisenthal[1] et de Gœtzenbruck[2] ; en m'aidant enfin de la Chronique de Georges Walter[3] et de ses extraits

---

1. M. Mathieu Burgun.
2. M. André Walter.
3. Georges Walter, né en 1737 à Meisenthal, et mort à Gœtzenbruck en 1823, à l'âge de 86 ans, appartenait à la fois, par son père et par sa mère, à deux des anciennes familles de verriers du pays, dont les descendants sont, de nos jours, à la tête des deux premières verreries qui y ont été établies au siècle dernier, et qui ont été fondées par elles. Après s'être livré, dans sa jeunesse, au travail du verre, à Meisenthal, à Gœtzenbruck et dans plusieurs autres manufactures de

des registres de la paroisse de Soucht, qu'il m'a été possible de réunir les éléments des notices insérées au chapitre suivant, sur les verreries qui se sont succédé, au Pays de Bitche, durant les siècles antérieurs à l'année 1700.

Pour les établissements créés au cours du XVIIIe siècle, les documents de toute nature abondent, et en m'efforçant d'éviter des longueurs, le difficile sera de ne rien omettre d'intéressant.

France, il s'adonna au commerce et aux voyages. Pendant 15 ans il parcourut la Suisse, la France, le Brabant, la Hollande et une partie de l'Allemagne, et revint ensuite au Pays de Bitche. C'est lui qui, sur la demande d'un négociant du nom de Chambré, commença, à la verrerie de Gœtzenbruck, la fabrication des verres de montres, obtenus en détachant le fond aplati de petites fioles.

Sa Chronique est consacrée principalement aux verreries et aux verriers des forêts de Bitche ; elle contient des détails sur quelques événements conservés par la tradition dans sa famille, sur des faits dont l'auteur a été témoin et auxquels il s'est trouvé mêlé ; elle est écrite en allemand et ne porte pas de date. Un extrait de ce que ce manuscrit contient de plus important a été fait par M. Pierre Berger, parent de l'auteur, et lithographié sous le titre de : *Ursprung der Glashütten von Saint-Louis (dit Müntzthal), Meisenthal und Gœtzenbrück, Auszug eines Manuscriptes von Georg Walter*. In-4o, ohne Ort, 1830. C'est à ce travail que j'ai emprunté de nombreuses informations.

CHAPITRE III.

VERRERIES DU COMTÉ DE BITCHE AUX XVe, XVIe ET XVIIe SIÈCLES.

Ces verreries forment deux groupes distincts. — Groupe de la vallée de la Schwolbe : Riderchingen, Neukirchen, la « Vieille Verrerie », Holbach. — Groupe de la vallée de Muntzthal : Hutzelthal, Glasthal, Meisenthal, Muntzthal, Eidenheim, Speckbronn, La Soucht. — Villages fondés par des verriers.

Les origines de la fabrication du verre dans le comté de Bitche ne sont pas connues, en ce sens que, jusqu'à présent, aucun document écrit, ni d'autre nature, n'a été mis au jour, qui permette de leur assigner une date certaine. Mais G. Walter estime, d'après des traditions de famille, qu'il a consignées dans sa chronique, que c'est au cours du xve siècle, que les premières verreries ont été établies dans le Pays de Bitche. Ces usines, qui conservèrent longtemps une simplicité primitive, s'élevèrent toutes, ou à proximité, ou à l'intérieur même de la grande Forêt de Bitche : nulle part ailleurs dans le comté, on n'en retrouve ni trace, ni souvenir. C'était à prévoir, car au moyen âge et dans les siècles suivants encore, les verriers, qui ne pouvaient user pour les charrois que d'une voirie bien rudimentaire, avaient à demander aux forêts non pas seulement le bois indispensable à l'alimentation de leurs fours, mais encore les matières nécessaires à la fabrication du verre, la potasse principalement, qui se tirait du bois mort, du mort-bois, de la bruyère et surtout de la fougère, qui a été longtemps considérée comme donnant un produit supérieur[1] à celui de tout autre végétal.

Les manufactures de verre, construites dans les situations choisies que je viens d'indiquer formèrent deux agglomé-

---

1. Quelques citations montreront combien était générale cette renommée de la fougère pour la composition du verre :

Au sujet du verre à vitres, ANDRÉ FÉLIBIEN (1649-1695) rapporte que :

« Le verre blanc, et le meilleur que l'on employe aujourd'hui, se fait dans la forêt de Gastine, par delà Montoire; il est de pure *fougère*. » (*Des Principes de l'architecture*. In-4º, Paris, 1676; p. 260.)

Dans un compte de la verrerie de La Haye, en Normandie, régie, en 1302, pour le roi PHILIPPE IV *dit* LE BEL, et comprenant les dépenses d'un semestre, on lit entre autres détails :

« *Pro dictis minutorum operariorum qui colligerunt* feucheriam *ad faciendum vitra*. XXIII *lib*. XV *sol*. IIII *den*. »

« *Pro vectura* feucherie, VI *lib*., V *sol*., VI *den*. »

Depuis 1548 jusqu'à l'année 1568, les Grands-Maîtres des eaux et forêts donnèrent à deux verriers, du nom de Caqueray, plusieurs « congez et permissions de coupper *fougères* à la faucille en ladite forêt (de La Haye), pour employer à l'artifice de voirrerye ».

Dans une charte de 1637, le roi Louis XIII cite la forêt de Lyons, comme étant « une des plus grandes forestz du Royaume, et la plus fertile en boys et *fougères* propres à faire verre ». (O. LE VAILLANT DE LA FIEFFE, *Les Verreries de la Normandie*. In-8º, Rouen, 1873 ; pp. 4, 13, 15, 498.)

« La famille (celle d'un petit fermier établi au Schneeberg) avait acheté le droit de brûler des cendres pour les verriers, avec la *fougère*, le bois mort et les pommes de pin ; c'étoit un bon revenu pour elle.... » (A. BENOIT, *Le Schneeberg et le comté de Dabo en 1778*. In-8º, Strasbourg, 1878 ; p. 9.)

Les poètes eux-mêmes témoignent de la prédilection des verriers

rations distinctes : la première, assise à la lisière occidentale de la forêterie de Bitche[1], s'étendait dans le bassin de la rivière de Schwolbe (le Schwalbach de la carte de Cassini) ; les usines de la seconde étaient répandues au milieu de la forêterie de Soucht, dans la vallée de Muntzthal, — courant dans la direction Sud-Ouest, du village de Lemberg à la frontière du comté — et dans celles de Gœtzenbruck, de Meisenthal et de Soucht (ou Kammerthal), qui y débouchent.

Des verreries du premier groupe, qui ont dû se fonder sous la domination des dynastes bipontins (1297-1606), on ne sait que très peu de chose, les archives administratives de la seigneurie de Bitche, qui étaient restées entre leurs mains, ayant dû passer, avec leur succession, aux comtes de Hanau-Lichtenberg, d'abord, puis aux landgraves de Hesse-Darmstadt. Cependant, des documents déjà signalés au chapitre Ier : Le *Registre* de 1577, et l'*État des lieux* de 1594, du président Th. Alix, ainsi que le *Procès-verbal*

---

pour la cendre de fougère ; et à la page 434 du t. III des *Œuvres choisies* (4 vol. in-12, Paris, 1763) du chansonnier PANARD, on trouve les rimes suivantes :

> « . . . .
> C'est toi champêtre *fougère,*
> C'est toi qui sers à faire
> L'heureux instrument
> Où souvent pétille,
> Mousse et brille
> Le jus qui rend
> Gai, riant,
> Content. »

1. Une *note* insérée au chap. Ier a montré comment la Forêt de Bitche (partie couverte de la seigneurie) se subdivise en six forêteries, qui sont celles de Haspelscheidt, Bitche, Waldeck, Eguelshardt, Lemberg et Soucht.

de 1580, du gruyer J. Cueullet, font connaître l'existence des verreries de Holbach, de Riderchingen [1], de Neukirchen et d'une quatrième manufacture qui n'est désignée que sous la dénomination de « la Vieille Verrerie ». Les quelques détails que ces manuscrits ont recueillis sur ces usines et d'autres découverts dans les comptes du Domaine et dans ceux de la gruerie de Bitche, auront plus loin leur place.

Ni J. Cueullet, ni Th. Alix ne disent rien du second groupe de verreries; et il ne faut pas s'en étonner. Dans la reconnaissance à laquelle il avait mission de procéder, le gruyer de Nancy n'avait pas visité la région couverte d'épaisses forêts, qui s'étend au sud de Bitche, et les dénombrements de villages, hameaux, etc., dressés par le président de la Chambre des comptes, ne pouvaient comprendre de simples stations temporaires de nomades, à la fois pasteurs et verriers.

Pour suppléer au silence de ces fonctionnaires, je transcris ici la traduction de certains passages de la Chronique de G. Walter :

« Nos pères et nos aïeux nous ont raconté que les premières verreries de nos forêts étaient de petites verreries que l'on appelait Stützenhütten [2]. On fixait verticalement en terre un tronc d'arbre à chacun des quatre angles, et les parois ou côtés se faisaient en bois, aussi bien que la toiture, le tout d'une façon très misérable...... Dans ma jeunesse, j'ai vu moi-même encore

---

1. Petit-Rederching.
2. Ou Blockhütten.

dans la forêt les traces d'emplacements de semblables verreries, notamment dans le vallon qui s'appelle Hutzelthal, au-dessus de Meisenthal..... Une petite verrerie de ce genre existait aussi dans la vallée appelée Glasthal, au-dessous du moulin de Meisenthal.....; une autre à Meisenthal même, sur l'emplacement de la verrerie actuelle, une aussi au-dessous de Soucht, près de Speckbronn, ainsi que dans plusieurs pareilles situations, et dont on ne sait autre chose que les traces que l'on en voyait encore.

« Ces petites verreries s'élevaient toujours dans les vallées, a proximité du bois, et, à côté, de petites maisons en bois, pour l'habitation. L'établissement ne durait qu'aussi longtemps qu'on y pouvait rouler (walzen) le bois, après quoi on allait en construire un autre ailleurs. Cela se passait ainsi, d'après mon appréciation, dans les années de 1400 à 1500[1]. Après cela vint la verrerie de Muntzthal.......

---

[1]. Les commencements de la fabrication du verre répondent à la description qu'en donne G. WALTER dans bien des pays, où l'on avait recours à elle pour utiliser des produits forestiers privés de débouchés. Le nom de Glashütte, retenu par la langue allemande, pour désigner une manufacture de verre, grande ou petite ; celui de « halle » donné partout, en France, à l'atelier d'une verrerie qui abrite ses fours, en fournissent la preuve.

L'ancienne et importante verrerie du « Grand-Soldat » (Soldatenthal), dans le comté de Dabo, fondée vers le milieu du XVIIe siècle, ne fut fixée dans sa dernière position qu'en 1722 ; auparavant, elle était « ambulante », c'est-à-dire qu'elle se déplaçait à mesure que ses fours dévoraient le combustible à leur portée. (H. LEPAGE, *loc. cit.*, p. 62.)

Dans les vastes forêts de sapins des montagnes de la Bohême, il n'en allait pas autrement ; et si, aujourd'hui, le verre s'y travaille dans de grandes usines stables, j'ai pu me convaincre, au cours d'un voyage d'exploration, réalisé il y a 40 ans (1844), que l'ère des verreries nomades n'y était pas alors définitivement close.

Suivant ce qui se rapporte, la verrerie de Soucht doit avoir été construite vers 1620, cela n'est cependant pas certain [1]... »

Aux usines précitées s'ajoute encore la verrerie du ban de Eidenheim, en la vallée de Muntzthal, que la feuille 143 de l'*Atlas topographique du comté de Bitche* fait connaître en même temps qu'elle en donne la situation précise ; et, enfin, la mention d'une ancienne usine, qui pourrait bien être une fabrique de verre, se rencontre dans les lettres patentes du duc Léopold, du 21 janvier 1721 [2], en vertu desquelles il est permis à Georges Poncet de faire construire une verrerie,

« ...en un canton de bois appellé Gotzbrick [3] et montagnes de Helhseith,...... en un endroit où il y a eu autrefois une usine de laquelle il ne reste que la másure. »

On voit par ce qui précède, que depuis le bas moyen âge jusque vers le milieu du XVIIe siècle, il ne s'est pas élevé moins d'une douzaine de verreries dans la forêt de Bitche.

Dans le bassin de la Schwolbe, l'usine de Holbach, faute de bois, cessa de travailler en 1585, mais elle fut rétablie dès l'année suivante à Muntzthal [4], dans la partie couverte du comté. Si les manufactures voisines lui ont survécu, elles

---

1. C'est en 1629 que fut érigée la verrerie de La Soucht. (Pièces justif. n°s 4 et 6.)

2. Pièce justif. n° 12.

3. Gotzbrick n'est autre que Gœtzenbruck, ainsi qu'en fait foi l'arrêt d'affectation de bois, du 7 avril 1767, pour la verrerie dont il est question (Pièce justif. n° 14). — Voir, au surplus, DURIVAL, *Description*...., t. III, p. 170.)

4. Ce nom de lieu avait diverses formes anciennes : Montzdhall Munsdahl, Munschthal, etc.

ont dû s'éteindre aussi avant la guerre de Trente ans; car, après l'année 1585, il n'en est plus question dans les documents officiels.

Depuis cette guerre, qui sema tant de ruines sur le pays, aucune d'elles ne se releva.

Quant à la nouvelle verrerie de Muntzthal et à toutes celles qui, à cette époque néfaste, existaient encore dans la vallée de ce nom et dans les vallons voisins, elles furent ruinées par les dévastations des Suédois et par les désastres du règne du duc Charles IV (1624-1675), à l'exception de la seule usine de Soucht[1]. Réfugiés au fond des bois couvrant alors les terres qui forment aujourd'hui le ban de

---

1. Ces événements trouvent leur affirmation dans l' « Aveu et dénombrement », du 22 décembre 1681, de CHARLES HENRY de Lorraine, prince de Vaudémont, pour le comté de Bitche. (Pièce justif. n° 3.)

On sait que le comté de Bitche, après sa réunion à la couronne ducale, avait été détaché du Domaine de Lorraine, et, donné à M. de Vaudémont par le duc de Lorraine, son père, était devenu une seigneurie particulière. (*Poleum Lotharingiæ*, p. 41.)

Il est déclaré par le susdit aveu qu'il existe dans la seigneurie, outre le château et la forteresse de Bitche, 50 bourgs, villages et hameaux ; 6 censes, y compris celle de Mutterhausen, avec château et forges, ruinés ; 1 verrerie ; 1 thuillerie ; 1 scierie ; 3 battans d'écorce et 41 moulins ; plus l'abbaye de Sturtzelbronn.

On lit dans la liste de ces lieux :

« *Riderichingen*, où il y a un ban dit *Neunkirchen*, duquel les dixmes sont à nous pour le tout.

« *Syersdhal, Holbach*, où nous avons les dixmes pour le tout, un moulin et un etang.

« *Sucht*, verrerie, où nous avons les dixmes pour le tout.

« *Muntzdhal*, où nous avons les dixmes pour le tout, et un moulin sur le ban dict Andreheim. »

On voit qu'à l'exception de l'unique verrerie de Soucht, dont l'existence en 1681 se trouve attestée, il n'est plus question de celles de

la commune de ce nom, les familles de ses verriers surent, à travers les mauvais jours de l'occupation étrangère, qui succéda bientôt à la guerre de Trente ans, maintenir leur four en activité jusqu'à l'an 1700 ; et c'est de Soucht qu'on les verra sortir dès les premières années du xviiie siècle, pour relever l'industrie du verre dans la Forêt de Bitche, sous les derniers ducs héréditaires de Lorraine.

Après cet historique général de la fabrication du verre dans le comté, avant le xviiie siècle, je passe à ce qui touche particulièrement chacune des usines qu'elle y a entretenues durant cette période.

VERRERIES DE RIDERCHINGEN[1], DE NEUKIRCHEN[2] ET LA « VIEILLE VERRERIE ».

C'est par le *Procès-verbal*, de 1580[3], du gruyer J. Cueullet, que l'on connaît l'existence de ces verreries dans le bassin de la Schwolbe. Voici ce qu'il en dit :

« Depuis a été conduit ledit gruyer sur une verrerie dicte et appelée Riderchingen à laquelle contrée de bois les verriers font

---

Riderchingen, de Neukirchen, de Holbach, dans le bassin de la Schwolbe, ni de celles de Muntzthal et du ban de Eidenheim (ou Andrcheim), dans la forêterie de Soucht.

Le ban de Neukirchen, inscrit dans l'Aveu et dénombrement précité, est déjà signalé, en 1580, par le *Procès-verbal* du gruyer de Nancy, qui explique ce que c'était que ces « anciens bans » dont il est souvent question, dans les titres et documents relatifs à la terre de Bitche.

1. Petit-Rederching.
2. Ou Neunkirchen.
3. Pièce justif. n° 2.

couper bois sans tenir ordre ni regle et coupent en toute saison le bois pour la fourniture de ladite verrerie, de sorte que les tailles qu'ils font les estocqs sont de trois à quatre pieds de hauteur. .

« Ledit gruyer remontre qu'il y a en plusieurs contrées des essarts là où par autrefois il y a eu des résidans qui, pour le présent, ne s'en fait aucun profit comme au semblable il y en a eu un proche de la verrerie dite et appelée Neukirchen, auquel lieu il y a pareillement eu residence comme le fait se montre par le présent........

« Dit en outre ledit gruyer qu'il seroit nécessaire pour le profit de mondit Seigneur de laisser par admodiation à prix raisonnable la vieille verrerie qui dejà par cy devant avoit été, parce qu'il y a nombre de bois à suffisance pour la fourniture d'icelle, si elle étoit remise en nature, et n'en sauroit-on tirer profit si ce n'est par le moyen qui dit est......»

Des termes dans lesquels l'auteur parle des deux premières usines, on doit conclure qu'elles étaient en activité à l'époque où il les a vues. Quant à la troisième, elle était certainement en chômage, sinon ruinée, peut-être, depuis un certain temps. Mais quelle était sa situation ?

Les populations de cette partie du comté conservent encore le souvenir d'anciennes fabriques de verre. Suivant un octogénaire (1880), il en aurait existé une dont il indique l'emplacement, entre Frohnmuhl et Siersthal, à une égale distance de ce dernier village et du hameau de Holbach, et dans les environs duquel, en labourant autrefois, il a souvent mis au jour des débris de verrerie [1]. Cette usine

---

1. Renseignement dû à l'obligeance de M. l'abbé OSTER, curé de la paroisse de Siersthal.

pourrait bien être la « Vieille Verrerie » de J. Cueullet. Rien cependant n'autorise, jusqu'à présent, à le tenir pour certain.

Éteintes probablement avant la guerre de Trente ans, ces trois verreries ont été ruinées au cours de cette guerre, comme le reste du pays.

Ces fabriques étaient domaniales, — les termes du *Procès-verbal* de 1580 ne laissent pas de doute sur ce point, — et on peut croire que, si elles étaient chargées d'un cens annuel, elles jouissaient, en retour, de la faculté de puiser gratuitement, dans les bois, le combustible nécessaire à l'alimentation de leurs fours. J. Cueullet, en effet, témoin de désordres et de gaspillage dans l'exploitation de la forêt, indique maintes réformes à y introduire, mais il ne dit mot de taxes à imposer pour le bois d'affouage; au sujet du bois de bâtiment, seulement, il estime, ainsi que j'en ai déjà fait la remarque (chap. Ier), qu'il serait bon d'établir au profit de son souverain, quelque minime redevance par arbre coupé.

Je manque, d'ailleurs, de renseignements sur les dates de création des usines de Riderchingen, de Neukirchen et de la « Vieille Verrerie »; sur leur exploitation et la nature des produits qu'elles fabriquaient; sur leurs débouchés[1], etc.

---

1. Ce qui paraît certain, c'est que, assises aux abords de la grande route commerciale qui, autrefois, reliant la Lombardie aux Flandres, traversait la seigneurie de Bitche (V. *infrà,* la monographie de la verrerie de Gœtzenbruck), il leur était facile d'écouler, par cette voie, ceux de leurs produits qui excédaient la consommation locale.

VERRERIE DE HOLBACH.

Cette usine doit être la moins ancienne de toutes les verreries de la vallée de la Schwolbe ; elle a été fondée au XVIe siècle, sur l'emplacement du hameau actuel de Holbach qui lui doit sa création [1].

Suivant ce que rapportent les comptes du Domaine de Bitche, Jacques († 1570 [2]), qui a été le dernier comte de Deux-Ponts-Bitche, après avoir acheté la forêt couvrant les collines en cet endroit, fit ériger la verrerie et essarter les bois [3].

Les papiers du Domaine ne fournissent pas d'indication sur l'époque de cette double opération. Mais on peut, avec vraisemblance, admettre que la verrerie a été construite avant l'année 1531, au cours de laquelle le mariage de Marguerite-Louise, fille de Jacques, avec Philippe V de Hanau, — à qui elle apporta en dot la terre de Bitche, — fit passer le comté sous la domination de ce prince.

Les renseignements que l'on possède sur l'exploitation et la fabrication de la verrerie de Holbach, sont dus au président Th. Alix, qui nous apprend que :

« A 1 demy lieues de Bitche, tirant vers Rimlingen, en un

---

[1]. DE BOUTEILLER, *Dictionnaire topographique de l'ancien département de la Moselle*. In-4°, Paris, Imprimerie nationale, MDCCCLXXIV ; v° *Holbach*.

[2]. DUFOUR DE LONGUERUE, *Description historique et géographique de la France....* In-fol., s. l., MDCCXXII ; p. 161.

[3]. V. Pièce justif. n° 4.

lieu dit Holbach, est une verrerie en laquelle se font verres à boire de toutes sortes et des tablettes de verres à fenêtres d'un pied de large et d'un pied et demy de hault ou environ. Les verriers sont du pays de Schwaben [1] et ils payent pour chacun an 50 florins [2]. »

Cette verrerie était domaniale et, moyennant le prix de son bail, elle avait, comme celles du voisinage, la faculté d'abattre, dans la forêt, le bois nécessaire à l'affouage de son four. Mais il existait, dans ses dépendances, un certain nombre d'arpents de terres, pour la jouissance desquels elle était imposée, en plus de la précédente redevance, à un cens annuel de 18 livres [3].

Les verriers de Holbach jouissaient, d'ailleurs, de l'exemption des corvées, sous la charge d'une levée annuelle de 30 gros, sur chacun d'eux; et ce privilège fut continué aux habitants qui, après l'extinction de la verrerie, restèrent, ou vinrent s'établir au hameau.

L'admodiation de l'usine prit fin en 1583, et en 1585, un mandement de la Chambre des comptes de Nancy faisait savoir aux gens du Domaine de Bitche que les verriers, qui

---

1. Souabe.
2. *Registre* de 1577, déjà cité. (Arch. dép. de Nancy, série B, n° 558.)
3. On trouve l'indication de ce cens dans une requête des censitaires du moulin de Frohnmuhl, voisin de Holbach, où il est expliqué comment le receveur du Domaine de Bitche avait réparti un cens annuel de 18 liv. que payait autrefois la verrerie de Holbach au souverain, pour quelques terres de sa dépendance, entre les sujets qui avaient pris possession de ces terres, abandonnées à la suite des guerres. (Arch. nat., carton Q¹, n° 804.)

l'avaient détenue, demandaient, pour en continuer l'exploitation, la permission de la transporter en un endroit, choisi par eux, dans la forêt de Vosberger[1].

Sans avoir complètement égard à leur requête, on la transféra à Muntzthal, dans la partie couverte du comté, et elle fut affermée dès l'année suivante, 1586, ainsi qu'il appert des comptes du Domaine de Bitche pour ladite année[2].

Je termine ce qui se rapporte aux verreries de la vallée de la Schwolbe, en signalant l'existence d'un hameau à 3 kilomètres environ, au Sud-Ouest de Holbach, situé au sommet d'une colline, dominant cette vallée ; il dépend de la commune de Lambach. Son nom de Glassemberg ou Glassenberg, n'est peut-être pas sans attache avec l'industrie du verre, depuis si longtemps répandue dans le pays, soit que ce lieu ait été anciennement le siège d'un four de verrerie, soit que des artisans travaillant dans des usines du voisinage, y aient établi leurs logis.

---

1. Cette forêt, voisine de Holbach, s'étend à l'Est du village. On rencontre son nom sous bien des formes : Vosberger, Volsberg, Vasberg (H. Jaillot), Vasenberg ; la carte de l'État-major porte Vassenberg.

2. C'est sur les comptes du Domaine de Bitche principalement que s'appuient les détails qui précèdent. Dans les extraits de ces comptes, retenus à la pièce justificative n° 4, on trouvera les textes des passages qui visent le lieu de Holbach et sa verrerie.

VERRERIES DE HUTZELTHAL, DE GLASTHAL ET DE MEISENTHAL (PREMIÈRE).

Ces verreries, essentiellement nomades, appartiennent à l'époque où le pays obéissait aux comtes de Deux-Ponts, sur laquelle les documents administratifs sont rares ; aussi, les informations que l'on possède, à leur sujet, sont-elles très limitées.

G. Walter enregistre ces usines. Il fait connaître la situation de la première : il a vu les ruines de son four ; il indique la position approximative de la seconde, et fixe celle de la troisième sur l'emplacement même qu'occupe la verrerie actuelle de Meisenthal [1].

Ce dernier renseignement se trouve officiellement confirmé par la permission [2], octroyée en 1702, par le duc Léopold, de transférer la verrerie de la Soucht à Meisenthal, et par le bail, passé en 1704, de la nouvelle usine, construite là

« Où il y avoit ci-devant une verrerie, laquelle depuis quatre-vingt ans et plus est ruinée et abandonnée et n'y paraissant rien à présent que les vestiges [3] ».

Ce serait ainsi dans les premières années du XVIIe siècle, ou sur la fin du XVIe siècle, que la verrerie révélée par ses

---

1. *Loc. cit.*, p. 1.
2. V. au chap. IV, la monographie de la verrerie de Meisenthal (seconde).
3. V. Pièce justif. n° 8.

vestiges, aurait été éteinte ; mais on ne sait rien sur l'époque de sa fondation.

Hutzelthal et Glasthal paraissent être des établissements à peu près contemporains de Meisenthal.

A cela se réduit ce que je puis rapporter au sujet de ces trois usines. Rien, quant à présent, n'est connu de leur organisation économique, de leurs privilèges, ni de leur fabrication.

VERRERIE DE MUNTZTHAL.

On a vu, un peu plus haut, que cette verrerie, érigée par le Domaine, en remplacement de celle de Holbach, avait été affermée en l'an 1586 ; mais j'ignore si elle a été laissée à la colonie de Souabes, qui exploitait cette dernière usine, ou à d'autres verriers.

Vingt-quatre ans après, la fabrique de Muntzthal était détenue par un maître verrier du nom de Martin Greiner[1], et on voit par les comptes du Domaine de Bitche de 1609 et de 1610 que, en conformité de son bail, il avait à payer, par chacun an, la somme de 212 fr. 6 gr. tant pour la verrerie et le bois d'affouage de son four, que pour la censine de terres essartées et mises en culture, laquelle censine s'élevait à 7 fr. 4 gr.

De plus, pour pâture et glandée dans le bois dit Thurrenvalt (ou Durrenwald), le maître de la verrerie était soumis à une taxe annuelle de 20 fr.

---

1. V. *infrà*, chap. VII, *ad notam*.

Du reste, les verriers de Muntzthal, jouissant, comme dans la verrerie de Holbach, de l'exemption des corvées, payaient ce privilège d'une redevance annuelle de 30 gros pour chacun d'eux [1].

En 1609, Martin Greiner, pour cause, ou sous prétexte de pénurie de bois, sollicitait la permission d'aller établir ailleurs son usine. Mais sa requête fut écartée, et la verrerie resta en activité, pendant bien des années encore, sur l'emplacement qu'elle occupait, puisque, au dire de G. Walter, son ancêtre, Pierre Walter, allait, vers 1644, de Soucht, travailler le verre à Muntzthal [2].

Mais les guerres qui marquèrent la seconde moitié du XVIIe siècle, ne tardèrent pas longtemps à en amener la destruction, comme celle de toutes les usines du comté qu'avaient épargnées les ravages de la guerre de Trente ans, et le contrôle de la recette du Domaine de Bitche, pour 1661, l'enregistre en ces termes :

« Il y avait une verrerie au dit lieu (de Munschthal) laquelle

---

[1]. En 1610, ces verriers, au nombre de dix, étaient :

Stoffel Sigward.	Léonard Greiner.
Jean Schurer.	Adam Greiner.
Jean Greiner.	Sébastien Erlich.
Paul Greiner.	Nicolas Krebs.
Jean Huber.	Georges Hoff.

[2]. .... Peter Walter unser aller Stammvater war, welcher selbst von meinem Andenken mir ganz genau bekannt ist; denn wie unsere Alten mir erzählten, so hat dieser Peter Walter Glas gemacht in der Zeit des dreißigjährigen Schwedenkrieges, welcher angefangen 1618 und sich anno 1648 geendiget hat. So hat dieser ungefähr im Jahr 1644 im Müntzthal gearbeitet .... (*Ursprung der Glashütten....*, p. 2.)

est ruynée et du tout deserte, ni son four nulle recepte ou estat pour l'an du présent controlle[1]. »

A partir de cette époque, le territoire de Muntzthal, où il n'y a plus une construction debout, devient une métairie et, dès 1663, le sieur de Romécourt, intendant du prince de Vaudémont, — qui avait alors l'investiture de la seigneurie de Bitche, — permet à Pierre et Mathieu Undereiner, et à deux autres habitants de l'office de Bitche, de s'établir, pour neuf ans, dans le vallon de Muntzthal[2].

Plus tard, la cense dudit Muntzthal est acensée à perpétuité, au bon plaisir du souverain — avec ses dépendances qui consistaient en 30 jours de terre, 20 chariots de foin, un petit étang, un petit canton de bois dit Turrenwalt (ou Durrenwald), ensemble droits d'affouage et pâturage sur le Klosterberg et le Helscheidt — auxdits Undereiner et consorts, qui l'habitent, aux conditions et charges suivantes : qu'ils bâtiront chacun un logis pour leur habitation, à leurs frais et dépens, lesquels seront et demeureront en propre au souverain, et qu'ils payeront, par chacun an, un cens perpétuel de 5 risdales des terres et prairies, 5 risdales du canton de bois et 2 risdales pour l'exemption des corvées et de toutes autres charges, à l'exception du droit de *schaft,* cependant, qui est de serfve condition ; et de plus, sous réserve que si quelqu'un d'eux voulait quitter, celui

---

1. Voir, pour les faits relatifs à la verrerie de Muntzthal, la pièce justif. n° 4, *passim.*
2. Arch. nat., carton Q¹, n° 804.

ou ceux qui resteront seront obligés de payer le cens entier[1].

En 1701, le comptable du Domaine remontre que trois des censitaires ayant abandonné pendant la guerre, Pierre Undereiner, seul restant, a acquité 12 risdales ou 60 fr. et 2 fr. pour le droit de *schaft*[2].

Telle était la situation de la cense de Muntzthal à la fin du XVIIe siècle. Son historique sera continué au chapitre suivant, qui embrasse le XVIIIe siècle.

VERRERIES DE EIDENHEIM ET DE SPECKBRONN.

En descendant, à l'ouest de la verrerie de Muntzthal, la vallée de même nom, on y trouvait deux autres verreries : celle de Eidenheim, au droit du vallon de Meisenthal, et plus bas, celle de Speckbronn, près du point où le ruisseau de Soucht se jette dans celui de la vallée de Muntzthal.

L'emplacement de la première de ces usines est authentiquement fixé par la feuille 143 de l'*Atlas de Bitche*, sur laquelle sa masure est figurée (Pl. iv) à l'endroit où le chemin qui descend de Meisenthal débouche dans la vallée de Muntzthal ; elle était située tout près, ou sur le territoire même, du ban de Eidenheim[3], et construite à la lisière de

---

1 et 2. V. pièce justif. n° 5.

3. Ce territoire, dont on rencontre le nom dans les vieux documents sous diverses orthographes : Andréheim, Andrenheimb, Endesheimer et enfin Eidenheim (*Atlas de Bitche*), est un de ces « anciens bans » dont il a déjà été précédemment question. Des uns, les résidants,

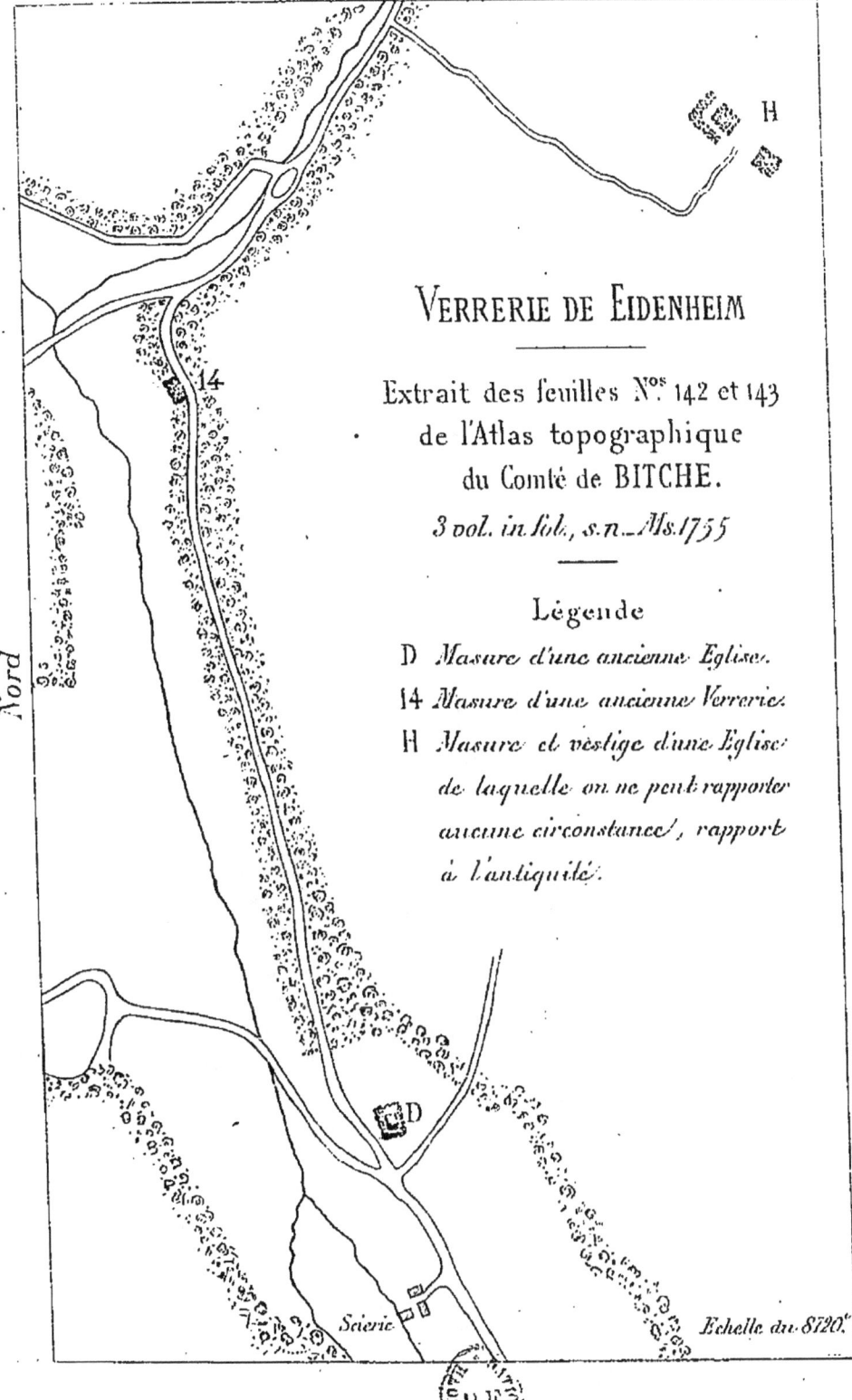

la forêt de Kleberg, qui le bornait au sud, tandis que le ruisseau de Muntzthal en formait la limite au nord.

échappés aux ravages des Suédois, au XVIIe siècle, avaient dû s'expatrier; des autres, la population avait été dispersée déjà antérieurement : au XVIe siècle, par la guerre des Rustauds, au XVe, par l'invasion du comte palatin Louis le Noir et par d'autres catastrophes encore. (Cf. JULES THILLOY, *Les Ruines du comté de Bitche,* dans les *Mémoires de l'Académie de Metz,* ann. 1861-1862 ; pp. 153 et suiv.) Le ban de Eidenheim devait être de ces derniers, car dans les *Procès-verbaux du 25 octobre 1759 des communautés qui ont des droits de vaine et grasse pâture, d'affouage,* etc., *dans la partie découverte du comté de Bitche* (Arch. dép. de Metz, série B, n° 116), sont relatés des « Extraits de compte du Domaine de Bitche, rendus pour l'année 1698, par lesquels il conste que les dits habitants (de Montbronn) payent, *d'ancienneté,* huit maldres d'avoine pour le vieux ban d'Andréheim (ou Eidenheim) » ; d'où il suit que, en 1698, il y avait un long espace de temps que cet endroit avait perdu sa population, ce que confirme encore le président Th. Alix, en ne mentionnant pas Eidenheim sur sa liste, de 1594, des lieux habités en Lorraine.

Eidenheim, bien qu'ayant un territoire de la modeste étendue de 125 arpents de Lorraine, a été un centre de quelque importance pour l'époque. Sur l'*Atlas de Bitche* (f. 142 et 143), figurent les ruines de deux anciennes églises : l'une dans la vallée, avec un cimetière entouré d'un mur ; l'autre dans la montagne, — un lieu de pèlerinage sans doute, — « de laquelle », est-il écrit à la légende de l'*Atlas,* « on ne peut rapporter aucune circonstance, rapport à l'antiquité ». Dans ce lieu, il a existé, outre la verrerie, un moulin, une huilerie, une scierie. Sur la fin du XVIIe siècle, on y retrouve un moulin. (V. pièce justif. n° 3.)

Au mois de septembre 1881, ayant visité moi-même le ban de Eidenheim et ses environs, j'y ai vu un bâtiment d'exploitation agricole, flanqué d'une construction, où, il y a environ 35 ans, la verrerie actuelle de Meisenthal avait installé une taillerie de verre, à moteur hydraulique ; et une petite chapelle moderne, construite à quelque distance des ruines qui figurent dans l'*Atlas de Bitche,* et sans aucun caractère architectural. Les ruines de la verrerie et des deux églises,

Toutes mes recherches pour connaître l'époque de la fondation de cette verrerie ont été vaines, mais j'ai pu constater qu'elle était établie dans les mêmes conditions économiques que celles de Holbach et de Muntzthal et qu'elle avait dû s'éteindre dans les mêmes temps que celle-ci. On lit, en effet, dans les comptes du Domaine de Bitche de 1661 :

« En ce vallon (de Munschthal) y avoit une verrerie, tous les ouvriers en icelle payoient annuellement au Domaine de Son

---

relevées au siècle dernier, ont disparu, et je n'ai retrouvé qu'un bloc monolithe de grès bigarré, de forme prismatique, à base octogonale, de 1 mètre de diamètre, qui gît abandonné devant l'entrée de la chapelle moderne ; il porte au milieu une excavation hémisphérique, de 65 centimètres de diamètre, dont les bords sont frustes. On dit dans le pays que c'est le bassin des fonts baptismaux de l'ancienne église.

Contre le mur de façade de la chapelle, à droite de la porte d'entrée, s'élève une croix avec Christ, aussi en grès bigarré, et sur le socle de laquelle est ingravée l'inscription suivante :

Errichtet zur Ehr
Gottes von Christian
Stockhober und seiner ehe
Frau Odillia Undreiner
1826

Odillia Undreiner (ou Undereiner) descend probablement du premier censitaire de Muntzthal, dont un petit-fils, Louis Undereiner, devenu, en 1727, censitaire perpétuel du moulin de Muntzthal, situé en aval de la cense de ce nom, subrogea plus tard, en ses droits, la société Jolly et Cie , et se retira à Montbronn. (Voir, dans les archives départ. de Metz, les minutes, antérieures à 1790, des notaires et tabellions du bailliage de Bitche, parmi lesquelles des actes d'acquisition d'immeubles, au profit de Louis Undereiner, qualifié : meunier au moulin de Muntzthal.)

Pl. v

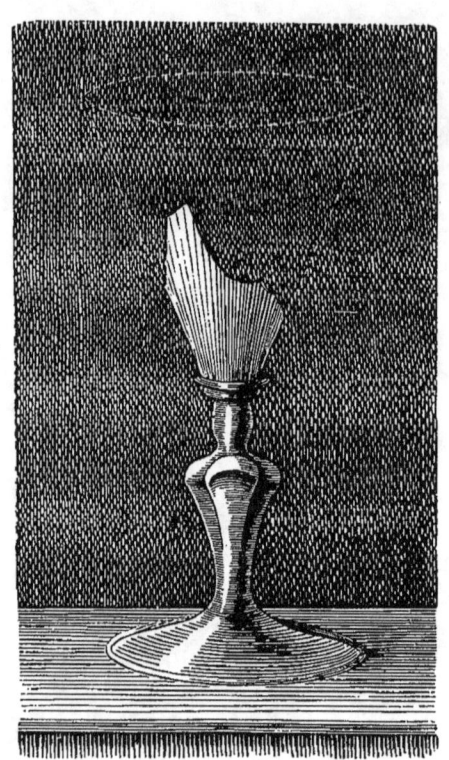

VERRE A BOIRE

trouvé en 1843 sur l'ancien ban de Eidenheim.

(Coll. de l'auteur.)

VERRE A BOIRE

trouvé en 1843 sur l'ancien ban de Eidenheim.

(Coll. de l'auteur.)

Altesse chacun 30 gros pour l'exemption des crouvées (corvées), outre la rente de ladite verrerie et la cense d'aucuns bois par eux essartés. Cette verrerie est totalement ruinée, partant ici pour l'an du présent controlle . . . . Nhl. »

Une trouvaille faite, il y a environ 40 ans, témoigne de la qualité supérieure des produits du four d'Eidenheim.

En 1843, le propriétaire d'une prairie de la localité, opérant des mouvements de terre en vue de l'améliorer, mit au jour un grand nombre d'objets de verre qui, dans ce lieu retiré, ne peuvent provenir que de la verrerie des siècles passés. Malheureusement, la pioche du terrassier avait achevé de briser ce qui ne l'était pas déjà et il n'a été possible de ramasser que des débris. Les planches v et vj représentent deux fragments de verres à boire, choisis dans ce qui a été recueilli. Le dessin permet de juger jusqu'à un certain point de l'habileté du verrier qui a travaillé les pièces, mais ce qu'il est impossible d'apprécier, sans les avoir sous les yeux, c'est la pureté de la matière et sa légèreté.

Ce sont là d'intéressants spécimens — les seuls d'ailleurs que je connaisse — du travail du verre dans les forêts de Bitche, à cette époque reculée.

Sur la verrerie de Speckbronn, je manque absolument de renseignements d'un caractère officiel. Néanmoins, sur la foi de la Chronique de G. Walter, qui est affirmatif à son sujet[1], je crois devoir la compter au nombre des manufactures de verre du Pays de Bitche pendant les XVIe et XVIIe

---

1. *Loc. cit.*, p. 1.

siècles, mais sous réserves, à l'endroit du rôle de fondateurs de la verrerie de La Soucht, que l'auteur attribue à ses verriers, réserves sur lesquelles je vais revenir dans la notice qui suit, sur cette dernière usine.

VERRERIE DE LA SOUCHT [1].

La verrerie de La Soucht a été fondée en 1629 [2], par un verrier de celle de Muntzthal, ainsi qu'en fait foi la mention suivante de Pierre Dithmar (ou Dittmar), receveur et gruyer au comté de Bitche, dans le compte qu'il rend pour ladite année 1629 :

« Il a été accordé à Leonhardt (ou Léonard Greiner [3]), verrier

---

1. Dans les anciens documents, comme sur les cartes géographiques des siècles passés, le nom de cette usine est écrit de bien des manières différentes. On y rencontre : « Suskt, Le Sucht, La Soucht, La Souche, Schoutte, Souctz, Tisoult » — qui se lit sur la carte de H. Jaillot, de 1705, et n'est, certainement, que l'expression corrompue de l'assonance des mots allemands : Die Sucht, — ou bien encore « Suchterwalt », du nom du grand massif de bois au fond desquels elle a été construite, et « verrerie de Bitche », parce que sur la fin du xviie siècle il n'y avait plus d'autre verrerie dans la seigneurie.

L'orthographe « Soucht » ou « La Soucht » (Cassini) ayant prévalu, je m'y suis conformé.

2. J. Thilloy, Diction. topogs. de l'arrondisr. de Sarreguemines, dit de Soucht : « Verrerie fondée au xvie siècle », c'est là une erreur.

3. Je ne crois pas me tromper en admettant que « Leonhardt » n'est que le prénom, mal orthographié, du concessionnaire de la verrerie de La Soucht, lequel devait s'appeler réellement *Léonard Greiner*; en voici les raisons :

1° Dans les comptes de la gruerie, il arrive que des personnes sont

de Munschthal, trente journal de bois au lieudit Ingrün dans Volsberger Sucht pour y bastir uue verrerie comme appert par le bail à lui passé de façon que le 23 mai année présente lesdits trente journaulx de bois lui ont été assignés en quaren et sur chacun quart des arbres a été marqué avec la marque de la gruyerie, comme appert par controlle, et la recette à paier au compte du domaine dans la première année se rapportera à l'année prochaine [1]. »

Léonard Greiner ne resta pas bien longtemps à la tête de la verrerie qu'il avait établie ; environ dix années après, sa maîtrise avait passé à Adam Stenger, ainsi qu'en témoignent les observations du contrôleur, Jean Huober, de la recette de Bitche, pour l'année 1661, par ce *remontrant* :

« LA VERRERIE DU SUCHT ÉRIGÉE EN L'AN 1629. »

« Il y a une verrie appelé Adam Stenger lequel depuis vingt

---

inscrites sous leur prénom seulement ; c'est ainsi que dans le compte de la scierie domaniale de Meisenthal, pour l'an 1613 (pièce justif. n° 6), on relève cet article :

« A maître *Martin* le verrier de Munschthal quatorze planches à raison de cinq gros la pièce. »

Or les comptes du Domaine, pour la même année 1613 (pièce justif. n° 4), appellent *Martin Greiner* le maître de la susdite verrerie.

2° Sur les listes de verriers de Munschthal, qu'on peut lire dans les comptes du Domaine, on n'en trouve aucun du nom patronymique de *Leonhardt*, tandis que sur une liste de l'an 1610, précédemment transcrite, on en relève quatre du nom de *Greiner*, parmi lesquels, un *Léonard Greiner*.

3° Enfin, G. Walter, rapportant dans sa Chronique les noms de familles de verriers qu'il a rencontrés dans le registre de la paroisse de Soucht, cite le nom de *Kreiner* (ou Greiner), mais ne mentionne pas celui de *Léonhardt*.

1. V. pièce justif. n° 6.

ou tant d'années s'est habitué aud lieu et entretenu lad verrie le comptable a trouvé par les comptes de feu le sieur Adam Huober commis son devancier que ledit Adam Stenger ne payoit par an pour redevance et cens de la dite verrie que dixhuit risdalles et la Cour souveraine l'avoit ainsi continué comme il est justifié par les comptes donnés par ainsy rapporte icy du compte dernier les dixhuit risdalles qui font en monnaie de Bitche. . iiij^{xx}x fr.[1]»

Ce que rapportait annuellement au Domaine le bail de la verrerie de Soucht s'élevait donc à 18 risdalles ou 90 fr. pour redevance et cense, affouage compris. Les verriers payaient en outre 9 florins pour pâturage et glandée au Suchterwalt, et enfin, 30 gros par tête pour l'exemption des corvées[2].

Ainsi, c'était bien à un verrier de Muntzthal et non pas à ceux de Speckbronn, comme le suppose G. Walter, qu'était due la création de la verrerie de La Soucht. L'indication de sa Chronique peut, cependant, n'être pas dépourvue d'un fond de vérité. Suivant ce qui se pratiquait dans les verreries du pays, il fallait à Léonard Greiner, pour exploiter son usine, des associés connaissant le travail du verre, et il est assez vraisemblable que, solliciteurs ou sollicités, ceux-ci soient venus de la verrerie de Speckbronn[3], qui était voi-

---

1. V. pièce justif. n° 4.
2. V. pièces justif. n°s 4 et 8.
3. Le lieu de Speckbronn, après l'extinction de sa verrerie, resta abandonné. Mais, au XVIIIe siècle, après la réunion de la Lorraine à la France, un arrêt du Conseil d'État du roi, du 14 juillet 1767, permet à Pierre Walter, maître de verrerie à Gœtzenbruck, et à Adam Walter, son neveu et associé, d'établir au canton de Speckbronn une scie-

sine ; mais la tradition, oubliant le fondateur de la nouvelle verrerie, n'aura gardé le souvenir que de ses coassociés.

L'établissement de La Soucht prit un caractère plus stable que celui qu'avaient conservé jusqu'alors les manufactures de verre du pays. Dès l'origine de leur installation, ses ouvriers avaient consacré une simple chambre à l'exercice du culte. Mais, en 1659, une petite chapelle, pouvant contenir 30 personnes, fut érigée aux frais de tous les verriers et de tous les bûcherons. Moins de dix ans après, la prospérité de l'usine l'avait rendue insuffisante, et en 1668, elle fut remplacée par un édifice plus considérable auquel était adossée une petite maison d'école[1].

L'origine de la paroisse de Soucht doit remonter à 1640, car c'est à cette année que s'ouvre le livre paroissial.

Le premier acte de baptême (1644) de ce registre mentionne un maître verrier du nom de Kreiner (ou Greiner); puis viennent, — aussi maîtres verriers, — Jean Stenger (1648), Adam Stenger (1650), et ce dernier nom patronymique se reproduit jusqu'en 1670[2]. Parmi les verriers de

---

rie, pour y débiter des remanans d'arbres de Hollande ; un second arrêt, du 18 juin 1771, accorde audit P. Walter, à titre d'acensement, 12 arpents de terre placés le long de la forêt de Kleberg, pour procurer au scieur les moyens de subsister ; enfin, le débit des remanans terminé, un troisième arrêt, du 17 novembre 1776, autorise P. Walter à convertir la scierie en un moulin à farine, à charge d'un cens annuel de 24 livres. Telles sont les circonstances auxquelles est due la construction du hameau actuel de Speckbronn. (Arch. nat., carton Q^1, n° 805.)

1. G. Walter, *loc. cit.*, p. 12.
2. Les verriers du nom de Stenger étaient très répandus : aux siè-

l'usine, se remarquent les Walter et les Burgun, commençant à Pierre Walter, celui qui, vers 1644, allait travailler le verre à Muntzthal, et à Sébastien Burgun, ancêtres paternel et maternel de notre chroniqueur [1].

Adam Walter, seul fils resté à Pierre Walter, fut le dernier maître de verrerie de La Soucht, où il mourut en 1688. Sa veuve, aidée de ses quatre fils, conduisit encore l'établissement jusqu'à l'année 1700, après quoi, la rareté du combustible à sa portée força de l'éteindre. Trois des fils d'Adam Walter allèrent, pour continuer la pratique de leur industrie, construire une nouvelle usine sur l'emplacement de la première verrerie de Meisenthal [2], ruinée et abandonnée depuis près d'un siècle.

Le quatrième fils, Pierre, resta et devint censitaire d'une métairie, composée des maisons et dépendances élevées par les verriers, et des terres, prés et autres héritages qu'ils avaient défrichés. Des étrangers vinrent bientôt opérer de nouveaux essartements et se construire des habitations; ainsi se forma l'agglomération actuelle de La Soucht qui ne tarda pas à prendre de l'importance; une église y fut construite en 1770, en remplacement de sa chapelle [3].

---

cles passés, on en rencontre non seulement dans la seigneurie de Bitche, mais encore dans la principauté de La Petite-Pierre et dans la vallée de la Moder, au comté de Hanau. Aujourd'hui le nom n'est pas éteint.

1. G. WALTER, *loc. cit., passim.*

2 et 3. G. WALTER, *loc. cit., passim.* — Voir aussi une pièce de procédure au sujet de la grasse et vaine pâture (Arch. de la verrerie de Meisenthal).

La Soucht fut, après le hameau de Holbach, le premier village du Pays de Bitche dont la création était due à des verriers, et longtemps il est resté le siège paroissial de ceux qu'ils y fondèrent dans le courant du XVIIIe siècle : Meisenthal, en 1704, puis son annexe Schiresthal, en 1736; Gœtzenbruck, en 1721 ; Mont-Royal ou Kœnigsberg en 1746, et enfin, Saint-Louis ou Muntzthal, en 1767.

Il est à noter, cependant, que les censitaires de Muntzthal, bien que réunis, en principe, à la communauté de La Soucht, par l'arrêt d'établissement de la verrerie de Saint-Louis, sont toujours restés rattachés, de fait, à celle de Lemberg [1].

---

1. V. pièce justif. n° 47.

CHAPITRE IV.

VERRERIES DU COMTÉ DE BITCHE AU XVIIIe SIÈCLE.

Traité de Ryswick: le duc de Lorraine reprend possession de ses États. — Après Louis XIV, Léopold continue l'application de mesures propres à relever la Lorraine. — Il autorise l'érection des verreries de Meisenthal et de Gœtzenbruck. — François III et Stanislas suivent d'autres errements. — Augmentation des impôts, émigrations. — Mort de Stanislas, incorporation de la Lorraine à la France. — Acensement de la métairie domaniale de Muntzthal, à charge d'y construire une verrerie. — Monographies des usines de Meisenthal et de Gœtzenbruck; de la cense de Muntzthal et de la verrerie de Saint-Louis. — Projets d'établissements verriers.

Avec le XVIIIe siècle et le règne de Léopold, auquel le traité de Ryswick (1697) avait rendu ses États, s'ouvre une ère de paix, depuis longtemps inconnue à la Lorraine. La prospérité renaissante du duché s'étendit au comté de Bitche, où elle avait été préparée durant le dernier quart du siècle précédent, par la politique de Louis XIV, qui occupait tout le pays. Un arrêt du Conseil d'État de ce souverain avait été rendu à Versailles, le 8 avril 1686, qui, confirmant les arrêts et règlements antérieurs, des mois de décembre 1680 et juillet 1681, portait pouvoir et faculté, non seulement aux habitants, établis tant dans la ville que dans le comté de Bitche, mais encore à tous étrangers qui voudraient s'y établir, de défricher autant de terres qu'ils en pourraient labourer, avec exemption générale de tous droits pendant dix ans [1].

Frappé de la sagesse de ces mesures et des heureux effets qu'elles avaient produits, Léopold ne se contenta pas de continuer l'application de l'arrêt de 1686 [2], il rendit encore d'autres édits et ordonnances, favorables au défrichement des terres et à l'immigration des étrangers [3]. Une situation florissante fut le fruit de ses efforts persévérants ; bientôt une population abondante ne forma pas moins de 60 villages et hameaux dans le comté, et lorsque, en 1735, la Lorraine fut cédée à la France, c'était un des pays les plus peuplés de l'Europe [4].

C'est à cette période qu'appartiennent la fondation de la verrerie de Meisenthal, celle de la verrerie de Gœtzenbruck, et le relèvement des importantes forges de Mouterhausen.

Mais, en même temps que le règne de Léopold, prit fin cette politique intelligente autant que généreuse, qui avait

---

1. P. CREUTZER, *Statistique du canton de Bitche,* dans les *Mémoires de l'Académie impériale de Metz;* ann. 1851-1852, 2ᵉ part., pp. 177 et suiv.

2. P. CREUTZER, *loc. cit.,* p. 184.

3. 2 avril 1698, Ordonnance portant les privilèges accordés aux sujets qui se marieront et aux étrangers qui s'établiront dans les États ; — 24 janvier 1704 et 12 janvier 1715, Ordonnances pour le rétablissement des masures (ruines) ; — 14 novembre 1709 et 12 janvier 1715, Ordonnances concernant les défrichements ; — 2 juin 1723, Ordonnance qui permet de faire vainpâturer les bestiaux dans les bois ; etc. (*Recueil des Édits, Ordonnances, etc., des règnes de Léopold, de François III et de Stanislas.* 13 vol. in-4°, Nancy, 1733-1777 ; *passim.*)

4. Cf. P. CREUTZER, *loc. cit., passim.*

si heureusement transformé le pays. Loin de continuer aux habitants et aux étrangers l'abandon de la propriété des héritages délaissés et des terres mises en culture, le duc François III signala sa prise de possession de la couronne ducale par l'édit du 14 juillet 1729, « portant réunion des Domaines aliénés depuis 1697, »[1] sans faire d'exceptions qu'en faveur d'acensements pour construction de métairies ou d'usines à rebâtir.

Stanislas suivit les mêmes errements que François, et son gouvernement entrava les défrichements, en mettant obstacle à de nouvelles concessions de terres ; mais si regrettables qu'aient été ces mesures, il faut bien reconnaître qu'à lui du moins elles étaient imposées par sa situation : souverain viager, il ne pouvait songer à disposer de portions du Domaine, dont il n'avait que l'usufruit ; et l'eût-il fait, que ses concessions eussent renfermé le germe de bien des déceptions.

Une cause plus générale, l'augmentation des impôts de toute nature, vint aggraver encore la position des habitants des campagnes et, durant le règne de Stanislas, l'émigration, que l'on s'efforça vainement d'arrêter par des mesures de rigueur, enleva un grand nombre de familles[2].

Ces circonstances n'étaient point favorables au dévelop-

---

1. La pièce justificative n° 7 est la copie, *in extenso*, de cet important Édit.
2. P. CREUTZER, *loc. cit., passim*.
Les *Mémoires de l'Académie de Stanislas*, pour 1878, contiennent, sous le titre de : *Les Colonies lorraines et alsaciennes en Hongrie*, une

pement, dans le comté de Bitche, de l'industrie verrière qui, d'ailleurs, n'était prospère, ni en Angleterre, ni sur le continent. En France, sa situation avait attiré la sollicitude de l'Académie royale des sciences qui, en 1760, proposa un prix sur cette question : « Quels sont les moyens les plus propres à porter l'économie et la perfection dans les verreries de France ?

Bosc d'Antic fut le lauréat du concours, et, dans les notes dont il accompagna son travail, lorsque, plus tard, il fut livré à l'impression, on relève ces observations caractéristiques :

« La verrerie en France a changé de face depuis la publication de mon mémoire. Il s'est formé un grand nombre de manufactures en verre blanc à vitres et en assortiment . . . . . . L'assortiment en verre blanc ne coûte pas plus cher que l'assortiment en verre verd l'étoit en 1760 . . . . [1] ».

---

intéressante étude, due à M. le Dr L. HECHT, sur le mouvement d'émigration qui se produisit en Lorraine, à la fin du règne du roi de Pologne ; sur les causes qui le provoquèrent, et sur la direction que suivirent les émigrants vers les plaines de la Hongrie, où les anciens sujets de l'époux de Marie-Thérèse comptaient, avec raison, rencontrer un bienveillant accueil. L'un des divers tableaux, qui accompagnent le mémoire de M. le Dr L. HECHT, fournit l'état des villages lorrains d'où étaient originaires les colons qui s'établirent en Hongrie pendant les huit premiers mois de l'année 1765 ; j'y remarque, pour le comté de Bitche, outre son chef-lieu, les villages de Biningen, Grossrederchingen, Lemberg, Rohrbach, Roppweiler et Wolmunster.

VIVIEN DE SAINT-MARTIN, dans son *Nouveau Dictionnaire de géographie* (v° *Hongrie*, II, 722), cite quelques villages fondés en Hongrie, au siècle dernier, par des colons français-lorrains.

1. *Œuvres de M. Bosc D'ANTIC*, 2 vol. in-12, Paris, 1780 ; t. I, p. 163.

A la mort de Stanislas (1766), qui fut suivie de la réunion effective de la Lorraine à la France, les conditions locales, autant que la situation générale, se trouvèrent transformées ; l'industrie du verre put reprendre son essor et, dès les commencements de l'année 1767, se fonda la verrerie de Saint-Louis, la plus considérable de celles qui sont aujourd'hui en activité dans les forêts de Bitche.

Plus tard, sur la fin du siècle, d'autres projets se produisirent, qui devaient doter d'établissements verriers importants la vallée de la Horn[1] et celle de la Moder[2] ; mais ces projets n'aboutirent pas[3].

A l'origine, les verreries de Meisenthal, de Gœtzenbruck, de Saint-Louis n'étaient pas des propriétés, au sens habituel du mot. Les usines et les maisons d'habitation qui les composaient, étaient construites par les verriers ou les entrepreneurs qui les exploitaient, sur des portions du territoire (terres ou forêts) du Domaine, qui leur étaient engagées par des contrats d'acensements perpétuels ou autres, et dont les dispositions principales fixaient un cens à payer annuellement au Domaine du prince, par le censitaire, et stipulaient certaines clauses résolutoires.

A la suite de la Révolution de 1789, cette situation changea, et ces verreries, par des voies différentes, passèrent toutes à l'état de véritables propriétés patrimoniales, mais en conservant, dans les forêts du Domaine, l'exercice

---

1. Le Schwolb de CASSINI.
2. La Zinsel de la *carte de l'État-major*.
3. Voir, à la fin de ce chapitre, quelques détails sur ces projets.

de droits d'affouage ou d'affectation, pour l'approvisionnement du bois nécessaire à leur roulement.

Après la promulgation du Code forestier, en 1827, des opérations de *cantonnement* remplacèrent ces droits par la propriété entière, fonds et superficie, au profit des titulaires, d'une partie des cantons de forêts sur lesquels ils s'exerçaient; en sorte que, aujourd'hui, ces manufactures, aussi bien que les terres et les bois qui en dépendent, sont devenues des propriétés incommutables, dans toute l'acception du mot.

VERRERIE DE MEISENTHAL (SECONDE).

On a vu au chapitre précédent que, à l'extinction, en 1700, de la verrerie de La Soucht, trois des fils d'Adam Walter vinrent s'établir dans la vallée de Meisenthal[1].

Une nouvelle verrerie y fut fondée par les trois frères Walter, Jean-Martin, Jean-Nicolas et Étienne, associés à Martin Stenger, leur parent[2], et à Sébastien Burgun, en vertu d'une permission du duc Léopold, du 2 septembre 1702, ainsi conçue :

« Vu de rechef en conseil la requête d'autre part ensemble le

---

1. Il n'est pas inutile de noter que, dans les vieux documents, le nom de Meisenthal a les formes les plus diverses : Meiserback, Minendal, Meisenhall, Mezend'hal, Meisenthal et d'autres encore.

Il en est de même du nom de famille Burgun, que l'on rencontre écrit, successivement : Bourgogne, Bourguignon, Bourquin, Bourgong, etc., et enfin Burgun.

2. Pierre Walter, leur aïeul, avait été marié à Anna Stenger. (G. WALTER, *Ursprung der Glashütten....*, p. 4.)

Pl. vij

VERRERIE DE MEYSENDHAL

Fragment de la
Carte du Comté de BITCHE...

par Jacquet—Ms. 1749
(Bibl. de Metz.)

Nord

Steinhübell

Rottemberg

Meysendhal
(Verrerie)

Cences
(Schiresdhal)

M. de Meysendhal

Sentier

Sentier

Echelle du 1/4.400.

rapport et avis du sieur Lacour prévot et gruyer de Bitche du 26 aout dernier, nous avons permis et permettons aux suppliants de transporter leur verrerie au canton du ruisseau appelé Meiserback (*sic*) où il y avait anciennement une verrerie, auquel lieu les vestiges des fondemens y paraissent encore, car ainsi nous plait. Expedié aud conseil à Nancy, le deuxième septembre mil sept cent deux par ledit Sr Reunet d'Andilly. Signé LÉOPOLD. Et plus bas, MARCHIS, sécretaire ordinaire et greffier du conseil, et scellé en cire rouge [1] ».

Bientôt après, le 16 avril 1704, un bail de 30 ans [2], à partir du 1er janvier 1704, fut passé entre le sieur de Zoller, receveur et fermier général du comté de Bitche, et les permissionnaires, bail, par les stipulations duquel ceux-ci s'obligent :

1º De bâtir, pendant les 30 années de sa durée, « des maisons et autres commodités nécessaires, et le bâtiment de la verrerie sera de bon bois de chêne, pour être et rester en propre à Son Altesse Royalle après la fin des dites années, sans qu'ils puissent prétendre aucuns dépens pour raison des bâtiments de ladite verrerie » ;

2º De payer annuellement à la recette de Bitche, à Noël, un cens de 80 florins [3], bon argent, ou 160 livres

---

1. Archives de la verrerie de Meisenthal.
2. Pièce justif. nº 8.
3. Ce cens se décompose en :
46 fl. pour la jouissance de la verrerie et pour les bois dont les verriers auront besoin ;
9 fl. pour la pâture et glandée dans les bois de Suchterwalt, dont ils jouiront comme ci-devant, conjointement avec le cen-

55 fl. à reporter.

tournois, « en ce non compris le droit de *Lands de Chlumb* qui est de 7 pricottes par chacun porc[1], qui se payeront annuellement au jour de Saint-Remy audit lieu ».

Au moyen desquelles conditions, le sieur de Zoller a promis aux preneurs tous les droits, privilèges, immunités et franchises que les autres verreries ont en Lorraine, en outre, la préférence pour un nouveau bail, après les 30 années révolues.

La prospérité de l'entreprise ne tarda pas à engager ses verriers à créer une nouvelle usine, pour l'établissement de leurs enfants, et dans ce but, ils fondèrent encore, en 1721, la verrerie de Gœtzenbruck, dont il sera question tout à l'heure.

Mais bientôt, la fin de leur bail de 1704 approchant, ils songèrent à s'assurer, pour l'avenir, celle de Meisenthal. Les intérêts qu'y possédaient Sébastien Burgun ayant passé à ses frères, Martin et Jean-Nicolas, et ceux de Martin Stenger à Jean-Nicolas Hilt, les nouveaux associés, se fondant sur le droit de préférence, pour un nouveau bail, inscrit à leur profit dans celui de 1704, sollicitèrent du prince

---

55 fl report.
        sier qui sera à l'avenir à La Soucht, lequel contribuera au *prorata* au payement desdits 9 fl. ;
9 fl. pour la gabelle des vins et autres boissons qu'ils débiteront ;
16 fl. pour tous les ouvriers employés à ladite verrerie.
80 fl. ensemble.

1. Ce droit, qui donnait lieu à la perception d'un impôt général dans toute l'étendue du comté de Bitche, prenait aussi le nom de droit de *Dechtumb* ou de *sou par porc*.

un acensement perpétuel de la verrerie de Meisenthal. Leur requête fut en partie admise et, le 10 septembre 1727, un décret, rendu en Conseil des finances, ordonna qu'il leur serait fait un nouveau bail de 30 années [1], lequel, passé trois jours après, fut enregistré au greffe de la Cour des comptes, le 22 novembre suivant.

Par ce bail, qui commence à courir du 1er janvier 1733, il est stipulé :

Que les preneurs jouiront, pendant sa durée, de la verrerie de Meisenthal avec ses dépendances, et des bâtiments qu'ils jugeront à propos de construire, à charge qu'à l'expiration des 30 années, le tout appartiendra au Domaine, sans qu'ils puissent prétendre à aucune indemnité ;

Qu'il leur sera délivré annuellement, dans les cantons de forêts le plus à portée de l'usine, le bois de hêtre nécessaire à son roulement, au prix de six gros, pour chacune des 300 premières cordes, et de 1 franc pour ce qu'il leur faudra au delà ; que la vidange et le nettoyage des coupes seront à leur charge, et qu'abandon leur sera fait, pour en disposer à leur gré, des bois morts gisants et des remanans des chênes vendus au profit du souverain, après quoi, ils seront tenus de les repeupler de chênes vifs ;

Que les preneurs auront la faculté d'ajouter de nouveaux défrichements à ceux déjà opérés autour de l'usine et de porter l'étendue des terres et des prés, dont ils jouiront,

---

1. Pièce justif. n° 9.

jusqu'à 200 arpens, à charge de payer 6 gros par an pour chacun de ceux-ci ;

Qu'ils auront la jouissance de la vaine et grasse pâture dans les cantons de forêts nommés Clausenberg et Erlenfeld, moyenant le paiement annuel de 90 fr. ;

Enfin, le bail met à leur charge, tant pour eux que pour leurs ouvriers, une redevance annuelle de 210 fr.[1], sans compter la dîme et terrage, fixés à la dixième gerbe, la subvention et les prestations, auxquelles sont tenus les habitants de la communauté de La Soucht.

Le total de ce que la verrerie aurait à payer annuellement au Domaine du prince s'élève, en supposant qu'elle ne consomme pas plus de 300 cordes de bois, à 550 fr., ou 182 livres tournois ; c'est une majoration de 22 livres sur la redevance fixée par le bail de 1704.

Le village de Meisenthal, fondé par l'établissement même de la verrerie de ce nom, suivait le développement de celle-ci et grandissait rapidement. Le bail de 1727 avait autorisé les verriers à porter l'étendue des défrichements, autour de leur usine, à 200 arpens. Or, le troisième bail, dont il va être question, constate qu'en 1762, dernier an de la durée de celui de 1727, 834 arpents étaient mis en culture par les titulaires, sans compter des acensements personnels, consentis à quelques habitants, verriers ou autres, et des ter-

---

[1]. Cette somme se décompose en : 70 fr. pour le schaft et frohngelt, 70 fr. pour le vogenhalt, ou droit d'habitation, et 70 fr. pour le droit de gabelle.

rains usurpés par des étrangers, qui avaient bâti des maisons, et qu'il fallut faire déguerpir; en sorte que, à cette date, le ban de Meisenthal embrassait déjà une aire de plus de 900 arpents.

Il importait à la société des verriers d'assurer pour l'avenir leur sort, qui avait toujours quelque chose de précaire. Déboutés une première fois, lors de la passation du bail de 1727, ils renouvelèrent leur demande d'un acensement perpétuel de la verrerie, des maisons d'habitation et des terres dont ils jouissaient, avec un affouage annuel de 400 cordes de bois, et, en outre, les exemptions et privilèges, habituellement accordés, en Lorraine, aux ouvriers de leur art.

C'est sur cette requête que fut rendu, à la date du 13 juillet 1762, l' « arrêt du Conseil royal des finances et commerce, qui accorde à titre de cens, aux habitants et communauté de Meisenthal, la verrerie dudit lieu, pour trente années »; lequel arrêt constitue le troisième bail de la verrerie de Meisenthal[1].

Les conditions et charges que cet arrêt impose aux requérants, sont :

De remettre, au bout de 30 ans, la verrerie et ses dépendances en bon et suffisant état, à leur frais,

Et de payer annuellement au Domaine un cens s'élevant

---

1. L'arrêt du 13 juillet 1762 a été imprimé, in-4°, Nancy, MDCCLXII. La pièce justif. n° 10 en est la reproduction *in extenso*.

à 672 fr.[1] pour la verrerie, les maisons d'habitation, les jardins, les terres et les prés, plus les redevances de 100 fr., pour l'exemption du droit de gabelle, et de 90 fr. pour le droit de grasse et vaine pâture, soit au total, 862 fr., qui représentent 285 livres de France; non compris le terrage ordinaire, la subvention et les prestations.

« Pour l'exploitation de leurs usines et chauffages seulement », l'arrêt de 1762 convertit les coupes et délivrances de bois morts et morts-bois en exploitation réglée de 25 arpents, pour le produit être façonné en cordes de 128 pieds cubes de Lorraine, et payé à raison de 16 sous 11 den. 1/4 par chacune d'elles[2].

Un arrêt subséquent, du 2 mars 1763[3], porte de 25 à 50 arpents l'étendue de la coupe annuelle, et fixe à 2,000 arpents la portion de la forêterie de Soucht affectée à l'usine[4].

---

1. Ce cens se décompose ainsi :
Pour l'exploitation de la verrerie et dépendances, 200 fr. » gr.
6 deniers par toise carrée de maisons, cours et usoirs de l'enceinte de Meisenthal (mais l'arrêt omet d'indiquer à quel chiffre s'élève le nombre de toises de l'espèce). Mémoire.
1 fr. 6 gr. par arpent, pour 37 arp. 3 verg. 15 pieds de jardins, vergers, etc., situés aussi dans l'enceinte 55 8
6 gr. par arpent, pour 834 arp. 2/8 et 5 verges de terres et prés, composant le ban de Meisenthal . . 417 1
Total. . . . 672 fr. 9 gr.
2. 15 sous, en principal, 15 den. pour livre et 1 sou de comptage.
3. Pièce justif. n° 11.
4. Cette affectation comprend 624 arp. au canton Nuspickel, 452,

Pendant la durée du bail de 1762, d'importantes mesures, d'une portée générale survinrent, qui eurent leur influence sur les charges de la verrerie de Meisenthal; je veux parler des prescriptions édictées par l'arrêt du 27 décembre 1768, qui maintient les habitants de la partie couverte du comté dans leurs droits d'usage et en règle la jouissance [1], par l'ordonnance du Grand-Maître des eaux et forêts, du

---

au canton Klausenberg, et 924 dans la partie orientale du canton Kleberg. (V. pièce justif. n° 11.)

1. Cet arrêt est intervenu dans les circonstances suivantes : Sur la fin du règne de Stanislas, et après sa mort, des exploitations considérables, des concessions d'une grande importance avaient été faites, dans les forêts du comté, notamment dans sa partie couverte. En 1570, un Sr Hausen avait acquis, par adjudication, la quantité de 42,000 pieds d'arbres, sans compter un supplément de 7,000, qui lui fut abandonné gratuitement ; en 1764 et 1765, une vente de 51,598 arbres fut encore faite, au profit du roi ; en la même année 1764, on avait donné aux religieux de Sturtzelbronn la permission de construire une forge, et, malgré les ressources considérables qu'ils trouvaient dans leurs propres forêts, ils obtinrent une affectation de 15,000 arp., dans les bois de Bitche, et le Sr Dietrich, qui fut subrogé ensuite aux droits des moines, reçut encore un supplément de 3,000 arp., à ajouter aux 15,000 ; par arrêt du 17 février 1767, l'ancienne cense de Muntzthal, qui avait été reprise sur la famille Undereiner, en exécution de l'Édit de réunion de 1729, fut de nouveau acensée à perpétuité, à Jolly et Cie, avec affectation de 8,020 arp., à charge d'y construire la verrerie de Saint-Louis ; enfin, par un autre arrêt, du 17 avril 1767, 24,320 arp. étaient assignés à l'affectation des forges de Mouterhausen. Des exploitations et des concessions d'une telle importance répandirent l'émotion dans la population du comté, et lui inspirèrent des craintes pour l'exercice futur de ses droits d'affouage et de maronage. Des plaintes, puis des réclamations s'ensuivirent ; elles donnèrent lieu à l'arrêt du Conseil du 27 décembre 1768. (V. le mémoire du procureur général Thibault, du 18 mars 1769, Arch. nat., carton Q¹, n° 804.)

25 mars 1769, rendue pour son exécution, et par l'arrêt du 18 juin 1771, qui fixe les droits des usagers dans les forêts du comté de Bitche et ordonne l'aménagement général desdites forêts [1].

Le premier de ces arrêts dispose, pour les habitants des communautés enclavées dans les cantons de forêts affectés aux usines, que chaque ménage recevra annuellement 5 cordes de bois, à prendre dans lesdits cantons, à condition de payer, aux censitaires de ces usines, 12 sous par chaque corde, non compris la façon et les droits ordinaires ; et l'ordonnance du Grand-Maître décide, en ce qui concerne Meisenthal, que ce sont les censitaires de l'usine qui seront tenus de faire, aux habitants, la délivrance annuelle de 5 cordes, par feu, aux conditions précitées. L'arrêt du 18 juin 1771, par son article XIX, confirme ces dispositions, et par l'article XL, impose en outre aux censitaires de Meisenthal, le paiement annuel de 50 livres de France, pour moitié des gages d'un garde forestier, chargé de la surveillance des cantons d'assurance des deux verreries de Gœtzenbruck et de Meisenthal.

Telles sont les charges qui, pour cette dernière usine, ressortaient des dispositions des arrêts des 13 juillet 1762, 2 mars 1763, 27 décembre 1768 et 18 juin 1771.

L'arrêt du 13 juillet 1762, après avoir réglé les détails de l'exploitation des coupes à délivrer, stipule en outre que,

---

1. Dès le chap. Ier, j'ai eu occasion de signaler ces deux importants arrêts.

« après la révolution de 40 années, les suppliants seront tenus de recommencer l'exploitation par les plus anciens taillis », prescription importante et qui implique, de la part de l'administration, la volonté d'accorder une concession perpétuelle, autrement, elle n'aurait pas assuré de combustible après l'expiration du bail.

Pour sortir d'une situation qui, malgré cela, ne laissait pas d'être encore incertaine, les verriers de Meisenthal présentèrent une nouvelle requête, à l'effet d'obtenir l'acensement perpétuel de l'usine, comme ils avaient celui des 2,000 arpents de bois destinés à pourvoir à son roulement. Mais une décision, du 13 janvier 1783, ajourna toute nouvelle concession jusqu'à la fin du bail de 1762, et les choses restèrent provisoirement en l'état.

Lorsque arriva la dernière année de ce bail, la Révolution de 1789 était accomplie, et c'est devant l'Assemblée nationale que durent se pourvoir les censitaires de Meisenthal, afin d'obtenir ce qu'ils avaient demandé sans succès jusqu'alors. Cette Assemblée statua, sur leur requête, par un décret que je transcris ici en entier.

Décret qui déclare rachetables les cens et redevances dus par les habitants de Meisenthal, propriétaires des maisons, verreries, etc., détaillées en l'arrêt du Conseil du 13 juillet 1762.

Du 30 juillet 1792.

L'Assemblée nationale, après avoir entendu le rapport de son comité des Domaines, considérant que la nation doit une égale justice à tous les citoyens et que les habitants de Meisenthal ont droit au même traitement que leurs voisins[1] ; considerant que l'arret du conseil du 13 juillet 1762 porte tous les caractères d'un bail à cens perpétuel, et que ce n'est que par erreur ou surprise qu'il est qualifié de bail à terme ; et, après avoir entendu les trois lectures faites dans les séances du 29 mai, du 18 juin et dans la séance de ce jour, décrete ce qui suit :

Art. Ier.

Les habitants de Meisenthal, proprietaires des maisons, verrerie, usines, terres, prés et patures détaillées en l'arret du Conseil du 13 juillet 1762, moyennant les cens et redevances déterminées par ledit arret, pourront racheter lesdits droits conformément au décret du 15 mars 1790, sanctionné le 28 du même mois.

Art. II.

Il sera, chaque année, délivré aux habitants verriers de Meisenthal une quantité de bois suffisante pour le service de leurs verreries, aux prix, charges et conditions qui seront fixés par le Directoire du département de la Moselle, sur l'avis des administrateurs des forets et celui du district de Bitche.

L'Assemblée nationale, il faut bien le reconnaître, ne témoigne pas, par ce décret, de beaucoup de suite dans les idées. Au sujet du bail de la verrerie, elle déclare :

« Que l'arret du conseil du 13 juillet 1762 porte tous les

---

[1]. Par là, il est, sans doute, fait allusion aux verriers de Gœtzenbruck, qui avaient racheté les redevances qu'ils payaient annuellement aux héritiers ou ayants cause du concessionnaire primitif de cette verrerie, dont ils avaient acquis les droits, ainsi qu'il sera expliqué dans la notice consacrée à cette usine.

caractères d'un bail à cens perpétuel, et que ce n'est que par erreur ou surprise, qu'il est qualifié de bail à terme » ;

en conséquence, et avec une logique parfaite, l'article Ier décide que les propriétaires des verreries de Meisenthal jouiront des droits des titulaires de baux à cens perpétuel, et qu'ils pourront racheter les cens et redevances, qui leur sont imposés, conformément au décret du 15 mars 1790 ;

Mais ensuite, et lorsqu'il est question du combustible nécessaire à l'alimentation de la verrerie, bien que la même Assemblée ait proclamé :

« Que la nation doit une égale justice à tous les citoyens et que les habitants de Meisenthal ont droit au même traitement que leurs voisins »,

et alors que les trois verreries de Meisenthal, de Gœtzenbruck et de Muntzthal (Saint-Louis) payaient le bois de leur approvisionnement au taux de 12 sous de France par corde, l'article II du décret retire cet avantage à l'usine de Meisenthal, seule, en stipulant qu'il sera délivré à ses habitants verriers

« Une quantité de bois suffisante pour le service de leurs verreries, aux prix, charges et conditions qui seront fixés par le Directoire du département de la Moselle. . . . »

Ce n'était pas là réserver à ces industriels le même traitement qu'à leurs voisins, mais leur faire, au contraire, une situation économique bien inférieure, et de plus, ouvrir la porte à de continuels débats entre l'administration et les verriers.

Quoi qu'il en soit, ces verriers usèrent des facilités qui se trouvent inscrites aux décrets des 15 mars 1790 et 30 juillet 1792, et, en rachetant les cens auxquels ils étaient tenus de satisfaire chaque année, les descendants des fondateurs de Meisenthal devinrent propriétaires incommutables de la verrerie érigée par ceux-ci en 1702, des maisons qu'ils avaient construites pour se loger, et de l'étendue des terres qu'ils avaient successivement défrichées à l'entour.

Les successions et les mariages ont, avec le temps, accru la liste des associés de l'entreprise. Lorsqu'ils vinrent de La Soucht en 1700, ces fondateurs n'étaient que cinq. En 1770, leur nombre avait doublé, au moins [1], et en 1800, on ne comptait pas moins de dix-huit copropriétaires de l'usine de Meisenthal, héritiers des verriers auxquels on en devait la création et qui en continuaient eux-mêmes l'exploitation.

Le baron de Dietrich qui, au cours d'une mission officielle, a visité Meisenthal, quelque temps avant la Révolution de 1789, rapporte que cette verrerie a les mêmes dépenses, la même vente et le même nombre d'ouvriers que celle de Gœtzenbruck. On pourra lire ces détails dans la monogra-

---

1. Les arrêts des 14 juillet 1767 et 17 novembre 1776, relatifs à la scierie et au moulin de Speckbronn, et celui du 18 juin 1771, art. XIV, font connaître les censitaires suivants de la verrerie de Meisenthal :

Adam Burgun.	Georges Walter.
Étienne Burgun.	Marie Walter, veuve de Martin Hilt.
Michel Franckhauser.	Ursule Walter, veuve de Valentin
Louis Lanaux.	d'Emeurlay.
Antoine Schuerer.	Jean-Nicolas Waltreid.
Adam Walter.	

phie de ce dernier établissement, et je me borne à résumer ci-après les renseignements relatifs à l'usine de Meisenthal pour l'an 1800, qui sont insérés aux pages 188-191 du *Mémoire statistique du département de la Moselle,* publié sous le nom du préfet Colchen.

Les propriétaires de la verrerie, Burgun, Gaspard Walter, Schwerer et 15 autres en sont les exploitants.

Il y avait, comme d'habitude, un four en activité, dont la consommation annuelle s'élevait, avec les foyers accessoires, à 1,640 cordes (de 3 stères). On y faisait annuellement 141 fontes, dont chacune durait 24 heures.

Le nombre des ouvriers verriers et tailleurs était de 12, et celui des manœuvres, bûcherons et voituriers, de 44. Leur salaire journalier était, respectivement, de 2 fr. et 0 fr. 90.

Les consommations en matières et les dépenses en argent étaient, pour une année :

Frais d'entretien et de constructions.	1,500 fr.
Terres réfractaires pour les fours et pour les pots, 100 quintaux à 5 fr.	500
Sable pour la composition du verre, 1,170 q. à 1 fr. 50 .	1,755
Potasse pour la composition du verre, 936 q. à 40 fr. . .	37,440
Combustible, 1,640 cordes à 7 fr. 50	12,300
Salaire des ouvriers, des manœuvres, etc.	18,300
Total de la dépense.	71,795 fr.
La valeur totale de la production, composée d'un tiers de gobeleterie et de deux tiers de verres de montres, s'élevait à.	88,174
D'où ressortait un bénéfice brut de	16,379 fr.

Avec le XVIIIe siècle, se termine la période assignée à mes recherches. J'estime cependant qu'il est utile de faire brièvement connaitre ce qui a rapport au droit d'affouage des verreries dans les forêts du Domaine, jusqu'au jour où celles-ci ont été affranchies de cette servitude.

Le prix du bois que délivraient, chaque année, les agents forestiers, en conformité du décret du 30 juillet 1792, pour le service de l'usine de Meisenthal, a été successivement réglé par le conseil de préfecture, puis par le préfet, et enfin, par l'administration des forêts elle-même. Tous ces règlements, qui imposaient à la verrerie le prix du commerce, donnaient lieu de sa part à d'incessantes réclamations, mais qui n'étaient guère écoutées, et les avantages de son privilège primitif (bail du 13 juillet 1762), qui lui concédait le bois de sa consommation au prix de 15 sous de Lorraine (12 sous de France) par corde, se trouvaient réduits à bien peu de chose.

La valeur en fut restreinte encore par l'obligation où se trouva le service forestier de pourvoir à l'affouage auquel avaient droit les habitants de la commune, en vertu des arrêts de décembre 1768 et juin 1771. Le décret du 30 juillet 1792 n'ayant pas statué sur ce droit, la charge d'y satisfaire, qui avait été imposée aux verriers par lesdits arrêts, retombait sur l'État, qui opérait sur les produits des 2,000 arpents de l'affectation, pour être distribué à ces habitants, à raison de 5 cordes par chaque ménage, un prélèvement que l'accroissement de la population devait rendre d'année en année plus considérable [1].

---

1. Suivant jugement du tribunal de Sarreguemines, du 5 juin 1832,

AU XVIIIᵉ SIÈCLE. 83

Dans ces conditions, les habitants verriers étaient bien loin de recevoir, comme le stipulait le décret du 30 juillet 1792, « une quantité de bois *suffisante* pour le service de leur verrerie », ce qui les amena à présenter une requête, à l'effet d'obtenir un supplément d'affectation, mais sans succès ; une ordonnance royale du 12 novembre 1823, par laquelle leur demande est rejetée, autorise seulement les propriétaires de l'usine de Meisenthal à se pourvoir, chaque année, devant l'administration forestière, pour obtenir, dans la forêt de Meisenthal, la quantité de bois *nécessaire* pour le service de leur usine, au prix qui sera convenu entre eux et l'administration forestière.

Ce n'était là qu'affirmer les dispositions du décret du 30 juillet 1792.

Après la promulgation du Code forestier en 1827, les tribunaux en agirent de même : l'affectation de la verrerie de Meisenthal fut, par leurs décisions [1], maintenue à perpétuité, conformément au susdit décret de 1792.

Enfin, par un cantonnement amiable réalisé en 1859, au droit d'affouage de la verrerie a été substituée la propriété

---

arrêt de la Cour de Metz, du 19 août 1834, et désistement de l'État, après pourvoi en cassation, par décision ministérielle du 27 juin 1836, la commune de Meisenthal a obtenu le maintien de ses droits d'usage de 5 cordes par feu, sans distinction entre les maisons anciennes ou nouvelles, et en tous les droits, mais aussi avec toutes les charges et conditions, qui résultent des arrêts de 1768 et 1771. Ainsi, le droit d'affouage de la commune est reconnu à *feux croissants*.

1. Jugement du tribunal de Sarreguemines, du 20 janvier 1830 ; arrêt de la Cour de Metz, du 12 juin 1832 ; arrêt de la Cour de cassation, du 26 décembre 1836.

incommutable de 17ʰ,50ᵃ (85 arpents 6 hommées), détachés de son affectation, d'une étendue de 2,000 arpents.

Cette minime fraction marque à quel faible chiffre était descendue la valeur utile de ce droit.

VERRERIE DE SCHIRESTHAL (?).

Sous ce titre, je me propose seulement de montrer l'erreur qui a été commise et se commet encore, en faisant du hameau de Schiresthal le siège d'une ancienne verrerie.

Lorsque les verriers de La Soucht eurent abandonné leur usine en 1702, pour en venir fonder une nouvelle à Meisenthal,

« La vieille verrerie a été convertie en cense, et laissée au profit de Son Altesse Royalle[1]... »

Schiresthal, hameau relativement moderne, doit sa création à la nouvelle verrerie. Après l'érection de celle-ci, quelques-uns de ses bûcherons et de ses ouvriers vinrent construire leurs logis dans le petit vallon qui débouche un peu en aval de Meisenthal. Parmi ces ouvriers, se trouvait le *tiseur*[2] (attiseur) de la verrerie, en allemand 𝔖𝔠𝔥ü𝔯𝔢𝔯, qui,

---

1. V. pièce justif. n° 8.
2. Le tiseur, dans les usines où la fonte du verre se faisait au bois, n'était pas un simple manœuvre, mais un agent d'une certaine importance, une sorte d'entrepreneur qui, avec l'aide de jeunes garçons, dirigeait, à la fois, le chauffage du four et celui des carcaises, où se séchaient les *billettes*. Dans les provinces où des privilèges étaient accordés aux verriers, le tiseur était au nombre des personnes qui en jouissaient.

dans le pays, se prononce Schirer; de là, le noyau du hameau et son nom de Schiresthal.

La première mention qui est faite de ce lieu se trouve dans un contrat d'acensement perpétuel, passé en la Chambre des comptes de Lorraine, le 27 juillet 1736, au profit de six ouvriers en bois de Hollande, demeurant à Schiresthal, de 61 jours de terrains situés sur son ban,

« ... à charge par eux », porte ledit contrat, « de former leur établissement proche le moulin de Meyzendal, joignant le village du même nom, avec lequel ils ne feront qu'une même communauté et à charge en outre par eux de bâtir des maisons solides et de payer un cens annuel et perpétuel de six gros par chacun des soixante-un arpens[1]... »

Antérieurement à ce contrat de 1736, en 1721, 600 arpents, du canton de forêt de Gœtzenbruck, avaient été concédés, pour y bâtir une verrerie, à un sieur Poncet, qui subrogea en ses droits et obligations des verriers de Meisenthal.

En sorte que, vers le milieu du XVIIIe siècle, il y avait, dans cette partie des forêts de Bitche, deux verreries : celle de Meisenthal et celle de Gœtzenbruck ; la cense de La Soucht, et celles de Schiresthal, avec un établissement pour la préparation des bois de Hollande.

Cependant, lorsqu'en 1751, toutes les juridictions de la Lorraine et du Barrois furent supprimées et remplacées par

---

1. Je dois la communication de ce document à l'un des descendants des premiers censitaires, qui en possède l'original sur parchemin.

35 bailliages royaux, parmi lesquels celui de Bitche, l'ordonnance du mois de juin, instituant les nouveaux offices, et qui donne le dénombrement des lieux de chacun des 35 bailliages, sans s'occuper des censes de La Soucht et de Schiresthal, se borne à inscrire :

« *Les verreries* de Souchtz, de Schiresdhal, de Maizend'hall et Gœtzenbruck »,

laissant ainsi croire, contrairement à la réalité, à l'existence, en 1751, de quatre verreries.

Dans son *Mémoire sur la Lorraine et le Barrois*, de 1753, Durival reproduit, sans y rien changer, l'indication de l'ordonnance de 1751 ; mais, en 1779, il se corrige lui-même, dans sa *Description de la Lorraine et du Barrois ;* et on peut lire au tome III de cet ouvrage, à la place alphabétique de chacun des lieux dont il est question :

« Gotzenbruck ou Gotzbrick, *verrerie*... — Maizendhall, *hameau et verrerie.* — Schiresdhall, *hameau.* — Soucht, *village, anciennement verrerie.* »

Malgré cette rectification précise, des ouvrages publiés dans ces derniers temps, s'appuyant sans doute sur l'ordonnance de juin 1751, continuent, à tort, de faire du lieu de Schiresthal le siège d'une ancienne verrerie.

VERRERIE DE GŒTZENBRUCK.

Le duc Léopold, poursuivant avec persévérance l'application de mesures propres à repeupler le pays, laissa, par lettres patentes du 21 janvier 1721 [1], à Jean-Georges Poncet, assesseur en la prévôté de Bitche et garde-marteau de la gruerie dudit lieu, une étendue de 600 arpents,

« ...en un canton de bois appelé Gotzbrick et montagnes de Helhseith, en nostre comté de Bitche, en un endroit où il y a eu autrefois une usuine [2] de laquelle il ne reste que la masure »,

à charge par lui d'y établir, à ses frais, une verrerie [3] d'a-

---

1. Pièce justif. n° 12.
2. Dans les documents que j'ai eus sous les yeux, je n'ai rencontré aucune autre mention de cette usine, probablement une des verreries du temps où leurs fours étaient ambulants ; ce qui permet de croire qu'elle était assez ancienne pour remonter à l'époque où la terre de Bitche était encore inféodée aux comtes de Deux-Ponts.
3. Le préfet COLCHEN, dans son *Mémoire statistique....* de l'an XI, et J. AUDENELLE, dans son *Essai statistique....* de 1827, assignent à la fondation de cette verrerie, le premier (p. 157), la date de 1761, le second (p. 121), celle de 1718. Ce sont là deux erreurs, sinon de simples fautes de copie ou d'impression, constatées par d'autres passages des mêmes ouvrages ; je les relève parce qu'elles ont passé dans bien des publications ultérieures.

DURIVAL (*Description....*, t. III, p. 170) mentionne la création de la verrerie de Gœtzenbruck en ces termes :

« Gotzenbruck ou Gotzbrick, verrerie.... Le 21 janvier 1721, on ascensa 600 arpens de la forêt au sieur Poncet, pour former la verrerie et une métairie. On prononce Gaitzbrick. »

Suivant G. WALTER (*Ursprung der Glashütten...*, p. 8), l'emplacement de la verrerie a porté autrefois le nom de *Gœtterbruck*. Cependant, dans les documents manuscrits, comme dans les ouvrages imprimés, on ne rencontre que *Gœtzenbruck*, qui, d'ailleurs, n'a pas une signification différente. Le chroniqueur ajoute que, pour traverser ce terrain de nature marécageuse, les paysans qui allaient de Lorraine en Alsace, avaient établi une sorte de pont, formé d'un grand nombre de corps d'arbres juxtaposés, dont il a vu retirer plusieurs de terre, lorsqu'on creusait les fondations des maisons bâties autour de la verrerie.

C'est l'existence de ce pont qui a donné naissance au mot de Gœt-

bord, pour en consommer le bois, et après un délai de 30 années, pendant lesquelles les 600 arpents de bois étaient jugés suffisants pour le roulis de l'usine, de construire à la

---

terbruck ou Gœtzenbruck; mais elle est bien plus ancienne que ne paraît le croire G. WALTER.

Au XIVᵉ siècle, et même avant, l'industrie était déjà développée dans les Flandres, et une importante route commerciale servait au trafic de ses produits avec les marchandises du Levant, dont l'Italie avait l'entrepôt; cette voie, « Zwuschen dem Lampertschen Gebirge und Flandern », porte un acte du 15 août 1352, partie des montagnes de la Lombardie, arrivait à Ingwiller, dans la seigneurie de Lichtenberg, d'où elle montait au Breitenstein, frontière de la terre de Bitche ; de là, elle continuait par Rimmelingen (Rimeling), Guemund (Sarreguemines) et Sarbruck, jusqu'aux Flandres.

Chaque prince tenait en fief, de l'Empire, la partie de la route établie sur ses terres : « Die Herren von Bitsch (dit BERNHARD HERTZOG, *Edels. chron.*, liv. V, p. 47) tragen vom Reich zu Lehen das Geleit auf der Straßen so durch die Herrschaft Bitsch in Brabant geht, von dem Breitenstein bis gehen Cantzerbrück, » c'est-à-dire que les sires de Bitche qui, pour lors (1297-1606), étaient les comtes de Deux-Ponts, avaient droit au péage de la route, depuis le Breitenstein jusqu'au Cantzerbruck (pont sur la Blise), droit qui impliquait nécessairement l'obligation de maintenir, partout, la voie en bon état de viabilité.

A partir du Breitenstein, la route, pour rester sur les hauteurs, inclinait à droite, à travers la forêt qui couvrait le pays, sans pouvoir éviter le col étroit où s'élève aujourd'hui la verrerie, et qui n'était qu'un marécage. D'où la nécessité de la rendre praticable au roulage par une espèce de pont, composé de couches de troncs d'arbres, pont auquel le voisinage de la pierre druidique de Breitenstein imposa en quelque sorte la dénomination de Gœtterbruck ou Gœtzenbruck (Götze, dole — Brücke, pont), laquelle passa ensuite au canton de bois où il se trouvait établi. (Cf. *Le Pont de la Blise*, dans *Le Petit Glaneur*, du 15 fév. 1860.)

On voit par là que les paysans dont parle G. WALTER ne faisaient qu'entretenir, par des réparations, un très ancien travail, dû aux seigneurs du pays.

place de la verrerie, aussi à ses frais, une maison de maître, dont dépendront les 600 arpents défrichés et mis en culture; pour raison desquels le sieur Poncet et ses successeurs devront payer annuellement, à perpétuité, un cens de 60 livres de Lorraine (46 livres de France), outre la dîme.

Pour la construction de l'usine et pour son exploitation, les lettres patentes accordent, outre les produits du défrichement des 600 arpents, certains avantages, et stipulent certaines charges :

Elles autorisent le sieur Poncet à prélever les chênes nécessaires à sa construction, sur ceux qui se trouvent dans les 600 arpents formant la concession, et qui sont destinés à être vendus au profit du prince; à prendre, dans toute l'étendue des forêts de Gœtzenbruck et de Hetscheidt, les bois morts et morts-bois, pour en faire des cendres; à envoyer, lui et ses ouvriers, leur bétail vainpâturer dans lesdits bois, et leurs porcs à la glandée; enfin, il leur est permis de vendre et de débiter des vins et autres boissons, sans payer les droits de gabelle. Pour lesquels avantages Poncet et ses successeurs auront à payer annuellement au Domaine, aussi longtemps que subsistera la verrerie, soit sur l'aire des 600 arpents, soit ailleurs, la redevance totale annuelle de 158 livres[1] de Lorraine, représentant 122 livres de France.

---

1. Cette somme se décompose en :
90 liv. pour le cens de la verrerie ;
18 liv. pour le droit de vainpâturage et de glandée ;
18 liv. pour la franchise des gabelles des vins et autres boissons ;
32 liv. pour les franchises accordées aux employés et aux ouvriers.
158 liv. ensemble.

Poncet n'exploita pas son privilège, et par acte du 6 septembre de la même année 1721 [1], il fit cession de tous les droits que lui conféraient les lettres patentes du 21 janvier précédent, à quatre des fondateurs de la verrerie de Meisenthal, Jean-Martin, Jean-Nicolas et Étienne les Walter, ensemble Jean-Nicolas Hilt (aux droits de Martin Stenger), moyennant la somme de 400 livres, tant pour le prix dudit privilège que pour indemnité des frais réalisés en vue de l'obtenir ; en outre, moyennant le payement annuel et perpétuel de 560 livres, pour la jouissance des 600 arpents de terre et la livraison de la dîme des grains de ces 600 arpents ; et enfin, la livraison chaque année au cédant, à Bitche, de 50 bouteilles, 150 verres à boire et 200 carreaux ordinaires de fenêtres, en verre fin et double.

L'acte de cession porte encore que, si la verrerie peut subsister au bout de 30 ans, les cessionnaires s'engagent à convenir, avec le sieur Poncet, d'une autre redevance annuelle pour cette usine.

Au moyen de quoi, le sieur Poncet s'est obligé de payer au Domaine du prince le cens perpétuel porté au privilège, et de faire accorder aux cessionnaires l'autorisation de mettre, chaque année, 50 porcs à la glandée.

La verrerie ne tarda pas à être construite conformément au susdit privilège (Pl. viij) ; les cessionnaires en ont joui et elle a été exploitée paisiblement jusqu'en 1757, tant par eux-mêmes que par leurs héritiers, au nombre desquels

---

1. Pièce justif. n° 13.

Pl. viij

Fragment de la Carte topographique
de la
VERRERIE DE GŒTZENBRUCK...

par N. V. Voydeuille — Ms. 1741
(Arch. nat.)

Chemin qui vient de Bitche

Nord

Sentier de Meysendahl

Echelle du 3890.^e

étaient, à cette époque, Jean-Martin Walter, Gaspard Walter et les ayant-droit de Pierre Stenger, pour une moitié, l'autre moitié étant indivise entre 10 à 12 cohéritiers.

Alors s'élevèrent entre les fermiers du Domaine de Bitche, le sieur Baccalan, représentant de Poncet, et les représentants des Walter, diverses contestations au sujet des arrérages des cens fixés par les lettres patentes de 1721, de l'abornement des 600 arpents, que Poncet avait omis de requérir, etc.

Sur l'instance introduite au sujet de ces difficultés, un arrêt est intervenu le 2 juillet 1763 [1], qui, entre autres dispositions, maintient les héritiers des cessionnaires de Poncet dans tous les droits et privilèges portés aux lettres patentes, et ordonne que ceux-ci aient à s'entendre amiablement avec les représentants de leur cédant, sur leur redevance annuelle, conformément au contrat de subrogation du 6 septembre 1721, faute de quoi il y serait pourvu par experts ; autorise d'ailleurs les Walter à payer au Domaine de Sa Majesté, par préférence aux représentants de Poncet, qui en feront état, les cens de 218 livres stipulés par les lettres patentes du 21 janvier 1721.

Lorsque les 600 arpents de bois, destinés à l'alimentation de la verrerie de Gœtzenbruck, furent sur le point d'être totalement défrichés, les héritiers Walter, ci-dessus nommés, et ceux de Pierre Stenger se pourvurent à l'effet d'obtenir d'autres cantons d'assurance, qui leur permissent

---

1. V. pièce justif. n° 14, où cet arrêt est mentionné et analysé.

d'en continuer l'exploitation, et sur leur requête, fut rendu l'arrêt du Conseil d'État du 7 avril 1767, qui est le titre constitutif de l'affectation de l'usine de Gœtzenbruck[1].

Cet arrêt, interprétant autant que de besoin celui du 2 juillet 1763, garde et maintient les requérants, ensemble les autres cohéritiers, dans la jouissance et exploitation de la verrerie de Gœtzenbruck, et affecte, pour l'usage de ladite verrerie, la quantité de 1,788 arpents et demi à prendre dans la forêterie de La Soucht, aux cantons de Klosterberg, Dreyspitz, Brunnenkopf, Spessert, et Durrenwald, règle l'aménagement à 40 ans, ainsi que l'exploitation des coupes à asseoir dans lesdits cantons, et fixe à 15 sous de France plus 15 deniers pour livre, et un sou de comptage, le prix que la verrerie aura à payer pour chaque corde de bois[2].

Le même arrêt porte que les censitaires, leurs ouvriers, les fermiers et habitants de Gœtzenbruck, jouiront des droits de grasse et vaine pâture dans les bois affectés ; que lesdits censitaires et leurs ouvriers, seulement, sont maintenus dans l'exemption du droit de gabelle ; qu'ils sont tenus de continuer de payer au Domaine les cens de 218 livres, fixés par les lettres patentes du 21 janvier 1721 ; enfin, il autorise l'établissement de gardes, pour la sûreté de l'usine et la conservation des bois affectés.

La verrerie de Gœtzenbruck se trouvait, par là, assurée

---

1. Pièce justif. n° 14.
2. Cette corde, de 8 pieds de longueur, sur 4 pieds de hauteur et 4 pieds de bûche, comprenait 128 pieds cubes de Lorraine, que représentent 3 stères.

d'une coupe annuelle de 44 arpents trois quarts, au prix qui vient d'être indiqué ; ses charges restant d'ailleurs fixées à 218 livres, à payer chaque année au Domaine du roi, et 342 livres aux héritiers Poncet (Baccalan), non compris les produits en nature de la verrerie, spécifiés en l'acte de subrogation du 6 septembre 1721.

Mais, de temps immémorial, la population du comté de Bitche possédait un droit consuétudinaire d'affouage. Un arrêt du 27 décembre 1768, confirmé par les dispositions de l'arrêt d'aménagement des forêts du comté, du 18 juin 1771, lui en assure la jouissance et la réglemente. Pour les habitants résidant dans les usines, l'affouage, ainsi qu'on l'a déjà vu pour la verrerie de Meisenthal, est mis à la charge des censitaires desdites usines, qui étaient tenus de leur délivrer annuellement 5 cordes de bois par chaque feu[1], ce qui apportait une diminution sensible dans le produit des cantons dont l'affectation leur avait été concédée.

Cette charge augmentait d'année en année avec l'accroissement de la population, mais un arrêté préfectoral en date du . . . . . .[2] vint, heureusement pour les censitaires de la verrerie, lui assigner un maximum de 365 stères, représentant 122 cordes, pour la totalité des habitants de Gœtzenbruck.

En 1735, l'établissement de Gœtzenbruck s'accrut d'un moulin à farine. Pour le construire, deux de ses censitaires,

---

1. V. pièce justif. n° 27, art. XIX.
2. Malgré bien des recherches, je n'ai pu découvrir la date de cet arrêté.

Pierre Stenger et Étienne Walter, sollicitèrent, à cette époque, l'acensement de 15 arpents de terrains percrus de bois, situés au bas de la montagne de Klosterberg, ce qui leur fut accordé, ainsi que la permission d'envoyer annuellement 4 porcs à la glandée et de faire vainpâturer 6 bêtes rouges, dans les forêts voisines de la verrerie, à charge, par eux, de payer une redevance annuelle et perpétuelle de 30 francs barrois et un maldre de seigle pour la cense, 1 fr. 6 gros pour chacun des 15 arpents, pareille somme pour chacun des porcs à mettre en glandée, et à charge en outre, de se servir des arbres hêtres pour des cendres à leur verrerie [1].

Par suite de nombreux acensements de terrains concédés, soit aux maîtres verriers, en particulier, soit aux ouvriers de l'usine, de nouvelles terres, de nouvelles prairies vinrent s'ajouter aux 600 arpents de la métairie primitive, et augmentèrent, d'année en année, l'étendue du ban de Gœtzenbruck. La population, fixée autour de la manufacture, suivait une égale progression, et en 1776, elle s'élevait à 130 habitants [2].

L'usine prospérait ; et Durival, dans son *Mémoire sur la Lorraine et le Barrois*, imprimé en 1753, nous apprend que,

---

1. Arch. nat., carton Q^1, n° 804 ; — arch. dép. de Metz, série B, n° 114, f° 4.

Le moulin, objet de cet acensement a existé, sous le nom de moulin de Klabach, pendant environ un siècle, après quoi, devenu propriété de la verrerie de Saint-Louis, il a été transformé en une taillerie de cristaux.

2. Arch. nat., carton Q^1, n° 805.

dès cette époque, « les ouvrages de la verrerie de Gœtzenbruck sont fort estimés ».

J'ai fait remarquer précédemment, d'après le baron de Dietrich, que les usines de Meisenthal et de Gœtzenbruck avaient les mêmes dépenses, le même nombre d'ouvriers, la même fabrication et la même vente. Voici ce que le savant auteur écrit sur cette dernière :

« Ses propriétaires sont connus sous le nom de Walther (ou Walter) et Cie. Cette usine consiste en un four à douze places, où l'on ne travaille qu'en gobeleterie et en verres de montres, fabrication particulière à quelques-unes des verreries de ce canton[1]. Il y a quatre carcaises pour sécher les billettes. Elle roule quarante semaines dans le cours d'une année ; consomme environ cent vingt quintaux de terre, et tire ses sables de Haguenau et de Weissembourg ; celui de ce dernier endroit est le plus fusible ; on y consomme quinze quintaux de potasse par semaine, ou six cents quintaux par an, qui viennent d'Alsace et des forêts de Lorraine voisines à raison de 24 livres le quintal ; seize à dix-huit quintaux d'oxyde de manganèse à 15 livres le quintal. Vingt ouvriers travaillent habituellement à cette verrerie ; trois pots, des douze que contient le four, sont employés à la fabrication des verres de montres ; on en souffle deux mille cinq cents par jour, ce qui donne la quantité de six cent mille verres par an, en comptant, comme nous l'avons dit, quarante semaines de travail. Douze personnes sont employées à dégrossir, polir et achever les verres de montres, ces deux opérations

---

[1]. Suivant la tradition locale, la verrerie de La Soucht — érigée en 1629, éteinte en 1700, et rétablie à Meisenthal en 1702 — joignait déjà, à la fabrication de la gobeleterie, celle des verres de montres, que l'on retrouvait aussi au delà des confins du comté de Bitche, dans des verreries du versant oriental des Vosges.

coûtent 52 sous au mille, c'est-à-dire 40 sous pour polir et 12 sous pour dégrossir. Ces verres sont la seule marchandise que cette verrerie vende en France. Ils coûtent 21 à 22 liv. le mille. La gobeleterie se débite en Alsace et en Lorraine ; il s'en exporte aussi à l'étranger[1]. »

Les chiffres suivants, relatifs à l'an IX (1800-1801), empruntés au *Mémoire statistique du département de la Moselle*, publié sous le nom du préfet Colchen, font connaître ce qu'était, à la fin du XVIIIe siècle, la verrerie de Gœtzenbruck, dont les propriétaires et exploitants, descendants de ses fondateurs, étaient alors Georges Walter, Berger, Rimlinger et douze autres.

Il y avait un four en activité, dont la consommation annuelle, en combustible, s'élevait, avec celle des foyers accessoires, à 1,346 cordes (de 3 st.). On y faisait, dans le cours d'une année, 144 fontes, dont chacune durait 24 heures.

Le nombre des ouvriers verriers ou tailleurs était de 29, dont le salaire journalier moyen s'élevait à 2 fr. 80 c. ; celui des manœuvres, bûcherons et voituriers, de 50, payés en moyenne à 0 fr. 90 c. par jour.

Les consommations en matières et les dépenses en argent étaient, pour une année :

Frais d'entretien et de constructions.	1,500 fr.
Terres réfractaires pour fours et pots, 190 quintaux (de 50 kilogr.) à 5 fr.	950
A reporter . . .	2,450 fr.

---

1. De Dietrich, *op. cit.*, t. III, pp. 300, 301.

Report. . . .	2,450 fr.
Sable pour la composition du verre, 960 q. à 1 fr. 75 c. .	1,680
Potasse — — 672 q. à 40 fr. . . .	26,880
Chaux — — 10 q. à 1 fr. 50 c. .	15
Manganèse — — 14 q. à 25 fr. . . .	350
Oxyde de cobalt — — 60 liv. à 2 fr. 50 c.	150
Oxyde d'étain — — 140 liv. à 3 fr. . . .	420
Combustible, 1,346 cordes (de 3 st.) à 7 fr. 50 c. . . .	10,095
Salaires des ouvriers, des manœuvres, etc.	36,150
Total de la dépense	78,190 fr.
La valeur totale de la production, composée, comme à la verrerie de Meisenthal, d'un tiers de gobeleterie et de deux tiers de verres de montres, s'élève à	99,530
D'où ressort un bénéfice brut de	21,340 fr.

Après la promulgation du décret du 15 mars 1790, les verriers de Gœtzenbruck avaient racheté les cens et redevances dont ils étaient chargés, tant pour l'usine que pour les 600 arpents acensés, et ils étaient ainsi devenus propriétaires absolus de ces héritages, tout en conservant l'affectation de bois pour l'affouage de leur four, portée à l'arrêt du Conseil du 7 avril 1767.

Mais, dans l'année qui suivit la promulgation du Code forestier, ces verriers durent, suivant les prescriptions de son article 58, se pourvoir près des tribunaux à l'effet de faire statuer sur l'irrévocabilité de ce droit d'affectation, sur 1,788 arpents de forêt, qu'ils pourraient prétendre tenir des dispositions de cet arrêt. Ils furent déboutés de leur requête et, en conformité des stipulations du susdit article 58, l'arrêt de 1767 cessa son effet à partir du 1er septembre 1837.

MARCUS.

Quant à la commune de Gœtzenbruck, elle fut maintenue à perpétuité dans son droit d'affouage de 365 stères (122 cordes) de bois de feu, droit qu'un cantonnement judiciaire remplaça, plus tard, par la propriété incommutable de 128 hectares (626 arp.) de forêt, ce qui représente environ un tiers des 1,788 arpents grevés du droit d'affouage.

CENSE DE MUNTZTHAL.

On a vu, au chapitre précédent, comment l'emplacement occupé par la verrerie de Muntzthal était devenu une cense domaniale. Pierre Undereiner avait joui de cette métairie durant le dernier quart du XVIIe siècle, en vertu de l'acensement perpétuel qu'il tenait du sieur de Romécourt, intendant du prince de Vaudémont, à charge d'un cens annuel de 12 risdales.

Il en alla de même pendant le premier quart du siècle suivant, pour lui et pour ses deux fils, Michel et Simon, qui lui succédèrent.

Le 18 mars 1727, Michel, qui déjà tenait à cens du Domaine le grand étang joignant la cense de Muntzthal, obtint du duc Léopold un décret[1] qui lui permettait de construire un moulin au bas de la digue dudit étang. Le contrat d'acensement[2] qui, en exécution de ce décret, fut passé le 20 juin suivant, devant la Chambre des comptes,

---

1. V. pièces justif. n°s 16 et 17.
2. Pièce justif. n° 18.

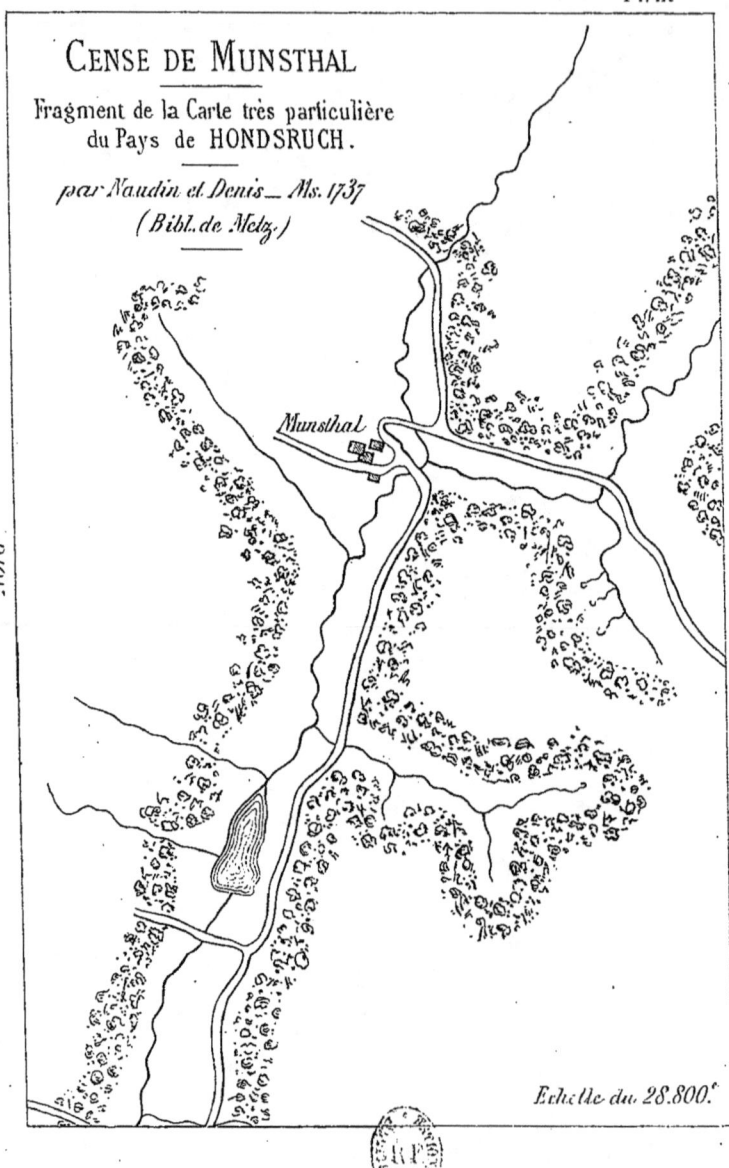

porte une redevance, annuelle et perpétuelle, de 2 maldres de seigle, plus 7 liv. en argent, pour le moulin, et acense en outre à Michel Undereiner, 4 arp. de bois, qu'il pourra mettre en culture, à charge de payer 9 gros de cens par arpent.

A la même époque, Michel et Simon Undereiner s'étaient pourvus à l'effet d'être confirmés dans l'acensement perpétuel de la cense de Muntzthal. Mais l'acensement octroyé à leur père, par l'intendant du prince de Vaudémont, était caduc et sans valeur, au regard de l'administration du souverain légitime. Toutefois, le duc Léopold, par décret[1] du même jour, 18 mars 1727, leur accorda un acensement nouveau, dont le contrat fut passé à la Chambre des comptes le 25 juin suivant[2], sous le cens de 100 liv. en argent, plus la dixième gerbe pour droit de terrage.

Michel et Simon ne jouirent pas longtemps de la générosité du prince. Le duc Léopold n'était pas mort depuis 4 mois, que fut rendu, par le duc François III, l'édit du 14 juillet 1729, portant révocation des acensements et aliénations domaniales accordés par son père, depuis 1697, n'exceptant de la mesure que « les usines, les masures et métairies à rebâtir... » Michel Undereiner conserva son moulin, comme usine, mais la cense de Muntzthal (Pl. ix) fut réunie au Domaine[3].

---

1. Pièce justif. n° 19.
2. V. pièces justif. n°s 15, 16 et 20.
3. On peut voir, dans l'*Histoire de la réunion de la Lorraine à la France* de M. D'HAUSSONVILLE, l'émotion profonde que produisit dans

Remis sous la main du prince, cet héritage fut, jusqu'à la fin de l'année 1768, laissé à des descendants de Pierre Undereiner [1] par baux à temps [2], moyennant une rede-

---

le duché l'Édit de réunion du 14 juillet 1729. Cet acte a été ailleurs l'objet d'appréciations sévères. Voici ce qu'en a écrit M. Noël :

« Un fait dominant dans cette grave question (l'aliénabilité du Domaine en Lorraine), qui a déjà compromis la fortune d'un grand nombre de nos compatriotes, c'est que l'ordonnance du 14 juillet 1729, rendue sous le nom de François III, ne le fut pas par lui, mais par sa mère Charlotte d'Orléans, qui n'avait aucun pouvoir pour dicter des lois à la province. La qualité de régente lui fut donnée par le Conseil d'État, le 28 mars 1729, approuvée par la Cour souveraine, le 30 du même mois, avec pouvoir de régir, gouverner, administrer, sauf l'approbation du duc, qui devait faire connaître ses intentions. Cette approbation du duc, nécessaire, n'a jamais été publiée ; en tous cas, le pouvoir de régir, administrer, même souverainement, ne renferme pas celui de faire des lois.... » (*Mémoires pour servir à l'histoire de Lorraine* ; n° 2, *Histoire des Archives de Lorraine*. In-8°, s. l., 1838 ; p. 38.)

D'où il suivrait que la famille Undereiner, dépossédée de son acensement perpétuel de la cense de Muntzthal, serait du nombre des victimes d'un abus de pouvoir de la régente Charlotte d'Orléans.

1. Pierre Undereiner, resté seul à Muntzthal, après le départ, durant la guerre, de son frère Mathieu, et des deux autres habitants qui, en 1663, avaient obtenu en même temps qu'eux, et sous certaines conditions, la permission de s'y établir, eut deux fils, Michel et Simon qui moururent, le dernier en 1735, et le premier, peu de temps après, laissant, l'un et l'autre, une veuve et trois enfants mineurs.

Les trois enfants de Michel Undereiner étaient François, Louis et Marie, qui épousa Michel Fassel, de Lemberg ; sa veuve, Anne-Marie Greiner, se remaria avec Henry Bernard.

Les trois enfants de Simon Undereiner étaient Jacques, André et Marie, qui épousa Simon Heitzmann, aussi de Lemberg ; sa veuve Barbe Hinsbérier (ou Hingsberger) se remaria avec Michel Schneider.

2. Ces baux sont les suivants :

Du 30 décembre 1730, pardevant le tabellion A. Vogelbach, — à Michel Schneider, pour 9 années, à partir du 1er janvier 1730, sous un cens annuel de 180 liv. 5 s. 6 d.

Du 18 juin 1739, pardevant le tabellion Leueque, — à Henry Bernard et Michel Schneider, pour 6 années, à partir du 1er janvier 1739, sous un cens annuel de 350 liv.

Du 16 décembre 1744, pardevant le tabellion J. G. Lang, — aux

vance annuelle qui s'éleva successivement de 180 livres de Lorraine, en 1730, à 660 livres, suivant un dernier bail de 6 ans, consenti par le Domaine, pour 1763 à 1768.

VERRERIE DE SAINT-LOUIS.

A la mort du roi Stanislas, survenue en 1766, les arrangements conclus à Vienne (1735-1738) reçurent leur complète et dernière exécution, par l'incorporation du duché de Lorraine à la France.

C'est alors que René-François Jolly, avocat en la Cour souveraine de Lorraine et Barrois, l'un des principaux sous-fermiers du Domaine de la Lorraine allemande, dont le comté de Bitche faisait partie, et Pierre-Étienne Ollivier, avocat en la même Cour et bâtonnier de l'ordre [1], sous la dénomination de Jolly et Cie, présentèrent au nouveau souverain deux requêtes successives, à l'effet d'obtenir, à titre d'acensement perpétuel, la cense de Muntzthal, à charge, par eux, d'y établir une verrerie, au roulement de laquelle seraient affectés 8,000 arpents de bois, destinés à

---

mêmes preneurs, pour 9 années, à partir du 1er janvier 1745, sous un cens annuel de 600 liv. Ce bail a été continué pour 1754, 1755 et 1756.

Du 9 décembre 1756, pardevant le notaire Schuster, — à Bernard Schneider et Anne Greiner, pour 6 années, à partir du 1er janvier 1757, sous un cens de 550 liv.

Du ...., — à Schemitte (ou Schmitt), pour 6 années, à partir du 1er janvier 1763, sous un cens de 660 liv.

1. Arch. nat., carton Q^{1}, n° 804.

fournir une coupe annuelle de 200 arpents, et de plus, au même titre, le moulin avec son étang, contigus à ladite cense.

Sur ces requêtes, il intervint, à la date du 17 février 1767, un arrêt du roi [1], rendu en Conseil d'État, qui accorde à Jolly et Cie, leurs successeurs et ayant-cause :

1° La cense domaniale de Muntzthal, avec ses dépendances [2], à titre d'acensement perpétuel, à charge d'y construire une verrerie à plusieurs fours, une chapelle, les logements des maîtres, des ouvriers et des fermiers, un moulin à farine, une scierie et une platinerie, pour lesquelles constructions, les bois nécessaires leur seront délivrés gratuitement, à la condition de payer au Domaine un cens annuel et perpétuel de 200 livres argent de France, à partir du 1er janvier 1769, et au fermier actuel, aux droits duquel ils sont subrogés, s'ils veulent entrer en jouissance immédiate, 660 livres annuellement, pour le canon de son bail, plus une indemnité pour son éviction ;

2° Pour l'alimentation de l'usine, une affectation de 8,000 arpents de bois, comprenant 15 cantons [3] dénommés

---

1. Pièce justif. n° 21.
2. Cette cense se composait de 3 corps de bâtiments, comprenant un logis pour le fermier, des écuries et des engrangements ; de 2 arp. de jardins, 73 arp. de terres labourables et 81 arp. de prés ; du canton de bois de Durrenwald ; du droit de pâturage dans les cantons de Helscheid et Klosterberg. (Arch. nat., carton Q[1], n° 804.)
3. Ces cantons sont ceux de *Helscheidt, Steinberg, Franzosenkopf, Frombourg, Bebersberg, Strittholz, Kirchpfad, Motschberg, Kleberg,*

en l'arrêt, lesquels, à 40 ans de recrue, fourniront une coupe annuelle de 200 arpents, dont le produit, — à l'exception d'une réserve de 24 arbres par arpent, pour le repeuplement, et des arbres à l'usage de Hollande, pour être vendus au profit du roi, — leur sera délivré, à raison de 12 sous de France, plus 15 deniers pour livre et un sous de comptage par corde de Lorraine ;

3° L'autorisation de faire façonner annuellement 300 merrains dans les bois délivrés; de tirer gratuitement la pierre et le sable dans les forêts du comté de Bitche, tant pour les constructions que pour la composition du verre ;

4° Le droit de grasse et vaine pâture dans les contrées et forêts affectées, pour le bétail des censitaires, des ouvriers, fermiers et habitants de Muntzthal, moyennant une rétribution annuelle de 20 sous par feu ;

5° Les places vagues et terrains à défricher, dans les contrées de bois affectés, à condition de payer un cens annuel et perpétuel de 7 sous de France par arpent, et la dîme, qui reste réservée à Sa Majesté ;

6° L'exemption du droit de gabelle sur les vins, cidres, bières et eau-de-vie, moyennant un cens annuel et perpétuel de 7 livres de France, et en outre, les mêmes privilèges et exemptions que ceux accordés aux verriers et

---

Dreyspitz. Schlossber, Kollert, Spitzberg, Saueckerwald et *Eichelsboden.* Un arrêt ultérieur, en date du 13 décembre 1768 (pièce justif. n° 26), y a ajouté lez cantons de *Kleinharth* (ou Harth), *Geishalz* et *Daubenest.*

habitants de Meisenthal, sous la réserve des prestations et devoirs dont sont tenus les habitants de La Soucht, avec lesquels ils feront corps et communauté [1] ;

7° La permission de donner à la nouvelle verrerie le nom de « verrerie royale de Saint-Louis », et d'établir des gardes pour la sûreté des usines et la conservation des forêts y affectées ;

Et déboute les suppliants du surplus de leurs demandes, notamment d'être subrogés à l'acensement du moulin de Muntzthal [2].

Aux termes de l'arrêt, ces concessions sont accordées sous la condition expresse que les suppliants mettront les bâtiments de la cense en état, et la verrerie en travail, dans le cours de trois années, au plus tard, et qu'ils l'entretiendront, en tout temps, de grosses et menues réparations, à peine de réunion au Domaine, sans restitution de deniers et remboursement de dépenses quelconques.

Les dispositions portées en l'arrêt du |Conseil du 17 février 1767 ont été confirmées par lettres patentes [3] du 4

---

1. Cette prescription n'a pas été exécutée. Les censitaires et habitants de Muntzthal — ainsi que je l'ai déjà rapporté (chap. III) — ont continué de faire corps avec la communauté de Lemberg.

2. Ce moulin — avec ses dépendances — était possédé par acensement perpétuel, en vertu des décret et contrat d'acensement des 18 mars et 20 juin 1727, par Louis Undereiner, fils de Michel Undereiner, et, comme usine, excepté des rigueurs de l'Édit de réunion de 1729. Il ne pouvait être retiré au censitaire sans faire violence à des droits légitimes.

3. Pièce justif., n° 22.

mars suivant, et un acte d'acensement du 18 du même mois[1], lequel reproduit, textuellement, les stipulations de l'arrêt du Conseil, et ajoute que leur exécution sera garantie par les terrains acensés aux suppliants et par tous leurs autres biens, meubles et immeubles, présents et à venir.

Le 26 janvier 1768, sur requête présentée par Jolly et Cie, et procès-verbal dressé par le procureur du roi, près la maîtrise particulière des eaux et forêts de Sarreguemines, un arrêt du Conseil d'État[2] ordonna, en vue de la salubrité de la nouvelle usine, le défrichement de 496 arpents de bois affectés, dont 56 resteront vagues, et 440 seront acensés à perpétuité à ladite société, sous la redevance annuelle de 7 sous de France par arpent.

Le 13 décembre suivant, sur nouvelle requête des censitaires de Muntzthal, sort un arrêt du Conseil[3] qui ajoute à l'affectation de la verrerie les cantons de *Harth*, *Geishalz* et *Daubenest*, pour compléter les 8,000 arpents entamés par le susdit défrichement, et ordonne que les bois nécessaires à l'entretien des bâtiments leur seront délivrés dans les coupes ordinaires, à condition de les payer au taux fixé par l'arrêt du 17 février 1767.

Trois ans plus tard, l'arrêt d'aménagement général des forêts du comté de Bitche, du 18 juin 1771, mit à la charge de la société Jolly et Cie, par l'article XIX[4], la délivrance

---

1. Pièce justif. n° 23.
2. Pièce justif. n° 25.
3. Pièce justif. n° 26.
4. V. pièce justif. n° 27.

annuelle, aux habitants et ouvriers de l'usine, de 5 cordes de bois d'affouage par chaque feu, à prendre dans les cantons affectés, aux prix, clauses et conditions portés par l'arrêt du 27 décembre 1768 ; par l'article XL [1], le paiement, chaque année, de 150 livres de France, pour la rétribution des deux gardes chargés de la surveillance des forêts affectées.

Tels sont les avantages et les charges de toute nature attachés à l'acensement de la métairie de Muntzthal.

La société Jolly et Cie, poursuivant la possession du moulin de la vallée de Muntzthal, dont la subrogation lui avait été refusée par l'arrêt du 17 février 1767, s'adressa à Louis Undereiner, fils de Michel Undereiner, qui le détenait, en vertu de l'acensement du 20 juin 1727, et par acte [2] du 7 avril 1768, passé devant le notaire royal au bailliage de Bitche, A.-L. Helfflinger, elle acquit, au prix de 4,000 livres, tous les droits découlant dudit acensement, et de plus, 9 jours de terres, appartenant au vendeur.

Sur cet acte, et sur la requête des acquéreurs, intervint l'arrêt [3] du 18 septembre 1770, qui, sans avoir égard à la vente des terres, appartenant à Louis Undereiner, non plus qu'à l'étang situé en amont de la chaussée [4] (ou digue), subroge Jolly et Cie au bénéfice de l'acensement du 20 juin

---

1. Pièce justif. n° 27.
2. Pièce justif. n° 28.
3. Pièce justif. n° 29.
4. Plus tard, cet étang, qui était déjà acensé à Michel Undereiner, et que possédait son fils et héritier Louis, passa cependant aux censitaires de Muntzthal. J'ignore en vertu de quelle transaction.

1727, mais sous un cens plus élevé, savoir : 4 maldres de seigle et 12 livres de France pour le moulin, et 20 sols pour chacun des 4 arpents de bois acensés ; ordonne qu'il leur sera passé, par la Chambre des comptes, un contrat de subrogation conforme ; et les déboute des autres demandes portées en leurs requêtes[1].

Outre les concessions qui précèdent, l'article IV de l'arrêt du 18 juin 1771[2] accorde encore à Jolly et Cie, à titre d'acensement perpétuel, à charge d'un cens de 7 sols de France

---

1. Jolly et Cie avaient, en effet, à cette occasion, sollicité, par diverses requêtes, de nouveaux avantages : outre l'union à la cense de Muntzthal, du moulin et de ses dépendances, sans augmentation du cens de ce domaine, sur quoi il est statué par le précédent arrêt, ils demandaient :

1º La jouissance, sur ladite cense, des droits de basse et moyenne justice ;

2º La jouissance de la dîme, tant sur l'ancienne métairie que sur les défrichements qui lui seront incorporés ;

3º Exemption, pour les entrepreneurs, ouvriers et habitants de la verrerie, de toutes tailles, subventions et impositions quelconques ; affranchissement de la milice, des corvées et autres prestations personnelles, avantages qui sont assurés à la verrerie royale de Portieux par les arrêts des 26 octobre et 6 décembre 1734 ;

4º Le droit d'hypothéquer et, par suite, de vendre l'usine, sous la simple charge du cens à payer au Domaine.

Ces requêtes furent écartées, par les motifs que la prétention aux droits de justice est excessive ; que l'arrêt du Conseil du 17 février 1767 réserve la dîme au profit du roi et doit être exécuté ; que Saint-Louis n'est pas réellement une verrerie royale, puisqu'elle est acensée à perpétuité, tandis que Portieux est royale et dépend des fermiers généraux ; que les acensements, en Lorraine, n'acquérant pas une propriété incommutable, on ne peut permettre ni d'hypothéquer, ni d'aliéner des fonds domaniaux.

2. V. pièce justif. nº 27.

par arpent, la quantité de 26 arpents 214 verges, en plusieurs parcelles, de terres qui sont à défricher dans l'intérieur des forêts affectées.

En 1771, la perception de la dîme des pommes de terre, dont la culture prenait une grande extension dans le pays, ayant donné lieu à des difficultés entre la société Jolly et Cie et le préposé, à Bitche, du fermier du Domaine, le sieur Julien Alaterre, adjudicataire général des fermes de France et des duchés de Lorraine et de Bar, porta le litige au Conseil d'État d'où, à la date du 28 décembre 1772, sortit un arrêt [1] qui condamne les entrepreneurs de la verrerie de Saint-Louis, à Muntzthal, à payer au Domaine la dîme, recueillie en 1771 et 1772, et à recueillir à l'avenir dans les terres à eux acensées par l'arrêt du 17 février 1767, et notamment la dîme des pommes de terre.

Une lettre [2], du 9 juin 1769, du procureur général Thibault, près la Cour des comptes, évalue à 556 arpents le total des terres labourables acensées, et estime que leur moindre produit doit être de 500 maldres (froment, seigle, orge, avoine, maïs, pommes de terre) dont la dîme, ou 50 maldres, a une valeur vénale de plus de 1,000 liv.

Les différentes stipulations portées par les arrêts qui viennent d'être successivement rappelés, obligeaient la compagnie Jolly à payer annuellement au Domaine des redevances fixes, dont la somme s'élevait avec la dîme à 1,645 liv. de

---

1. Pièce justif. n° 30.
2. Arch. nat., carton Q^1, n° 804.

France[1], non compris le prix des bois d'affouage et de maronage, qui lui étaient délivrés pour l'alimentation des fours de l'usine et l'entretien des bâtiments, et la rétribution annuelle, pour le droit de grasse et vaine pâture, à raison de 20 sous par feu.

La verrerie à établir sur le domaine de Muntzthal était l'affaire capitale des titulaires de son acensement.

Dès 1767, Jolly et son associé se mettent promptement et résolûment à l'œuvre, et deux des trois années qui leur étaient imparties, pour remplir le plus important de leurs

---

1. Cette somme se décompose en :
- 200ˡ »ˢ pour la cense de Muntzthal et ses dépendances, qui consistent en 3 corps de bâtiments, 2 arp. de jardins, 73 arp. de terres et 81 arp. de prés ;
- 29 8 pour cens de 1 arp. de jardins, 43 arp. de terres et 40 arp. de prés, provenant de friches mises en culture par Jolly et Cⁱᵉ, à raison de 7 sous par arpent ;
- 154 » pour cens de 440 arp. de forêts, essartés en vertu de l'arrêt du 26 janvier 1768, à raison de 7 sous par arpent ;
- 9 8 pour cens de 26 arp. 214 verg. acensés par l'art. IV de l'arrêt du 18 juin 1771, à raison de 7 sous par arpent;
- 7 » pour exemption du droit de gabelle ;
- 150 » pour gages de 2 gardes forestiers ;
- 16 » pour cens en argent du moulin de Muntzthal ;
- 80 » pour évaluation en argent du cens en nature dudit moulin, de 4 maldres de seigle ;
- 1,000 » pour évaluation en argent de la dîme des terres acensées.
— Cependant il y a à remarquer que la dîme n'est pas, à vrai dire, une redevance particulière à la cense de Muntzthal, mais un impôt général, frappant les cultures dans tout le comté.

1,645ˡ 16ˢ ensemble.

engagements, n'étaient pas encore écoulées, que déjà la verrerie et ses dépendances (ateliers, magasins, logements de maîtres et d'ouvriers) se trouvaient construites (Pl. x), et qu'un premier four mis en feu avait donné de beaux produits de gobeleterie, le second devant suivre de très près[1].

Cette 1re *Période*, qui vit l'érection de la verrerie de Saint-Louis et l'inauguration de sa fabrication, fut suivie d'autres qui, jusque dans les premières années du XIXe siècle, ont été marquées par des changements considérables dans la société qui posséda et exploita la cense et l'usine, lesquels vont être indiqués.

2e *Période*. Vers le même temps où Jolly et Ollivier mettaient la verrerie en travail, deux nouveaux associés, François Lasalle, l'aîné, et Albert Lasalle, se réunissent à eux, ainsi qu'en fait foi leur soumission, consignée en un acte[2] passé le 21 novembre 1768.

---

1. Cf. Mémoire en forme de lettre sur les forêts et usines du comté de Bitche, du 18 mars 1769, par Thibault, procureur général près la Chambre des comptes. (Arch. nat., carton Q^1, n° 804.)

Dès 1767, Jolly et Cie étaient mis en possession d'une coupe de bois de 1,200 arp. pour l'affouage de 1768. (Arch. dép. de Metz, série B, n° 106.)

2. Pièce justif. n° 24.

Ce qu'ont rapporté quelques auteurs sur la fondation de la cristallerie de Saint-Louis n'est pas exact, et se trouve en contradiction avec les documents officiels du temps. Ainsi, dans un ouvrage de publication récente, on lit que : « La cristallerie de Saint-Louis a été fondée en 1767, dans la vallée de Munzthal, par MM. de Lasalle, Olivier, Anthoine et Joly. » (*L'Art de la Verrerie*, par GERSPACH, p. 226. LOUIS FIGUIER écrit, au contraire, au sujet de la même usine : « Fondée en 1767, par M. Delassale (*sic*) sur l'emplacement des verreries

Pl. x

Fragment du Plan général
des
VERRERIES ROIALLES DE S.T LOUIS
par Potier — Ms. 1770
(arch. de la Verrerie de S.t Louis)

Nord

Terres

Essart

Essart

Echelle du 420.e

Bâtimens parachevés

1. Corps de logis des Maîtres
2. Halle à 3 fours
3. Corps d'Étenderie
4. Magasin de verres à vitres
5. Carquaise
6. Magasin
7. Corps de bâtimens pour le logement des ouvriers
8. Poterie
9. Cabaret
10. Moulin (au bas de la digue de l'Étang)
11. Ancienne maison de ferme

Bâtimens à construire

a. Église
b. Halle à 2 fours
c. Corps d'Étenderie
d. Magasin de verres en table
e. Logement des charpentiers et menuisiers
f. Hangard pour les sels
g. Écuries de la M.on des Maîtres
h. Logement du maréchal
i. Logement pour les verriers
k. Pilerie et taillerie (près du Moulin)
l. Trois maisons de ferme (dont 2 dans les Essarts)
m. Carquaise

Des conventions de caractère privé [1], arrêtées trois jours plus tard, le 24 novembre 1768, entre les quatre membres de la société Jolly et Cie, fixent le chiffre des apports à verser prochainement par François et Albert les Lasalle, pour faire partie de l'association des censitaires de Muntzthal.

Albert Lasalle étant mort dans les premiers mois de l'année suivante, 1769, son intérêt passa à son beau-frère, Antoine-Dominique-Jacques-Joseph Dosquet, l'ainé, banquier à Metz.

3e *Période*. Après sept années d'existence, la société Jolly et Cie, par une délibération du 9 avril 1774, prononça sa dissolution, et Jolly ainsi que Ollivier cèdent leurs droits sur la cense et la verrerie, consistant en moitié dans la totalité, à F. Lasalle, l'aîné, Dosquet, l'aîné, et Anthoine, moyennant la somme principale de 131,000 liv. avec les

---

de Munsthal, elle portait alors le nom de *Verrerie royale de Saint-Louis*. » (*Les Merveilles de l'Industrie....*, t. I, p. 79.) Ces versions ne sont pas fondées : c'est Jolly et Ollivier qui ont sollicité et obtenu la concession de la cense de Muntzthal et y ont créé la verrerie de Saint-Louis.

1. Je dois la communication de cet acte à l'obligeance de M. le comte L. du Coëtlosquet, petit-fils de F. Lasalle.

On y voit intervenir, avec les censitaires de Muntzthal, Jean-François Anthoine, auquel est confiée la direction des affaires de la verrerie. Cependant, n'ayant pas pris part à la soumission ordonnée par la Chambre des comptes en son arrêt du 18 mars 1767, il n'était pas, au regard du Domaine, membre de la société Jolly et Cie. (Voir au surplus, le Mémoire déjà cité du procureur général Thibault.) Mais, ainsi qu'on va le voir, à la dissolution de cette société, en 1774, J. F. Anthoine entra dans celle qui lui succéda, sous la raison François Lasalle, l'aîné, et Cie.

intérêts. Cette cession est consentie par acte[1] passé devant M⁰ Puissant, notaire à Nancy, le 18 du même mois, et confirmé par un arrêt[2] de subrogation de la Chambre des comptes du 25 avril 1774. Une nouvelle société se forme entre les cessionnaires, sous la raison François Lasalle, l'aîné, et Cⁱᵉ.

Durant cette 3ᵉ période, sortirent du Conseil d'État plusieurs décisions intéressant la verrerie de Saint-Louis.

Un arrêt[3] du 26 avril 1774 ordonne la vente annuelle de 100 pins, dans la forêterie de Waldeck, lesquels seront alternativement vendus à l'enchère, et alternativement délivrés aux entrepreneurs de la verrerie de Saint-Louis, au prix de 9 livres par pied d'arbre.

L'année suivante, un arrêt[4] en date du 20 juin ordonne que les arbres de service, surnuméraires à la réserve, dans les coupes assises ez forêts affectées à la verrerie de Saint-Louis, lui seront délivrés pour être employés aux réparations et reconstructions des bâtiments de l'usine.

En 1776, la société censitaire de Muntzthal bâtit, en remplacement d'une chapelle de construction antérieure, une église[5], dont l'érection était une des charges de l'a-

---

1. Pièce justif. n° 31.
2. Pièce justif. n° 32.
3. Pièce justif. n° 33.
4. Pièce justif. n° 34.
5. V. lettre du Grand-Maître des eaux et forêts, du 15 janvier 1776, qui ordonne la délivrance provisionnelle des bois nécessaires à cette construction ; — État des arbres de bâtiments accordés en 1776, lequel en renferme 70 pour cette église. (Arch. départ. de Metz, série B, n° 108, ff. 17, 33.)

censement, et par là se trouvèrent achevés[1] tous les bâtiments formant dépendances de la cense et de l'usine. Leur construction avait exigé, de 1767 à 1776, la délivrance, en exécution des arrêts des 17 février 1767 et 13 décembre 1768, de 4,370 pieds d'arbres, dont l'emploi fut constaté par un procès-verbal[2] du 27 août 1776. Un arrêt du Conseil[3], du 11 mars 1777, confirme les délivrances faites et homologue le procès-verbal ci-dessus de justification d'emploi.

Des difficultés touchant l'exercice du droit de grasse et vaine pâture au canton de Helscheidt, droit concédé par l'arrêt du 17 février 1767, surgirent entre la verrerie de Saint-Louis et la maîtrise des eaux et forêts de Sarreguemines qui, se fondant sur l'article XXVI de l'arrêt d'aménagement du 18 juin 1771, et sans s'arrêter aux remontrances des entrepreneurs de la verrerie, décida en 1781 la mise en adjudication de la glandée dans le susdit canton de bois.

La verrerie se pourvut contre cette décision devant le Conseil, et obtint l'arrêt[4] du 15 février 1784, par lequel

---

1. Décret du Grand-Maître des eaux et forêts du 13 juillet 1776. (Arch. départ. de Metz, série B, n° 108, fol. 33.)

2. Ce procès-verbal constate l'emploi de 4,370 arbres, délivrés par les officiers de la maîtrise de Sarreguemines, plus de 473 autres, achetés par les entrepreneurs de la verrerie, soit, au total, de 4,843 arbres. (Arch. nat., carton Q^1, n° 818.)

3. Pièce justif. n° 35.

4. Pièce justif. n° 36. — Au commencement de l'année 1782, il y avait 80 ménages à la verrerie et dans ses dépendances. Quatre ans plus tard, sur la fin de 1785, ce nombre de ménages était réduit à 40. (V. pièce justif. n° 39.)

elle est maintenue et confirmée dans le droit de grasse et vaine pâture, conformément à l'arrêt du 17 février 1767, à la charge de payer annuellement au fermier du Domaine, pour l'exercice de ce droit, 20 sols de France par ménage.

Depuis sa fondation, les produits de la manufacture de Saint-Louis consistaient en verre à vitres, verre en table façon de Bohême, et gobeleterie d'assortiment en verre ordinaire. Mais, à partir de 1781, le cristal à base de plomb, ou cristal anglais, comme on l'appelait alors, remplaça graduellement le verre ordinaire pour la fabrication des objets de gobeleterie, et lorsque, en 1788, le baron de Dietrich recueillait en Lorraine ses renseignements statistiques sur certaines industries du pays, il ne se faisait plus à Saint-Louis, à côté du verre à vitres et du verre en table, que de la gobeleterie de cristal [1].

C'est aux recherches de de Beaufort, directeur des travaux de la verrerie, qu'est due l'introduction sur le continent de la fabrication de cette espèce de verre, et le premier coup porté au monopole que l'Angleterre en avait conservé jusqu'alors.

Au chapitre VI, je reviendrai sur ce qui concerne l'historique du cristal sans plomb et du cristal à base de plomb, et je me borne ici à enregistrer deux arrêts du Conseil d'État qui témoignent de tout l'intérêt qui s'attachait à la découverte due à la verrerie royale de Saint-Louis. Par le premier [2], rendu le 25 mai 1784, sur la requête de la société

---

1. DE DIETRICH, *op. cit.*, t. III, p. 374.
2. Pièce justif. n° 37.

F. Lasalle et Cie, motivée spécialement sur l'importance de
de sa nouvelle fabrication, il lui est accordé à perpétuité, et
par forme d'augmentation d'affouage, le premier des 17
triages des forêts du comté de Bitche, contenant 2,323 arpents de bois, assis aux cantons de *Hohefurst, Rondekopf*
et *Speckopf,* pour être exploités en 50 coupes annuelles,
dont le produit sera délivré aux requérants, au prix de
24 sous de France, plus 15 deniers pour livre, et un sou de
comptage par corde.

Cet arrêt n'a reçu aucune exécution, parce que la communauté de Lemberg, sur le ban de laquelle était assise la
cense de Muntzthal [1], estimant que ses dispositions portaient
préjudice à l'exercice des divers droits qu'elle tenait, tant
de l'arrêt du 27 décembre 1768 que de celui du 18 juin
1771, présenta des réclamations et fit opposition. Le litige
était encore pendant lorsqu'arriva la Révolution de 1789,
qui eut les plus graves conséquences pour l'acensement de
1767 et la verrerie fondée à cette époque.

Le second arrêt [2] est du 29 avril 1785. Il a pour but de
mettre la verrerie à l'abri de l'embauchage de ses employés,
ouvriers, etc., auxquels il défend de quitter leur service à
l'établissement, sans un congé de ses entrepreneurs, demandé deux ans à l'avance, et de s'en éloigner de plus d'une
lieue sans la permission de ceux-ci.

4e *Période.* La société F. Lasalle, l'aîné, et Cie n'avait pas

---

1. V. pièce justif. n° 47.
2. Pièce justif. n° 38.

encore accompli la douzième année de son existence, lorsque, en octobre 1785, survint la mort de Jean-François Anthoine, qui amena la dissolution de l'association. Par acte[1] passé devant M⁰ Hurto, notaire royal au bailliage de Boulay, le 12 novembre 1785, Antoine-Dominique-Jacques-Joseph Dosquet et François-Paul-Nicolas Anthoine, fils du précédent et héritier de sa part dans la société, vendirent à François Lasalle, leur coassocié, tous leurs droits sur la cense de Muntzthal et sur la verrerie de Saint-Louis, moyennant 159,000 liv. de principal. Cet acte a été approuvé et confirmé par un arrêt de subrogation[2] de la Chambre des comptes, du 14 décembre 1785, qui en porte la mention.

Deux années plus tard, par acte[3] passé devant M⁰ Rochatte, notaire royal à Bitche, le 15 janvier 1788, François Lasalle, unique censitaire du domaine de Muntzthal et de ses dépendances, aliéna tous les droits qu'il y possédait, au profit du baron du Coëtlosquet, mestre de camp, et de dame Charlotte-Eugénie Lasalle, son épouse, au prix de 300,000 liv. de principal. En conséquence, écrit le baron de Dietrich[4], M. et Mme du Coëtlosquet ont présenté au Conseil d'État du Roi leur requête tendante :

« A ce qu'il plaise à Sa Majesté les subroger en tous les droits de la concession originaire, faite aux sieurs Joly et Cie, de la cense domaniale de Muntzthal, au comté de Bitche, en

---

1. Pièce justif. n° 39.
2. Pièce justif. n° 40.
3. Pièce justif. n° 41.
4. *Op. cit.*, t. III, p. 312.

Lorraine, aux charges, clauses et conditions, exprimées en l'arret du Conseil du 17 février 1767, lettres patentes, intervenues sur ledit arrêt et autres lettres et arrets du Conseil, subsequents, pour de tout jouir par les suppliants ainsi que le sieur Joly et Cie en ont joui ou dû jouir. »

Le même auteur a consigné dans son intéressant ouvrage[1] des détails statistiques qui témoignent de l'importance de la verrerie de Saint-Louis dès cette époque. Ses constructions comprenaient : 4 fours de fusion dont 3, constamment en feu, servaient aux fabrications respectives du verre à vitre, du verre en table et de la gobeleterie de cristal ; 12 fours à étendre le verre à vitres et le verre en table dont 10 en service ; 13 fours ou carcaises[2] à dessécher les billettes destinées à la fusion du verre ; un four à brûler les terres réfractaires, une pilerie, une poterie et plusieurs autres ateliers accessoires, ainsi que magasins, etc., etc. Autour de cette manufacture, dans des maisons de maîtres, de direction, d'employés, et dans des corps de bâtiments destinés aux ouvriers, se logeait une population de 637 individus, pour laquelle il y avait une église, un desservant, un médecin et un maître d'école.

Le nombre des personnes de toute catégorie, tant de Saint-Louis que des villages voisins, au service de l'usine, qui était habituellement de 359, s'élevait en été à plus de 400.

---

1. T. III, pp. 325-329.
2. On trouve la description, avec planche, de ces carcaises, dans les *Recherches expérimentales sur la dessiccation artificielle du bois*, par A. MARCUS. Gr. in-8º, 27 p. Metz, 1884.

La verrerie consommait annuellement 8,000 cordes (de 3 st.) de bois, 2,000 quintaux de terres réfractaires, 5,000 q. de sable, 2,000 q. de salin, 600 q. de minium, 80 q. de sel marin, 15 q. de salpêtre, 12 q. de manganèse, 120 q. de chaux et 5,000 baquets de cendres neuves.

Sa production annuelle pouvait s'élever à une valeur de 240,000 liv., dont une part importante s'exportait en France, grâce aux mesures équitables que Jolly et Cie avaient, en 1772, obtenues pour leurs fabrications.

La Lorraine, en effet, avant sa réunion à la France, ne pouvait y faire pénétrer les produits de ses fabriques de verre, qu'en acquittant les droits qui frappaient la verrerie de tous les pays étrangers, savoir :

> 3 liv. par quintal de verre à vitres, en vertu de l'arrêt du 29 mai 1688 ;
>
> 30 liv. par quintal de verre en table, en vertu de l'arrêt du 11 novembre 1738 ;
>
> 7 liv. par quintal de verrerie d'assortiment, en vertu de l'arrêt du 21 août 1759.

Peu après avoir fondé la verrerie de Saint-Louis, Jolly et Cie, ayant signalé la situation fâcheuse qui leur était faite par les produits étrangers, pénétrant librement en Lorraine, alors qu'eux-mêmes ne pouvaient entrer dans le royaume dont ils faisaient partie, sans être soumis à de lourdes charges, le Conseil rendit l'arrêt[1] du 10 mars 1772, qui assimile la verrerie de Saint-Louis à celles de l'Alsace

---

1. Pièce justif. n° 42.

et des Trois-Évêchés et, en conséquence, réduit l'entrée de ses marchandises dans les cinq grandes fermes aux droits suivants :

7 sols pour le verre à vitres ;

20 sols pour le verre en table ;

3 liv. 10 sols pour la gobeleterie d'assortiment.

En 1791, M. et Mme du Coëtlosquet, par un bail sous seing privé passé à Paris le 4 mai, louèrent la manufacture de Saint-Louis à Antoine-Gabriel-Aimé Jourdan, négociant, pour une durée de douze années, qui devait prendre fin le 30 juin 1803 ; mais Jourdan n'acheva pas son bail qui, en 1797, fut rétrocédé[1] à une société composée principalement de descendants d'anciens verriers de La Soucht, fondateurs des usines de Meisenthal et de Gœtzenbruck, laquelle, ayant à sa tête Jacques Seiler, de La Petite-Pierre, ancien fermier de la verrerie de Obermattstall[2], dans le comté de Hanau, et Louis Lorin, associé à l'administration de l'établissement de Saint-Louis, se constitua sous la raison sociale Seiler, Walter et Cie[3].

---

1. Cette rétrocession fut faite par d'Artigues, bien connu dans l'histoire de l'industrie verrière, et qui alors, mandataire de Jourdan, dirigeait l'usine en son nom.

2. Au chapitre VII, on trouvera quelques détails historiques sur cette verrerie, éteinte depuis près d'un siècle.

3. Outre J. Seiler et L. Lorin, cette Société comprenait : Georges Walter l'aîné, Georges Walter le jeune et Michel Berger, de Gœtzenbruck ; Joseph Burgun, Martin Walter et Gaspard Walter, de Meisenthal. Leurs apports, destinés à composer le capital social, étaient de 120,000 liv. divisés en dix, et peu après, en douze *deniers,* comme on appelait alors les parts dans les associations industrielles.

5º *Période*. — Après la Révolution de 1789, la cense de Muntzthal traversa une seconde fois les vicissitudes de l'époque de 1729 [1]. La révocation des aliénations domaniales décrétée par l'Assemblée nationale, et l'émigration de ses possesseurs, amenèrent le retour au Domaine de la cense, de la verrerie et de leurs dépendances. Vendus nationalement, en vertu des lois des 16 brumaire an V, 16 et 24 frimaire an VI, ces immeubles, avec l'affectation de 8,000 arpents de bois, furent adjugés [2], le 3 prairial an VI, à Claude Poncelet et consorts [3] pour la somme de 6,525,000 fr. [4].

Cette vente apportait dans la possession de la cense et de la verrerie une novation bien caractérisée.

Poncelet, ses associés et leurs successeurs éventuels n'étaient plus seulement des engagistes de parties du Domaine,

---

1. On a vu précédemment que Michel et Simon Undereiner, qui possédaient cette cense, en vertu d'un acensement perpétuel du 25 juin 1727, en furent privés par application de l'Édit de réunion du 14 juillet 1729.

2. Pièce justif. nº 43.

3. Les acquéreurs étaient au nombre de 9, tous de Metz, et dans les proportions suivantes : Claude Poncelet, Dominique Rolland et Philippe-Louis-Sébastien Thirion, chacun pour $\frac{2}{16}$; Jean Genot et Michel Barthelemy, ensemble pour $\frac{4}{16}$; Pierre-François Collin-Comble et Louis-Charles Desnoyers, ensemble pour $\frac{3}{16}$; Cerf Goudchaux et Louis Moutardier dit Laprairie, ensemble pour $\frac{3}{16}$.

4. Ce chiffre paraît excessif, si on le compare à celui fixé par l'expertise qui a précédé la vente, et qui était de : 520,260 liv. 9 s. 10 d. dont 322,846 liv. 9 s. 10 d. pour la verrerie et 197,414 liv. pour son affectation de bois; mais il ne faut pas oublier qu'on était au temps des assignats.

mais de véritables propriétaires incommutables, pouvant aliéner, à leur volonté, les immeubles acquis. Toutefois, ils se trouvaient privés d'autres avantages. L'arrêt du Conseil du 17 février 1767 étant seul visé dans l'adjudication de l'an VI et dans l'expertise qui l'avait précédée, les acquéreurs ne peuvent prétendre à aucune des concessions reposant sur les arrêts ultérieurs, qui ont été précédemment rappelés ; mais aussi l'affectation perpétuelle de 8,000 arpents de forêts, qui découle du titre de 1767, n'en est que plus solidement établie.

Usant de la faculté qu'ils tenaient des dispositions du décret du 15 frimaire an II, les bénéficiaires de l'adjudication de l'an VI avaient notifié la résiliation du bail de 1791 à Seiler, Walter et Cie, cessionnaires de Jourdan. Mais, à la date du 2 pluviôse an VIII, un nouveau bail[1] de la verrerie de Muntzthal (Saint-Louis) est passé entre ses propriétaires et cette société. Reçu par Me Purnot, notaire à Metz, ce contrat porte, comme le bail précédent, une durée de 12 années, commençant le 12 messidor an VIII (31 juillet 1800).

Pour la dernière année du XVIIIe siècle, au cours de laquelle le bail est entré en vigueur, le *Mémoire statistique du département de la Moselle* du préfet Colchen a recueilli sur la verrerie de Muntzthal des renseignements dont voici le résumé.

Ses propriétaires sont connus sous la raison sociale

---

1. Pièce justif. n° 44.

Barthélemy et Cie; elle est exploitée par la société Seiler, Walter et Cie.

Il y a deux fours en activité, dont la consommation annuelle, avec les feux accessoires, s'élève à la quantité de 3,338 cordes (de 3 st.). On fait, par année, 288 fontes de 26 heures chacune, ou 144 par four.

Le nombre des ouvriers est de 64, leur journée de 3 fr. ; le nombre des manœuvres de 163, leur journée de 1 fr.

Les consommations en nature et les dépenses en argent sont :

Frais d'entretien et de constructions			5,000^f »^c
Terres réfractaires, pour fours et pots	500^{qx}	à 10^f »^c	5,000 »
Sable pour la composition du verre.	2,582	à 1 90	4,905 80
Potasse — — .	904	à 40 »	36,160 »
Muriate de soude — — .	192	à 8 »	1,536 »
Minium — — .	445	à 47 50	21,137 50
Oxyde d'arsenic — — .	33	à 80 »	2,640 »
Cendres pour la potasse	1,120	à 3 »	3,360 »
Total			79,739 30
Combustibles	3,338 cordes	à 6^f »^c	20,028 »
Salaires d'ouvriers et manœuvres			88,750 » [1]
Total des dépenses.			188,517 30
La valeur totale de la production étant de.			235,679 »
il ressort un bénéfice brut de			47,161^f 70^c [2]

---

1. Cette dépense est fondée sur l'hypothèse de 250 jours de travail par an.

2. Ce chiffre, qui ne concerne qu'une seule année, ne peut renseigner qu'incomplètement sur la marche et sur les résultats de l'exploitation de la verrerie de Muntzthal (Saint-Louis). En effet, dans le cours de l'année visée, 1800, les répartitions de bénéfices ont procuré, en réa-

6ᵉ *Période*. Dans les commencements du XIXᵉ siècle, la société fermière Seiler, Walter et Cⁱᵉ, acquit successivement les droits de copropriété de plusieurs des adjudicataires Poncelet et consorts, et en 1809, elle possédait plus de la moitié des parts dans cette dernière société[1]. Pour sortir de l'indivision, elle porta devant le tribunal de Sarreguemines une demande en licitation, qui aboutit, le 11 septembre 1809, à l'adjudication de la verrerie et dépendances et de l'affectation de 8,000 arpents de bois, pour le prix de 228,000 fr.[2] au profit de la société Seiler, Walter et Cⁱᵉ, accrue de deux nouveaux membres, et composée de Jacques Seiler, de Saint-Louis, pour $\frac{3}{12}$ et des neuf associés suivants, chacun pour $\frac{1}{12}$: dame Marie-Françoise Seiler, veuve de Louis Lorin, de Saint-Louis ; Georges Walter, l'aîné[3], Georges Walter, le jeune, et Michel Berger, de Gœtzen-

---

lité, à chaque *denier* 5,100 liv. ou 51 p. 100 du capital engagé ; et durant la période décennale de 1797 à 1807, le dividende annuel moyen s'est élevé à 6,490 liv. par *denier,* c'est-à-dire à 64.90 p. 100 des apports de 1797.

1. $\frac{10}{80}$ aux droits de Claude Poncelet, $\frac{10}{80}$ aux droits de Dominique Rolland, $\frac{17}{80}$ aux droits de Jean Genot et Michel Barthélemy, $\frac{10}{80}$ aux droits de Pierre-François Collin-Comble et Louis-Charles Desnoyers, ensemble $\frac{47}{80}$.

2. La mise à prix était de 172,000 fr., somme comprenant 144,000 francs pour l'usine et 5,000 fr. pour ses outils ; 12,000 fr. pour la ferme et 11,000 fr. pour le moulin. L'adjudication eut lieu sur la quinzième enchère.

3. Georges Walter l'aîné est l'auteur de la chronique sur les verreries des forêts de Bitche, dans laquelle bien des renseignements ont été puisés au cours du présent travail.

bruck ; les héritiers de Joseph Burgun [1], Martin Walter et Gaspard Walter, de Meisenthal ; Charles Lambert et le baron du Coëtlosquet [2], de Metz.

Depuis cette époque, la société Seiler, Walter et Cie, devenue plus tard société anonyme, sous la qualification de *Compagnie des verreries de Saint-Louis,* en vertu d'une ordonnance royale du 7 juin 1829, est restée propriétaire de l'usine et de toutes ses dépendances ; elle continue (1885) de l'exploiter elle-même depuis près de 90 ans.

D'après le cadre que je me suis tracé, je n'ai pas à m'occuper ici, plus que je ne l'ai fait pour les autres verreries du comté, de la vie industrielle de l'usine de Saint-Louis dans le cours du XIXe siècle. Ce qui touche tous ces établissements, depuis 1800, est d'ailleurs suffisamment connu par les rapports officiels dont ils ont été l'objet, à la suite des expositions industrielles, nationales ou universelles, qui ont été organisées depuis le commencement du siècle, et par les articles de journaux et les brochures publiées à l'occasion de ces solennités.

---

[1]. Joseph Burgun avait été l'associé de Jaques Seiler dans l'exploitation de la verrerie de Obermattstall. Ses héritiers sont ses 4 enfants : Adam, Nicolas, Joseph et Catherine.

[2]. Le baron du Coëtlosquet, qui avait été le dernier censitaire du domaine de Muntzthal, figure comme représentant légal de ses enfants mineurs, auxquels la première Société Seiler, Walter et Cie a fait don de $\frac{1}{12}$ dans la propriété de l'établissement de Saint-Louis. Plus tard, la famille du Coëtlosquet a été indemnisée du surplus de la valeur des immeubles vendus par l'adjudication du 3 prairial an VI. Le chiffre de l'indemnité a été fixé par une ordonnance royale, du 26 mars 1829. (Arch. dép. de Metz.)

Je crois devoir cependant mentionner, en terminant, un changement d'une portée considérable pour sa fabrication, survenu dans l'affectation de bois, concédée à la verrerie de Saint-Louis, par l'arrêt du Conseil du 17 février 1767 et les lettres patentes du 4 mars suivant. A la suite de la promulgation du Code forestier en 1827, après la confirmation des divers droits d'affouage et autres, dans les forêts domaniales, que les intéressés étaient tenus de faire prononcer par les tribunaux[1], l'administration du Domaine de l'État s'est occupée du rachat des divers droits de cette nature, très nombreux dans le comté de Bitche, et appartenant aux communes et aux établissements industriels, par ce que l'on a appelé *cantonnement*.

Le cantonnement de l'affectation de l'usine de Saint-Louis fut établi judiciairement sur instance de l'État. Les tribunaux fixèrent l'émolument usager de la verrerie à la valeur, en capital, de 1,388,072 fr. et, pour lui tenir lieu de son affectation, ils lui attribuèrent en toute propriété, une partie de la forêt affectée, d'une étendue de 830 h. 05 a. 30 c. (4,060 arp.) et d'une valeur de 1,344,134 fr. 54 c., plus une somme, en bois abattu ou en argent, de 43,937 fr. 46 c., à délivrer par le Domaine de l'État[2].

---

1. Un jugement du tribunal de Sarreguemines en date du 30 avril 1828, qui a acquis l'autorité de la chose jugée, a décidé que la société Seiler, Walter et Cie avait des droits irrévocables à la délivrance annuelle et perpétuelle des coupes de bois des 8,000 arpents de forêts désignés dans l'arrêt du Conseil du 17 février 1767.

2. V. Jugements du tribunal de Sarreguemines en date des 7 juin

Le 12 août 1861, la Compagnie des verreries de Saint-Louis a été mise en possession des cantons de forêts qui lui étaient adjugés [1].

PROJETS DE VERRERIE A HANVILLER ET DE MANUFACTURE DE GLACES A MOUTERHAUSEN.

Je termine la série des notices qui précèdent par quelques détails sur deux importants projets, sérieusement conçus, et dont la réalisation aurait doté le comté de Bitche de deux établissements verriers de premier ordre, si des circonstances indépendantes de la volonté de leurs auteurs n'en avaient empêché l'exécution.

Verrerie de Hanviller. — En 1779, une requête fut présentée au roi par M. le marquis et Mme la marquise de Laubespin,

---

1855 et 11 janvier 1860 ; arrêts de la Cour de Metz en date des 14 mars 1861 et 25 mars 1862.

1. C'est en 1859 que la Compagnie de Saint-Louis a apporté les dernières modifications aux statuts qui la régissent encore aujourd'hui (1885). A cette époque de 1859, le montant des valeurs de toute nature — affectation de bois exceptée — composant son capital social s'élevait au chiffre effectif de 2,500,000 fr. La réalisation du cantonnement a porté ce chiffre à 3,888,072 fr. C'est 8,100 fr. pour chacune des 480 actions dont se compose maintenant le susdit capital. — Au point de vue de l'étude du développement de l'industrie verrière dans la contrée, il n'est pas sans intérêt de se reporter à l'origine de la société Seiler, Walter et Cie, constituée en 1797 au capital de 120,000 liv., et de constater que, sans que les associés aient jamais rien ajouté à ce premier apport, c'est à l'aide d'une partie de ses bénéfices que la société, après 62 ans d'exploitation, a pu se créer un capital de 3,888,072 fr.

« Aux fins qu'il leur soit permis de faire construire et édifier sur un terrain qu'ils se proposent d'acquérir, dans le canton d'Hanviller et sur le ruisseau de Horn[1], une verrerie à plusieurs fours, avec ses dépendances, pour y fabriquer toutes sortes de verres à la canne, coulés, en lame et généralement toutes les espèces dont cet établissement pourra être susceptible ;

« Affecter à l'approvisionnement de ladite verrerie 8,099 arpens trois quarts de bois à prendre dans les forets de Bitche, formant les 4e, 5e, 14e et 15e triages desdites forets, designés par l'art. XXXIII de l'arret d'aménagement du 18 juin 1771, aux offres de payer lesdits bois à raison de 12 et 18 sols la corde, 15 deniers pour livre et le sol de comptage ;

« Permettre à mesdits S^r et D^e de l'Aubespin de prendre dans les forets de Bitche, les pierres et le sable nécessaires, tant pour la construction des usines, que pour la formation des matières propres à fabriquer le verre ;

« Leur accorder, de préférence à tous autres et à titre d'ascensement perpétuel, tous les terrains incultes, qui seront jugés de nature à être défrichés, à charge d'un cens annuel de 7 sols par arpent ;

« Ordonner que ladite verrerie sera établie sous le titre de *verrerie royale de Sainte-Agricole,* et qu'à ce titre elle jouira des privilèges des établissements royaux. »

Cette requête souleva les réclamations les plus vives de tous les établissements industriels de la contrée, et des mémoires se succédèrent pour y mettre opposition : de la part des verreries de Meisenthal et de Gœtzenbruck, d'abord, de la société F. Lasalle et Cie, de Saint-Louis, ensuite, et en dernier lieu, de la part du baron de Dietrich, dont les usines

---

1. Le Schwolb de Cassini.

métallurgiques étaient situées hors du comté de Bitche, et qui offrit le prix excessif de 50 sols de France par corde de bois, pour la concession des triages de forêts, sollicitée par M. et Mme de Laubespin.

Au point de vue de l'intérêt des manufactures qu'ils exploitaient, ces opposants étaient dans leur rôle, sans doute; mais l'intérêt de la province et du Domaine de l'État était-il avec eux ?... Aussi bien, l'avis des officiers de la maîtrise particulière de Sarreguemines fut :

« Qu'il y a lieu de permettre à Mme de l'Aubespin d'établir une verrerie près de Hanvilliers, et d'y affecter pour son alimentation les 4e, 5e, 14e et 15e triages, tels qu'ils sont désignés par l'arret de réglement du 18 juin 1771, à charge par elle d'en payer 24 sols par corde, outre les 15 deniers pour livre et le sol de comptage. »

Néanmoins, le projet d'ériger une verrerie à Hanviller n'obtint pas gain de cause, et son échec paraît devoir être attribué à la grand'maîtrise des eaux et forêts de Lorraine et Barrois, dont l'avis — bien que son texte ne soit pas à la liasse[1] de l'affaire — est combattu par des lettres, notes, etc., des demandeurs. En somme cependant, il ne m'a pas été possible de découvrir l'avis officiel du Grand-Maître sur la requête de M. et Mme de Laubespin.

Glacerie de Mouterhausen. — Peu après la Révolution, en 1792, une société, dont était membre Préaudeau de Che-

---

1. Arch. nat., carton Q^1, n° 805.

milly, propriétaire de la cense de Mouterhausen[1], se constitua pour l'érection d'une manufacture de glaces et de cristaux dans la vallée de ce nom.

Le contrat d'association passé devant Mᵉ Pezet de Corval, notaire à Paris, le 28 août 1792, débute par l'exposé suivant :

« Les manufactures de glaces établies en France et dans le reste de l'Europe, malgré les succès dont leurs entreprises ont été couronnées, n'ayant pas encore réussi à donner à cette branche utile de commerce l'étendue dont elle est susceptible, et ce, à raison des entraves qui ont empêché ou au moins retardé sa marche, les susnommés ont pensé qu'il n'étoit pas impossible d'atteindre à ce point de perfection ; surtout si l'on parvenoit à se procurer à bon compte les matières de première nécessité, dont la rareté et le prix excessif ont déjà occasionné ou préparé la ruine de presque tous les établissements de ce

---

[1]. Avant la guerre de Trente ans, il y avait, sur la cense de Mouterhausen et dans les forêts adjacentes des mines et des usines métallurgiques, notamment une batterie de cuivre et une fonderie, près du château de Mouterhausen, au centre même de la cense. Tout avait disparu, dans les ravages de cette guerre et de celles qui la suivirent, jusqu'à la fin du xviiᵉ siècle. Il ne restait alors à Mouterhausen (le vieux) que quelques pans de murs du château et une chapelle, au-dessus de la porte de laquelle on voit encore aujourd'hui, sculptée, la date de 1505.

Au commencement du xviiiᵉ siècle, par des arrêts successifs, de 1717, 1720, 1723 et d'autres subséquents, le domaine de Mouterhausen avait été l'objet d'un acensement perpétuel, à charge d'y rétablir des usines, au roulement desquelles 24,320 arpents de bois furent affectés.

C'est à Jean-Frédéric Dithmar, receveur des finances du duc de Lorraine, que cet acensement fut originairement concédé, puis divers censitaires furent successivement subrogés à ses droits, et à la Révolution de 1789, il était possédé par Préaudeau de Chenilly.

genre, et si l'on parvenoit à attacher à l'entreprise des artistes distingués dont les talents éprouvés dans cette manipulation ne laissassent aux intéressés d'autres soins que de leur assurer des moyens.

« Pour réussir dans ce double objet, les sociétaires se sont réunis à MM. Loysel[1] et de Beaufort[2] dont les connaissances leur sont un sûr garant des succès qu'ils doivent leur procurer.

« Et ils se sont décidés à faire l'acquisition des forges de Mouterhausen, appartenant à M. Préaudeau de Chemilly, l'un des sociétaires. »

Le lendemain 29 août, fut passé devant le même notaire, le contrat de vente de la terre de Mouterhausen, pour le prix de 1,200,000 fr., plus la valeur des objets mobiliers à établir par inventaire, au profit de Christophe-Dominique-Marie Vincent, marquis de Spinola, noble génois, pour $\frac{2}{21}$; Charles-Philibert-Gaston de Levis de Mirepoix, à Paris, pour $\frac{2}{21}$; Eugène-Claude Préaudeau de Chemilly, à Bourneville, pour $\frac{7}{21}$; Pierre Loysel, correspondant de l'Académie des sciences, à Saint-Gobin, pour $\frac{2,1,5}{21}$; François de Beaufort, à Paris, pour $\frac{1,1,5}{21}$; Félix-Victor Amalric, ancien négociant de Pondichéry, à Paris, pour $\frac{6}{21}$.

Dès la campagne suivante, les travaux d'exécution durent commencer. Le plan de la glacerie de Mouterhausen, « approuvé pour être exécuté, à Paris le 13 mai 1793, l'an II de la République », est signé : P. Loysel, Eugène Chemilly, Levis Mirepoix. L'établissement (Pl. xi) touche à la cense

---

1. Correspondant de l'Académie des sciences, auteur d'un ouvrage intitulé *Essai sur l'art de la verrerie*.

2. Ancien directeur de la verrerie royale de Saint-Louis.

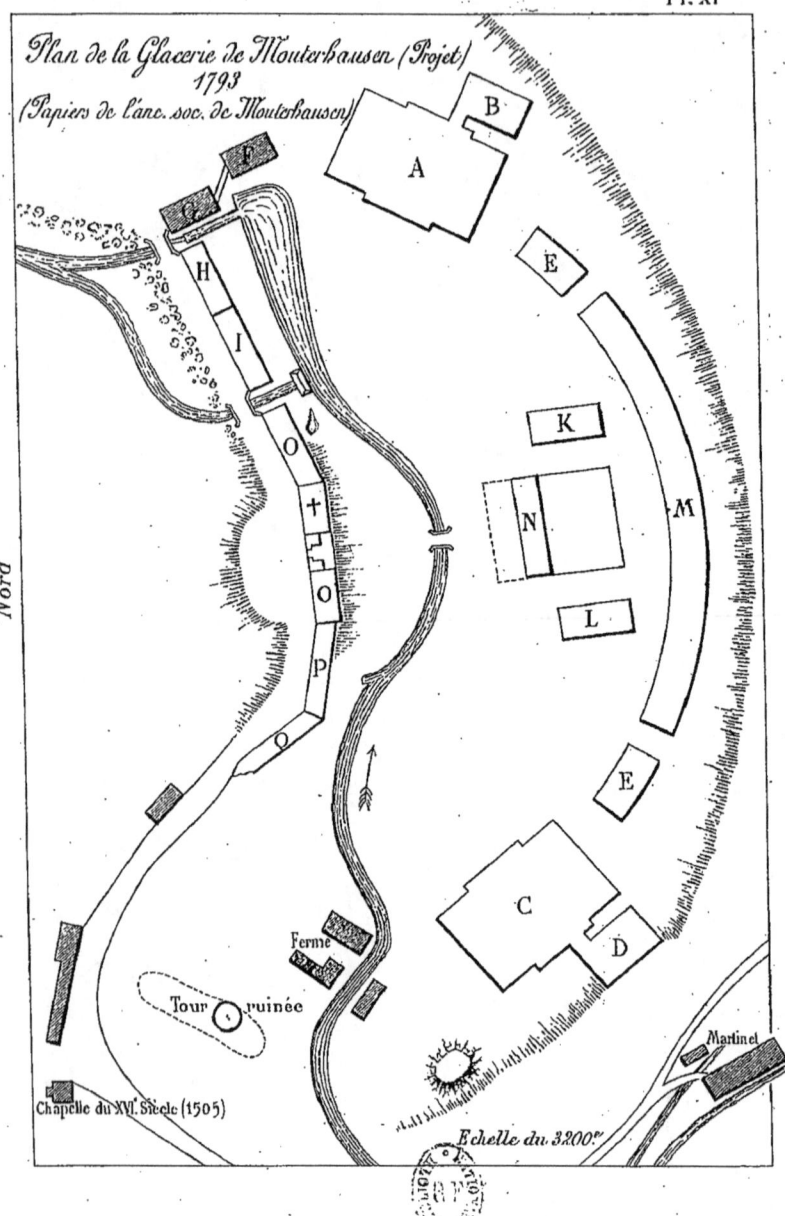

Renvois

- A   1ère Halle principale
- B   1ère Petite halle accessoire
- C   2me Halle principale
- D   2me Petite halle accessoire
- E,E   Attelier de l'équarri avec des logements au dessus
- F   Magasins à soudes
- G   Fondoir à soudes
- H   Saline
- I   Chambre de composition
- K   Atteliers aux terres
- L   Cassage de grés, préparation de l'emeri et de la potée, pompes à incendie
- M   Douci et poli
- N   Maison de la Société et Direction
- O,O   Logements d'Inspecteurs
- P   Attelier des faiseurs de panniers, charrons, forgerons
- Q   Ecuries
- †   Chapelle

même de Mouterhausen, c'est-à-dire à la ferme assise en avant d'une chapelle du xvie siècle ; il occupe toute la largeur de la vallée et une partie des rampes abaissées au niveau de celle-ci. On peut juger de son importance par la nomenclature suivante des bâtiments et ateliers qui le composent :

Deux grandes halles principales, ayant chacune une petite halle annexe ; deux ateliers pour l'équarri, avec logements au-dessus ; un magasin à soude, un fondoir à soude, une saline ; une chambre de composition ; un atelier aux terres ; un atelier de cassage de grès et de préparation de l'émeri et de la potée ; un vaste bâtiment pour le douci et le poli ; une maison pour la société et la direction ; deux corps de bâtiments pour logements d'inspecteurs ; des ateliers pour forgerons, charrons et vanniers ; enfin une chapelle.

Les événements de la Révolution, sans doute, n'ont pas tardé à mettre obstacle à la continuation des travaux commencés. Il n'y a pas plus de quarante ans que l'on en voyait encore quelques restes à l'entrée d'une petite gorge (Farigthal) qui débouche sur la droite de la vallée. Aujourd'hui tout a disparu, et cette grande entreprise est à peine un souvenir.

CHAPITRE V.

EXPLOITATION DES VERRERIES DU COMTÉ DE BITCHE.

Leur organisation. — Mode de fabrication. — Nature des produits fabriqués; leurs débouchés. — Privilèges des verriers.

J'ai rassemblé, au chapitre III notamment, ce que l'on connaît, aujourd'hui, sur les plus anciennes verreries des forêts de la seigneurie de Bitche, érigées, puis disparues longtemps avant la fin du XVIIe siècle, soit dans la vallée de la Schwolbe, soit dans celle de Muntzthal.

Ces trop brèves informations n'éclairent pas sur la manière dont se faisait l'exploitation de ces usines primitives. On reconnaît bien qu'elles étaient domaniales et affermées à des verriers, sous charge de redevances, qu'on y fabriquait toutes sortes de verres, à boire et des tablettes de verre pour fenêtres, comme nous l'apprend Th. Alix pour la colonie de Souabes travaillant le verre à Holbach en 1577; mais rien de plus.

Après l'incorporation du comté à la Lorraine, au XVIIe siècle, le Domaine continue à affermer les fabriques de verre qu'il fait ou permet de construire. Les baux, alors, se font au profit de maîtres de verrerie[1] qui dirigent l'exploitation, tout en prenant part au travail.

Mais au XVIIIe siècle, lorsqu'on voit se fonder, à des époques rapprochées, la verrerie de Meisenthal en 1704, celle de Gœtzenbruck en 1721, ces usines sont acensées à des associations d'un petit nombre de maîtres verriers, véritables sociétés ouvrières, — qu'on est quelque peu surpris de rencontrer, à cette époque, au milieu des forêts, — dont l'organisation offre des particularités qui méritent d'être recueillies, aussi bien que les procédés de mise en œuvre de la matière vitrifiée.

Après avoir obtenu du Domaine la permission d'établir leurs manufactures en des points déterminés des forêts, les maîtres verriers associés procédaient, à frais communs, à la construction de la halle et du four qu'elle devait abriter ; à l'abatage, dans les cantons voisins, du bois destiné à l'alimentation de ces fours, etc.

A cela se bornaient, à peu près, les effets de l'association. Chaque pot ou creuset du four, avec la partie correspondante de l'aire qui l'environnait et des autres dépendances, formait ce qui, en termes techniques, s'appelait une *place* de verrerie ou *verge*, et ces places se répartissaient à raison de une, quelquefois deux, par associé, suivant les conventions intervenues.

Chaque maître verrier, après avoir pourvu à la construc-

---

1. Les comptes du Domaine et ceux de la gruerie de Bitche ont conservé les noms de quelques maîtres de verrerie de Muntzthal et de La Soucht. (V. pièces justif. n°s 4 et 6.)

tion de son habitation, s'occupait de fabriquer lui-même sa potasse, avec du bois et des plantes brûlés dans les forêts, s'approvisionnait, en outre, des autres matières premières nécessaires, préparait sa composition et l'enfournait dans son creuset ; et, la fonte terminée, il travaillait lui-même son verre, aidé d'un souffleur ou compagnon, non pas sur des bancs, comme cela se pratique aujourd'hui, mais sur ses propres jambes, auxquelles étaient attachées deux petites planchettes, larges de deux pouces et garnies sur les bords de légères lames de fer [1].

A côté de la fabrication des verres de montres, qui était une branche d'industrie propre aux verreries précitées, elles se livraient en même temps à la production de la gobeleterie.

---

1. Voici ce que rapporte la Chronique de G. WALTER des fondateurs de la verrerie de Gœtzenbruck, en particulier :

„Alle waren Glasmacher, arbeiten alle selbst in der Glashütte, aber nicht wie man heut zu Tag das Glas auf Stühlen macht, sondern ein jeder auf seinen Beinen. Ein jeder hat zwei hölzerne Brettlein auf seinen Beinen angeheftet welche zwei Zoll breit waren und auf den Nebenseiten mit einem schmalen Eisen beschlagen; sowohl der Aufbläser als wie der Auftreiber hat jeder einer zwischen den andern eine Stange gegen dem Glasofen und seinen Obertrog gegen dem Platz, welchen man die Werst nannte, durch dieses war ein jeder vom andern unterschieden und arbeiten doch allzeit zwei miteinander, nämlich der Auftreiber und der Aufbläser. Auf diese Art arbeitete man in diesen Zeiten. Unsere Ältern und Vorältern, ich selbst habe auf diese Art gearbeitet in meiner jungen Zeit ;........

„Dieses schreibe ich, damit man in der Nachwelt noch Wissenschaft hat wie man in vorigen Zeiten gearbeitet hat in dem Glasmachen bis 1800. Da sind die Stühl zum Glasmachen in Meysenthal und Götzenbrück aufgekommen."

Chaque verrier opérait lui-même la vente des marchandises qu'il avait fabriquées. Les débouchés, pour les verres de montres, étaient la France et les autres pays étrangers. Les pièces de gobeleterie ne sortaient guère de la Lorraine et de l'Alsace, où elles étaient l'objet d'un colportage, qui se faisait quelquefois par les maîtres verriers eux-mêmes, ou par des membres de leurs familles, durant la saison du chômage nécessité par la reconstruction du four de la verrerie.

Le colportage du verre se pratiquait en Allemagne au temps de George Agricola (1494-1555), et l'on trouve dans son *Traité des métaux* [1] le dessin que reproduit la Planche xij en fac-similé. A l'exception du sabre [2], cette image est l'exacte représentation de l'équipement des marchands de verre ambulants, que l'on rencontrait encore, il y a moins de cinquante ans, sur les chemins du comté de Bitche.

Cette organisation originelle des verreries ne pouvait avoir une longue durée. Une place de verrerie, n'étant point partageable, devenait, à la mort de son propriétaire, un bien

---

1. GEORGII AGRICOLÆ.... *De re metallica, libri XII.* In-fol. Basileæ Helvet., MDCXXI ; p. 476.

2. Doit-on voir, dans le port de cette arme, un moyen de défense dans les contrées peu habitées où s'établissaient les verreries primitives, ou bien l'affirmation de prétentions nobiliaires ? On sait en effet que, dans certains pays, où les verriers étaient nobles, ou considérés comme tels, les personnes employées au transport des marchandises étaient de celles qui partageaient leurs privilèges ; et les colporteurs d'objets en verre, tout comme ceux qui travaillaient cette matière, avaient le nom de *verrier,* ainsi qu'en témoigne le vieux dicton : *Courir comme un verrier déchargé.*

que recueillaient indivisément[1] un certain nombre de ses héritiers. Ces nouveaux possesseurs n'étaient plus tous de réels maîtres verriers; d'autre part, le défrichement des terres et la culture de modestes métairies se mêlaient à la pratique de l'industrie; en sorte que, avec le temps et l'aisance générale due aux usines aidant, les descendants des premiers verriers du pays parvinrent à la situation de propriétaires exploitant en commun les manufactures qui existent aujourd'hui.

Mais pendant bien longtemps encore cette exploitation continua de se faire d'une façon peu favorable à leurs intérêts. Chacun, en effet, tout en contribuant aux charges générales et aux dépenses communes, fabriquait, ainsi que je viens de le dire tout à l'heure, ou faisait fabriquer, pour son compte particulier, telle marchandise qui lui convenait et en réalisait la vente de même, aux prix qu'il lui plaisait de fixer.

Ce n'est qu'en 1824 que ce mode vicieux d'exploitation prit fin. Il se forma alors, entre les 24 parsonniers, propriétaires des verreries de Meisenthal et de Gœtzenbruck, une véritable société industrielle, embrassant tous les détails de la production et du commerce des objets fabriqués. Elle dura jusqu'à la fin de l'année 1857, époque à laquelle elle se divisa en deux associations distinctes : à l'une furent

---

1. En parcourant les minutes antérieures à 1790 des notaires du bailliage de Bitche, on rencontre des actes portant vente de *place* de verrerie ou *verge*. — A l'*Appendice* se trouvent, sous les n°s 45 et 46, deux actes de vente de cette espèce, passés en 1766 et en 1768.

attribuées la propriété et l'exploitation de la verrerie de Meisenthal, à l'autre la propriété et l'exploitation de la verrerie de Gœtzenbruck.

Comme partout, les verreries établies dans le comté de Bitche y ont joui de certains privilèges, qu'elles n'ont complètement perdus qu'au cours du XIXᵉ siècle.

Dans les usines de la seigneurie, on ne trouve, au XVIᵉ siècle, d'autre privilège, au profit de leurs ouvriers, que l'exemption des corvées; cette faveur, — si l'on peut appeler ainsi une mesure sans laquelle l'exploitation d'un four de verrerie n'eût pas été possible, — chacun d'eux la payait d'une taxe annuelle (𝔉𝔯𝔬𝔥𝔫𝔤𝔢𝔩𝔱) de 30 gros. Les verriers des usines de Holbach, de Muntzthal, de Eidenheim étaient dans ce cas. C'était un bien modeste avantage et dont on se fait une idée par le droit, possédé de nos jours par tout contribuable, de payer ses prestations en argent, au lieu de les acquitter en nature.

Au XVIIᵉ siècle, les verriers de La Soucht ne sont pas investis de plus grands privilèges, si ce n'est du droit — aussi sous condition de redevance — de faire vainpâturer leurs bêtes rouges et de conduire leurs porcs à la glandée, dans les forêts.

Mais au XVIIIᵉ siècle, lorsque se créèrent les verreries de Meisenthal, puis de Gœtzenbruck, les fondateurs de la première de ces usines reçurent, par leur bail de 1704 [1], la

---

1. Pièce justif. nº 8.

promesse d'être mis en possession des avantages et des immunités acquis aux vieux établissements de la Lorraine proprement dite.

Plus tard, après l'incorporation de la Lorraine à la France, les lettres patentes du roi Louis XV [1], en vertu desquelles fut érigée la verrerie de Saint-Louis, accordèrent à ses entrepreneurs les mêmes exemptions et privilèges que ceux qui avaient été concédés aux verriers de Meisenthal.

Un état des privilèges dont jouissaient effectivement les trois verreries de Meisenthal, de Gœtzenbruck et de Saint-Louis, a été dressé, à la date du 27 novembre 1769, par le subdélégué au département de Bitche [2].

---

1. Pièce justif. n° 22.
2. Pièce justif. n° 47.

CHAPITRE VI.

VERRE CRISTALLIN ET CRISTAL A BASE DE PLOMB.

Découverte du verre cristallin à Murano. — Sa propagation dans divers pays d'Europe. — Découverte, en Angleterre, du cristal à base de plomb. — La verrerie de Saint-Louis introduit sa fabrication en France. — Le cristal à l'Académie royale des sciences. — Cristalleries de Sèvres, de Montcenis, de Vonêche.

L'invention du verre cristallin ou cristal silico-alcalin, d'abord, et, plus tard, celle du cristal à base de plomb, ont été la source de progrès importants dans la fabrication des produits de la verrerie. A ce titre, un véritable intérêt s'attache aux circonstances dans lesquelles ont été découvertes et se sont propagées ces espèces de verre.

Leur histoire appartient à la période qu'embrasse le présent travail.

Tout le monde connaît le caractère général de la verrerie de l'antiquité et du haut moyen âge, qui se résume en une matière, trop fréquemment verte ou au moins verdâtre, dont la transparence laisse souvent à désirer, et dans des formes d'une simplicité toute primitive. A l'apparition des nouveaux produits, les formes revêtent l'élégance et la variété, et la matière, plus blanche et plus transparente, se rapproche assez du cristal de roche pour en retenir le nom.

Vincenzo Lazari, qui attribue la première de ces découvertes à la famille vénitienne des Berovieri, constate, en même temps, que dès 1463 on rencontre le mot de cristal pour désigner ce verre perfectionné [1].

Un écrivain du XVIe siècle, Pierre Belon, du Mans, dont les informations ont le mérite d'avoir été recueillies sur place, nous apprend que c'était par un mélange de soude d'Alexandrie d'Égypte et de cailloux de Pavie, amenés sur le Tessin, que les verriers de Murano obtenaient la composition du plus fin cristallin [2].

Volcyr, seigneur de Serouville, en Barrois, secrétaire du duc Antoine (1508-1544), le premier écrivain qui se soit occupé des manufactures de verre des duchés de Lorraine et de Bar, ne manque pas de distinguer le cristal du verre ordinaire :

« Pareillement les voirreries sont par tous les quantons dudict parc d'honneur (la Lorraine), à grosse abondance et diverses espèces de besongnes comme premièrement appert es boys d'Argonne au bailliage de Clèremont près des limites de Cham-

---

1. *Gazette des beaux-arts,* octobre 1861; p. 326.
2. Dans la campagne d'Alexandrie, dit Pierre BELON, croît l'herbe que les Arabes nomment *kali,*

« ....Laquelle ceux du pays font desseicher pour brusler, d'autant qu'ils n'ont que bien peu de bois ; et en cuisant la chaux avec ceste herbe, ont double gain : l'un est qu'ils portent la chaux vendre en Alexandrie, l'autre est qu'ils gardent soigneusement les cendres de l'herbe que nous nommons de la soulde qu'ils vendent aux Venitiens. Elles s'endurcissent comme pierres et en font grand amas, tellement qu'ils en peuvent charger les nauires des marchands qui les viennent trouuer pour porter à Venise pour en faire les verres de cristallin. Ceux qui font les verres à Maran (Murano) de Venise les meslent avec des cailloux qu'ils font apporter de Pauie par le Tesin, lesquels proportionnez avec la cendre font la paste du plus fin verre cristallin. » (PIERRE BELON, *Les Observations de plusieurs singularitez et choses mémorables trouuées en Grèce, Asie, Iudée, Égypte, Arabie et autres pays estranges.* In-4o. Paris, 1555 ; fol. 97.)

paigne en Gaulle, là où l'on fait plusieurs sortes de voirres fins en la semblance de christallins, et d'autres voirres communs, autant que l'on sauroit souhaicter[1]... »

La fabrication du verre cristallin se répandit bientôt dans tous les pays d'Europe.

Dans les verreries françaises, les ouvriers substituaient aux cailloux le sable d'Étampes, qu'ils trouvaient d'un emploi meilleur[2].

La Bohême était trop riche en potasse et en quartz de la plus remarquable pureté, pour ne pas arriver promptement à un rang supérieur parmi les pays producteurs de cristal.

A l'imitation des usines de Murano, celles d'Angleterre recoururent aux cendres du Levant et aux cailloux ou au silex calcinés, pour la fabrication du verre cristallin, ce qui lui valut, dans ce pays, le nom de *flintglass* (*flint*, silex — *glass*, verre). Cependant, l'emploi du silex ne paraît pas s'être généralisé, car le docteur anglais Merret (1614-1675), qui a annoté *L'Arte Vitraria* du Florentin Neri, fait cette observation que :

« Le cristal exige un *sable* tendre, mou et blanc; pour le verre commun, il faut qu'il soit plus dur et semblable à de la limaille[3]; »

---

1. *Cronicque abregee Par petis vers huytains des Empereurs, Roys et ducz Daustrasie.....* Petit in-4°. Paris, s. d. (1530 ?).

2. « Mais les François ayants n'a pas longtemps commencé à faire les verres cristallins, ont fait servir le sablon d'Estempes au lieu des cailloux du Tesin que les ouvriers ont trouué meilleur que ledict caillou de Pauie. Mais ils n'ont encore sceu inventer chose qui puisse servir au lieu de la susdicte cendre, ains faut qu'ils aillent en acheter en Provence. Ceste chose nous fait penser que ce soit la mesme qu'ils apportent de Syrie par la mer. » (PIERRE BELON, *op. cit.*, fol. 97.)

3. *Art de la verrerie de* NERI, MERRET et KUNCKEL... Traduction du baron d'HOLBACH. In-4°. Paris, MDCCLII ; p. 17.

puis celle-ci :

« Parmi nous, en Angleterre, nous faisons usage de trois différentes sortes de frittes. La première est la fritte du cristal, elle est composée de sel de roquette et de *sable*... [1]. »

Quoi qu'il en soit, l'expression de *flintglass* est restée.

M. G. Bontemps assigne la date de 1557 à la première fabrique de *flintglass* qui s'établit en Angleterre[2]. D'après les précédentes observations de Merret, ce n'était encore qu'un verre silico-alcalin.

Plus tard, les Anglais enrichirent l'industrie du verre d'un produit nouveau : le *flintglass* à base de potasse et de plomb. On ne sait rien de précis sur les origines de cette importante innovation, à laquelle l'art du verrier est redevable de si remarquables progrès. Le nom de l'inventeur est complètement inconnu, et l'on en est réduit à des suppositions sur l'époque à laquelle il réalisa sa découverte. M. G. Bontemps, qui a passé de longues années dans les établissements verriers de l'Angleterre, et qui se trouvait en bonne situation pour y recueillir toutes les informations connues, ne peut citer aucun document, ni matériel, ni écrit, sur l'origine du *flintglass* à base de plomb. Après bien des inductions, qui s'enchaînent de façon plausible et logique, sans doute, mais qu'aucun fait ne rattache aux circonstances dans lesquelles le plomb est devenu d'un

---

1. *Art de la verrerie de* NERI, MERRET et KUNCKEL... Traduction du baron d'HOLBACH. In-4º. Paris, MDCCLII ; p. 36.

2. *Guide du verrier*. Gr. in-8º. Paris, 1868 ; p. 527.

emploi industriel, dans la composition du verre cristallin, il n'aboutit qu'à cette conclusion conjecturale que :

« Ce fut *sans doute vers* la fin du XVIIe siècle que ce verre fut régulièrement fabriqué ; car *vers 1750*... le *flintglass* à base de plomb *semblait* être d'un usage courant pour le service de table, etc. [1]. »

Les détails circonstanciés de la découverte de ce que la nomenclature actuelle de la verrerie désigne sous le nom de *cristal*, et des commencements de sa production industrielle, sont donc loin d'être connus, et attendent de nouveaux documents pour prendre place dans l'histoire du verre. Un seul point est certain, c'est que les usines d'Angleterre sont le berceau du cristal dont la fabrication a pris, de nos jours, une si grande extension [2].

Elle passa de bonne heure sur le continent, et le premier cristal français sortit des fours de la verrerie royale de Saint-Louis, établie sur la cense domaniale de Muntzthal, au comté de Bitche.

La date précise à laquelle ce résultat fut acquis ne paraît pas connue des écrivains qui, depuis le commencement du

---

1. *Op. cit.*, p. 528.
2. On s'est demandé, cependant, si le cristal n'avait pas déjà été un produit de l'industrie et un objet de commerce chez les anciens. Cette question a été trop bien étudiée et résolue avec trop d'autorité par M. Eug. PELIGOT pour que je songe à autre chose qu'à renvoyer le lecteur au chapitre qu'il lui a consacré dans *Le Verre, son histoire, sa fabrication*. In-8º, Paris, 1877 ; pp. 350-364.

siècle, ont pensé la fixer [1] ; aussi, leurs indications sur ce point de l'histoire des arts industriels sont-elles loin de se

---

1. On en peut juger par les citations qui suivent :
Dans une statistique officielle, imprimée l'an XI, on lit :
« D'abord dans la verrerie de Saint-Louis, la fabrication s'étoit bornée à une faible imitation des verres blancs de Bohême ; c'était déjà un succès pour la France, qui jusqu'alors ne s'étoit procuré ces objets qu'en exportant des sommes considérables, mais en 1783, le citoyen Beaufort, directeur de l'usine, parvint à faire du cristal approchant du *flintz-glass* des Anglais ; dès ce moment elle a changé de face... » (*Mémoire statistique du département de la Moselle, adressé au ministre de l'intérieur d'après ses instructions*, par le citoyen COLCHEN, préfet de ce département. In-folio, imprimerie de la République, an XI ; p. 157.)

Ce mémoire est l'œuvre de MM. HÉRON DE VILLEFOSSE, inspecteur général des mines, et VIVILLE, secrétaire général de la préfecture de la Moselle.

J. AUDENELLE, à la page 121 de son *Essai statistique sur les frontières du Nord-Est de la France* (1 vol. in-8°, Metz, 1827); A. HUGO, à l'article *Moselle* de la *France pittoresque* (3 vol. gr. in-8°. Paris, 1835), reproduisent, en les abrégeant, les renseignements fournis par le *Mémoire* précédent.

A. HUGO ajoute, à l'article *Saône-et-Loire* :
« La manufacture royale des cristaux de Mont-Cenis avait été fondée à Sèvres en 1786, sous le titre de Manufacture des cristaux de la Reine. Elle était spécialement protégée par la reine Marie-Antoinette. »

En 1823, dans un rapport sur une exposition industrielle départementale, organisée à Metz, par la *Société des lettres, sciences et arts* de cette ville, le capitaine PONCELET, devenu, plus tard, le savant général de ce nom, dit que :
« La fabrication des cristaux en France ne date que d'une trentaine d'années, et c'est le département de la Moselle qui a la gloire de l'y avoir introduite... »

(*Société des lettres, sciences et arts de Metz*, IV° Ann. Metz, 1823 ; p. 126.)

Dans le *Guide du verrier*, par M. G. BONTEMPS, on lit à la page 529 :
« Ce ne fut qu'en 1784 qu'un verrier français, M. Lambert, résolut d'introduire en France cette fabrication (du cristal) et fit bâtir à cet effet, à Saint-Cloud, un petit four à cristal d'après les procédés anglais à pots couverts...
« Une autre verrerie, Munsthal ou Saint-Louis, près de Bitche (Moselle), avait aussi commencé à fabriquer, vers 1790, du cristal à base de plomb, mais fondu au bois et à pots ouverts. »

M. Jules MAGNY n'est pas complètement du même avis que le précédent auteur :
« En 1784, écrit-il, un verrier français, nommé Lambert, faisait construire à Saint-

trouver d'accord entre elles. Mais l'incertitude, résultant d'affirmations contradictoires, disparaît à la lecture de pro-

---

Cloud le premier four à cristal qui ait existé en France. Vers la même époque, on en établit un second dans la verrerie de Saint-Louis (Moselle). »

(*Histoire d'un morceau de verre.* 1 vol. in-12, Paris, 1869; p. 201.)

Suivant M. TURGAN :

« La fabrication du verre à base de plomb passa en France en 1784 et élut domicile à Saint-Cloud, où fut établi le premier four anglais... En 1785, M. de Beaufort, directeur de la verrerie de Saint-Louis, fit faire du cristal à base de plomb qu'il présenta à l'Académie des sciences. »

(*Les Grandes usines.* Paris, s. d. ; t. III, pp. 284-288.)

M. Philippe BURTY place aussi à Saint-Cloud le siège de la première fabrication du cristal en France.

« Le premier four pour verre à base de plomb fut installé en France à Saint-Cloud, là où 40 ans auparavant avait été installé un des premiers fours à porcelaine à Saint-Cloud; ce qui en sortait s'appelait *cristaux de la Reine.* »

(*Chefs-d'œuvre des arts industriels.* 1 vol. gr. in-8º, Paris, s. d. ; p. 287.)

M. Louis FIGUIER fournit, sur la date et le lieu de la première fabrication de cristal en France, des informations exactes, mais il y ajoute des détails d'exécution qui ne le sont pas. (*Les Merveilles de l'industrie.* 4 vol. gr. in-8º, Paris, s. d. ; t. Iᵉʳ, p. 79.)

Dans le substantiel ouvrage sur la verrerie : *Le Verre, son histoire, sa fabrication,* de M. Eug. PÉLIGOT, on lit à la page 349 :

« ... Ce ne fut qu'en 1784 qu'un four à cristal à pots couverts, d'après la méthode anglaise, fut établi à Saint-Cloud, près Paris, par M. Lambert. Quelques années plus tard, cette usine était transportée à Montcenis, puis au Creusot, sous le nom de *Verrerie de la Reine...*

« Vers la même époque, le cristal *fondu au bois et à pots découverts* était fabriqué dans la verrerie de Saint-Louis, dans le département de la Moselle, que la guerre de 1870 nous a ravi. En 1787, le directeur de cette usine, M. de Beaufort, présentait à l'Académie des sciences différentes pièces à l'imitation du *flintglass* des Anglais. Un rapport de Macquer et de Fougeroux de Bondaroy, conservé dans les archives de cet établissement, constate la bonne qualité de ces produits... »

Le millésime ci-dessus de 1787 ne peut être que le résultat d'une erreur de copie ou d'une faute d'impression, car à cette date, Macquer, l'un des auteurs du rapport présenté à l'Académie, était mort depuis 3 ans (15 février 1784).

Les remarques précédentes étaient écrites, lorsque j'ai eu connaissance de l'*Histoire de la Verrerie et de l'Émaillerie,* publiée au commencement de 1886, par la librairie Mame et fils, de Tours. A la page 244 de cet ouvrage, l'auteur reproduit l'erreur que je viens de signaler, au sujet

cès-verbaux consignés aux registres de l'Académie royale des sciences, et qui sont transcrits ci-après *in extenso*.

EXTRAIT DES REGISTRES

DE L'ACADÉMIE ROYALE DES SCIENCES

SÉANCE DU SAMEDI 1ᵉʳ SEPTEMBRE 1781.

« M. de Beaufort a présenté plusieurs échantillons de verre semblable au cristal d'Angleterre. MM. Macquer et Fougeroux ont été chargés d'en rendre compte. »

SÉANCE DU SAMEDI 12 JANVIER 1782.

Rapport de MM. Macquer et Fougeroux.

« L'Académie nous a chargés d'examiner les différentes pièces de cristal à l'imitation de celui d'Angleterre, que lui ont présentées MM. Lasalle l'aîné et Compagnie, propriétaires des ver-

---

du millésime de 1787, et se trompe, en outre, en assignant la date de 1785 à la fondation de l'établissement verrier de Saint-Louis.

Au chapitre IV ci-dessus, il a été établi que cette usine a été construite sur la cense domaniale de Muntzthal, au comté de Bitche, en vertu d'un arrêt du Conseil d'État, de lettres patentes et d'un contrat d'acensement, des 17 février, 4 et 18 mars de l'année 1767, et qu'avant la fin de 1768, elle avait des fours en activité. Dans les extraits des procès-verbaux des séances de l'Académie royale des sciences, transcrits aux pages qui suivent, on trouvera les preuves que, dix ans après, vers 1778, Saint-Louis livrait déjà au commerce des cristaux à base de plomb, et que c'est en 1781 que ces nouveaux produits ont été soumis à l'appréciation du corps savant.

reries royales de Saint-Louis, et M. de Beaufort, directeur desdites verreries.

« Ces pièces consistent en différens verres à boire et gobelets, carafons, cristaux pour les montres et boules destinées à faire ces cristaux.

« Celles de ces pièces qui sont pour l'usage de la table sont ornées de plusieurs dessins de fleurs, de feuillages et autres travaillées à l'outil, au tour et à la molette, comme on en voit sur les pareilles pièces de cristal anglais.

« Pour faire la comparaison que nous désirions, l'un de nous s'est transporté au magasin du Petit-Dunkerque, tenu par le sieur Granchés, où l'on trouve un bel assortiment de toute espèce de bijouterie d'Angleterre, et, spécialement, ce qu'il y a de plus beau en cristaux de ce pays.

« Les verres à boire et carafons anglais étaient mêlés, dans ce magasin, avec de pareilles pièces du cristal du sieur Beaufort, et avec quelque soin que nous les ayons examinés, la blancheur, la netteté, la belle transparence, le poids et le son de tous ces cristaux nous ont paru si semblables, qu'il ne nous a pas été possible de distinguer les cristaux anglais d'avec les français, et que nous avons été dans le cas de nous en rapporter au sieur Granchés pour faire l'acquisition de pièces bien certainement anglaises, que nous voulions nous procurer pour en faire en particulier la comparaison que nous avions en vue.

« Cette comparaison nous a confirmés dans l'idée que nous avions déjà de la ressemblance du nouveau cristal de France avec celui d'Angleterre.

« On sait que jusqu'à présent nous avons été obligés de tirer de ce pays les beaux verres de montres et que ceux qui sont faits dans nos verreries de France leur sont très inférieurs pour la netteté et pour le service, ces derniers dont le prix est aussi fort inférieur, étant sujets à perdre en peu de temps leur poli et leur transparence par une infinité de petites gerçures qui s'y font, défaut que le vulgaire désigne en disant que ces verres sont sujets à jeter leur sel, et qu'on leur procure en un instant en les chauffant à un certain degré, c'est même une épreuve aussi sûre que prompte pour distinguer les verres de montres français d'avec les anglais.

« Nous avons fait cette épreuve sur des verres de montres du sieur Beaufort, et ils l'ont soutenue aussi bien que ceux d'Angleterre ; aussi, depuis quelques années, un fabricant de verres de montres à Londres, qui est venu s'établir ici, ne tire-t-il plus que de la verrerie de Saint-Louis les boules de cristal dont il se sert pour fabriquer ces verres ; il n'en tire plus d'Angleterre, et les cristaux de montres de sa fabrique, qui est devenue très considérable, sont employés par nos horlogers comme cristaux anglais.

« Nous ajouterons à cela que l'un de nous a fait essayer le cristal du sieur Beaufort à la manufacture de porcelaine du roi, établie à Sèvres, dans les procédés de couleur pour lesquels jusqu'à présent on n'a pu employer que du cristal d'Angleterre, parce qu'aucun de ceux qu'on a essayé d'y substituer n'a pu le remplacer, et que le cristal du sieur Beaufort a eu un plein succès.

« On sait que le cristal d'Angleterre a une fort grande pesanteur spécifique, et qu'elle est due à une quantité considérable de minium ou de quelque autre chaux de plomb, qui entre dans la composition de ce cristal. Il y a encore à cet égard une ressemblance très marquée entre le nouveau cristal de France et celui d'Angleterre, et cela donne lieu d'espérer que si le sieur Beaufort augmente beaucoup dans sa verrerie la fabrication de son cristal, dont il n'a encore fait jusqu'à présent que des essais, il se trouvera que sur un grand nombre de pots il y en aura quelques-uns dont la matière sera assez nette pour être employée dans les objectifs des lunettes achromatiques, comme cela est arrivé au cristal d'Angleterre.

« Ces différentes considérations et observations nous font penser que le nouveau cristal du sieur Beaufort mérite l'approbation de l'Académie, et que l'on ne peut que l'encourager à suivre et à augmenter un objet de fabrication qui probablement procurera de l'avantage à notre commerce, et pourra même devenir utile aux sciences.

« Signé : Macquer et Fougeroux de Bondaroy. »

Il appert des procès-verbaux ci-dessus que la verrerie royale de Saint-Louis s'est livrée à la production industrielle du cristal à base de plomb dès 1781 et même, suivant les propres expressions du précédent rapport, *quelques années* avant cette époque; et, en 1823, M. Poncelet proclamait avec raison que :

« C'est le département de la Moselle qui a la gloire de l'avoir introduite en France [1]. »

Dans la notice consacrée plus haut (chap. IV) à l'usine de Saint-Louis, j'ai déjà mentionné que, en récompense de son succès, il lui avait été accordé, par arrêt du Conseil du 25 mai 1784, un supplément d'affectation de 2,323 arpents de bois pour son alimentation. Le nouveau verre, en effet, se fondait au bois et dans des pots ouverts, suivant la méthode de toutes les verreries du pays ; mais non pas par les procédés anglais, comme l'écrit, par erreur, M. Louis Figuier [2], ni dans des pots couverts, comme le rapporte l'*Encyclopédie chimique* [3].

---

1. V. *suprà, ad notam.*
2. *Op. cit.,* p. 79.
3. T. V, 5ᵉ fasc., p. 346.

Au cours de la même année 1784, le verrier Lambert fit bâtir à Saint-Cloud, près Paris, un petit four à cristal, d'après les procédés anglais, à pots couverts [1] et, en 1786, il fonda, sous le titre de Manufacture de cristaux de la Reine, la verrerie de Sèvres, qui fut bientôt transférée à Montcenis [2].

Quelque temps après M. de Beaufort, M. d'Artigues dirigea les travaux de la manufacture de Saint-Louis, puis, en 1800, il alla fonder une cristallerie à Vonêche, près de Givet.

Tels sont les progrès faits sur le continent, dans le dernier quart du XVIIIe siècle, par la fabrication du *flintglass* à base de plomb, inaugurée en Angleterre [3].

Aujourd'hui, en France, dans le commerce comme dans

---

1. G. Bontemps, *Guide du verrier*, p. 549.
2. A. Hugo, *La France pittoresque*, article *Saône-et-Loire*.
3. Ce n'est qu'au siècle suivant, en 1819, que la fabrication du cristal fut introduite dans l'usine de Baccarat. En vertu d'un arrêt du Conseil, en date du 16 octobre 1764, et de lettres patentes de Louis XV, conformes, en date du 23 mai 1765, Mgr de Montmorency-Laval, évêque de Metz, avait érigé à grands frais (535,667 liv.) la verrerie de Baccarat, dans la châtellenie de ce nom, qui appartenait au temporel de son évêché.

L'année suivante, en vertu d'un acte notarié, du 11 juin, la propriété de la verrerie se partageait, par tiers, entre l'évêque, M. de Corny et Antoine Renault, avocat en la Cour souveraine de Lorraine et Barrois. (Arch. départ. de Metz, série G, n° 59.)

Renault acheta la part de Mgr de Montmorency le 9 juillet 1773, conduisit l'entreprise jusqu'en 1789, mais, ruiné par la Révolution, il fut exproprié, et la manufacture passa à M. Lipmann d'abord, puis à M. d'Artigues, qui l'acquit en 1816 et y commença, trois ans après, la fabrication du cristal. (*Le Correspondant*, août 1866.)

l'industrie du verre, les anciennes dénominations se sont modifiées : les produits sans plomb conservent le nom de *verre commun* ou *ordinaire* et de *verre fin,* suivant leur qualité. Le nom de *cristal* ne s'emploie que pour le verre qui contient environ un tiers de son poids de plomb ; cependant le mot s'applique encore aux beaux verres sans plomb, de Bohême, blancs ou colorés. Il se fabrique aussi en Belgique un *demi-cristal,* dont le nom suffit à indiquer la composition. Quant au *flintglass,* c'est un verre plus chargé en plomb que le cristal, et qu'emploient les opticiens, conjointement avec le *crownglass,* qui est un verre de qualité supérieure, à base de chaux.

CHAPITRE VII.

VERRERIES LIMITROPHES DU COMTÉ DE BITCHE.

Montbronn (Principauté de Lixheim). — Ludwigsthal, Obermattstall et Hochberg (comté de Hanau). — Wingen et Kalenburg ou Rosteig (comté de La Petite-Pierre). — Schüsselthal (comté de Hanau?).

La seigneurie de Bitche se trouvait située au centre de contrées couvertes de forêts où, durant des siècles, s'exploitèrent des manufactures de verre. Ce dernier chapitre est destiné à réunir quelques notions sur les établissements de cette nature, qui formaient comme une ceinture autour de ses frontières, dont un seul a atteint le XIXe siècle, pour s'éteindre, à son tour, en 1868.

Verrerie de Montbronn. — Située à l'Ouest, dans la forêt de Nassenwald, cette usine appartenait topographiquement au groupe des verreries de la vallée de Muntzthal ; je ne l'ai pas classée parmi ces fabriques parce que Montbronn et son territoire n'étaient pas du comté de Bitche ; c'était une enclave faisant partie de la principauté de Lixheim[1]. L'exis-

---

[1]. On sait que Montbronn était autrefois un fief du Palatinat du Rhin. En 1623 il fut acheté par le duc Henri II de Lorraine, qui l'an-

tence de cette verrerie a été, d'ailleurs, de bien courte durée. Établie en vertu d'un acensement de la Chambre des comptes, du 21 août 1723, passé au profit de Pierre Kauffelt, Valentin Strauss et Maurice Zimmermann, son exploitation ne s'est maintenue que pendant 14 mois, après lesquels un premier arrêt, puis un second, du 25 mai 1729, ont ordonné qu'elle serait démolie [1].

Verreries de Ludwigsthal. — Au Nord, dans le bailliage de Limberg (ou Lemberg), deux verreries, peu éloignées l'une de l'autre, étaient établies dans la vallée du Ludwigsthal. La feuille 161 de la carte de Cassini en fait connaître les situations.

Verrerie de Obermattstall. — En cheminant du Ludwigsthal vers l'Est, on rencontrait cette verrerie au bailliage de Kutzenhausen, qui était au démembrement de la baronnie de Fleckenstein. Concédée, il y a aujourd'hui plus de trois siècles [2], à titre d'Emphytéose, et sous un cens annuel, aux auteurs d'un sieur Grenier [3], l'usine avait pris le nom

---

nexa à la principauté de Lixheim, dont il suivit les destinées; il ressortissait au bailliage royal, dont la ville de ce nom devint le chef-lieu, à la création des bailliages royaux, en 1751.

1. V. *Procès-verbaux de tous les bois et forêts et droits du domaine de S. A. R. aliénés dans l'étendue de cette principauté de Lixheim,* 22 juillet-13 septembre 1729. (Arch. nat., carton Q^1, n° 818.)

2. Elle se trouve inscrite sur la carte de l'*Alsatia inferior* de Daniel Specklin, de 1576.

3. Ce nom de Grenier, que fait connaître le baron DE DIETRICH, ne serait-il pas une forme française du nom allemand Greiner qui était celui de bien des verriers du comté de Bitche? Dans ce cas, Martin

Pl. xij

UN COLPORTEUR DE VERRE AU XVIᵉ SIÈCLE.

(Georges Agricola, 1621.)

d'un bourg ruiné, sur l'emplacement duquel on l'avait bâtie[1].

Le landgrave de Hesse-Darmstadt, dernier possesseur (1736-1789) du bailliage de Kutzenhausen et de tout le comté de Hanau, affectait au service de la verrerie la forêt du ban de Obermattstall, moyennant un revenu de 50 florins en argent et 10 florins environ en produits manufacturés. Mais ce canton de bois étant insuffisant, l'usine ne roulait que d'une façon intermittente.

Ainsi que je l'ai dit précédemment[2], cette verrerie, qui fabriquait du verre à vitres et de la gobeleterie ordinaire, était, avant la Révolution, affermée à Jacques Seiler, de La Petite-Pierre (Lutzelstein) et Joseph Burgun, de Meisenthal ; leur bail prenait fin en 1788. Éteinte provisoirement à cette date, les événements de la Révolution ne lui permirent pas de se relever.

Aujourd'hui il reste sur son emplacement un petit hameau qui a conservé le nom de *Glashutte*[3].

Verrerie de Hochberg. — Il y a moins de vingt ans que l'on voyait encore en activité, dans la vallée de la Moder

---

Greiner, maître verrier de Muntzthal, au commencement du XVIIe siècle, pourrait bien avoir appartenu à la famille de l'emphytéote de Obermattstall.

1. *Propinqua ei (Nieder-Mattstall) officina est vitraria quæ vici destructi Ober-Mattstall nomen retinet.* (D. SCHŒPFLIN, *Alsat. illust.*, t. II, p. 246.)
2. V. *suprà*, chap. IV.
3. Carte de l'État-major, f. 54.

(branche méridionale), la verrerie de Hochberg (autrefois de Hanau), érigée dans les commencements du XVIIIe siècle, près de la montagne de ce nom, au bailliage d'Ingwiller, en vertu d'un bail emphytéotique émanant de Jean Reinhard, dernier comte de Hanau-Lichtenberg.

Par ce contrat, daté du 25 février 1715, le verrier Jean Adam Stenger (dont le père, Jean-Jacques Stenger, dirigeait, tout près de là, une verrerie au Kalenburg), qui s'engageait à établir une verrerie et une ferme, se trouvait investi d'importants privilèges : droit au bois de chêne pour tous les bâtiments à élever, droit à tous les produits en bois de hêtre et en bois blancs, de la forêt de Huttenwald, pour l'affouage de l'usine, etc., mais à charge, par lui, de construire à ses frais la verrerie et la ferme, et de faire annuellement au comte un payement de 225 florins et une fourniture de mille feuilles de verre à vitres.

A la mort de J. A. Stenger, son fils, François Stenger, et ses gendres Pierre Brumm et Bartholomé Graesselé héritèrent de l'Emphytéose, mais, en vertu d'un droit de retrait, stipulé au bail de 1715, les parts des deux premiers firent retour au landgrave de Hesse-Darmstadt qui, en 1736, avait succédé au comte Jean Reinhard, et en 1773, la troisième part passa à M. François Wittmeyer, par son mariage avec la fille de B. Graesselé. M. F. Wittmeyer loua les deux autres tiers de la verrerie et l'exploita, en payant au landgrave les deux tiers du bois affecté à son roulement.

La Révolution de 1789 n'amena d'abord d'autre changement que la transmission des droits du landgrave à la nation française; mais en 1808, à la suite d'une licitation provoquée par l'État, M. F. Wittmeyer devint adjudicataire de la totalité de l'Emphytéose.

A la mort de cet industriel, survenue en 1816, la verrerie de Hochberg, avec tous les droits et privilèges qui y étaient attachés, fut acquise par la société Chrétien et Henri Teutsch, à laquelle succéda, en 1855, celle de MM. Victor et Édouard Teutsch, fils de M. Henri Teutsch, et qui, durant plusieurs années, avaient collaboré à l'exploitation de l'usine.

Pendant un demi-siècle, ces deux sociétés réalisèrent de notables progrès dans la quantité et dans la qualité de leurs produits, consistant en verre à vitres. La première y avait introduit la fabrication du verre de couleur en feuilles; la seconde préparait de nouveaux développements lorsque, en suite d'un décret impérial du 19 mai 1857, les droits d'affouage et de marnage qui grevaient la forêt de Huttenwald au profit de la verrrerie, furent l'objet d'un cantonnement, réalisé en 1860. Cette expropriation altérait profondément les conditions d'existence de l'usine; elle dut commencer par réduire sa production, pour éteindre définitivement ses fours en 1868 [1].

Ce fut la fin de la fabrication du verre à vitres dans le département du Bas-Rhin.

---

[1]. Je dois de sincères remercîments à M. Édouard TEUTSCH, ancien député, aujourd'hui trésorier-payeur général du département des Vosges, pour les informations, si complètes, sur la verrerie de Hochberg et sur les usines similaires de la vallée de la Moder, qu'il a bien voulu me communiquer, avec une obligeance inépuisable.

Verrerie de Wingen. — La verrerie de Hochberg était assise près des limites des possessions alsaciennes du comté de Hanau, qui les séparait du comté de La Petite-Pierre, appartenant alors à la maison Palatine. Sur ce dernier domaine, à quelques kilomètres en aval de l'usine de Hochberg, existait le hameau de Wingen, ressortissant à la prévôté de Lohr, et dont le nom se lit déjà sur la carte d'Alsace de D. Specklin (1576). C'était autrefois un centre de quelque importance, mais, au milieu du XVIIIe siècle, il ne s'y trouvait plus que les restes d'un ancien monastère, représenté encore, à l'époque actuelle, par la petite église du village de Wingen et le bâtiment y attenant, quelques censitaires et une usine [1] (une verrerie, sans aucun doute) aujourd'hui complètement disparue, et dont l'emplacement, peu certain, est indiqué par une carte du temps [2].

A la même époque où s'inaugurait l'établissement de Hochberg, un nommé Jean Krebs s'installait sur les terres de Wingen, opérait des défrichements et construisait une scierie, puis une verrerie, celle qui vient d'être mentionnée. Par trois baux emphytéotiques partiels, des 22 décembre 1714, 9 avril 1715 et 12 mars 1716, réunis ensuite en un seul, du 18 décembre 1724, les comtes palatins, Théodore et Chrétien III, accordaient à Jean Krebs d'importants privilèges, notamment celui de prendre gratuitement dans

---

1. « *Wingen superioris sæculi bellis priscum suum florem adeo amisit ut jam præter officinam et emphyteutas quosdam cum veteris monasterii vestigiis, nihil supersit.* » (D. Schœpflin, *Alsat. illust.*, t. II, p. 198.)
2. Carte de Cassini, f. 162.

la forêt de Wingen tous les bois de chauffage hêtre et tout le bois de maronage nécessaires à la verrerie et à la cense.

J. Krebs exploita l'ensemble de ses concessions jusqu'à sa mort, qui paraît être survenue avant 1752. Mais après lui, le 27 décembre 1752, ses trois gendres, Jacques Stenger, Jean-Jacques Allenbach et Pierre Brumm, obtinrent, à leur profit personnel, un nouveau bail qui les investissait de l'Emphytéose, au détriment de leurs enfants mineurs. Cet acte stipulait, sur les délivrances de bois à recevoir, une réduction considérable, qui eut pour conséquence la cessation, en 1758, du travail de la verrerie.

Plus tard, sur la protestation des petits-enfants de P. Brumm, le Conseil souverain d'Alsace, par arrêt du 5 juin 1787, prononça la nullité du bail de 1752, et les emphytéotes songèrent à relever la verrerie. Mais après 1789 et la transmission à la France de la souveraineté du comté de La Petite-Pierre, ils se heurtèrent à une série interminable de procès et d'instances administratives qui, malgré des jugements et des décisions ministérielles qui leur étaient constamment favorables, frappaient de stérilité leurs persévérants efforts. Cependant, après bien des années passées à combattre les oppositions qu'ils rencontraient à l'exercice de leurs droits, les emphytéotes avaient, le 29 mai 1864, formé entre eux, sous la raison Chrétien Teutsch et Cie, une société en commandite, par actions, qui se croyait en mesure de commencer les travaux de construction, lorsqu'une difficulté fut soulevée par le service forestier au sujet de l'emplacement de la verrerie ; d'où un nouveau procès où l'État, condamné en première instance, le 16 novembre 1869, interjeta appel.

Bientôt l'annexion donna l'administration allemande pour adversaire aux emphytéotes et, le 7 mai 1877, un arrêt de la cour de Colmar les déclarant déchus des droits afférents à la verrerie de Wingen, anéantit leur entreprise [1].

Le 16 janvier 1879, la société Chrétien Teutsch et Cie prononça sa dissolution.

Verrerie de Kalenburg ou Rosteig. — Tout près et à l'Ouest des verreries de Hochberg et de Wingen s'élève la montagne du Kalenburg [2], qui constituait autrefois une seigneurie particulière enclavée dans le comté de La Petite-Pierre. Ce petit domaine appartenait autrefois à la famille de Bernhold, dont un membre, Antoine Siegfried de Bernhold, était, vers le milieu du XVIIIe siècle, colonel du régiment royal suédois, à Strasbourg. En 1789, on trouve la seigneurie parmi les terres immatriculées au directoire de la noblesse de la Basse-Alsace, sous le nom de M. de Türckheim. Cassini y indique un château ruiné et, aujourd'hui encore,

---

1. Pour ne pas m'étendre ici outre mesure, je me suis borné à un résumé bien succinct des nombreux obstacles rencontrés, au XIXe siècle, par l'entreprise des emphytéotes de Wingen. On peut en lire tous les détails dans une notice très complète sur la verrerie de ce nom, due à M. Éd. Teutsch, et insérée à la fin des Pièces justificatives, sous le n° 48.

2. Le Kaltenbourg de la carte de Cassini, f. 162.

on y remarque les vestiges d'un ancien couvent avec son cimetière; sur la hauteur, le petit hameau de Johannesberg.

Le bail emphytéotique de la verrerie de Hochberg nous apprend que, vers 1715, Jean-Jacques Stenger dirigeait une usine du même genre au Kalenburg. Bien que l'emplacement précis de cette dernière verrerie ne soit pas connu, il est difficile de ne pas admettre son identification avec la « verrerie de Roslaye », inscrite sur la carte de H. Jaillot, de 1705, à la place où s'élève aujourd'hui le village de Rosteig dont une partie, suivant D. Schœpflin, appartenait aux Bernhold[1]. L'époque de sa fondation est moins certaine; on sait seulement qu'elle doit être antérieure à 1650, car en cette année, le registre de la paroisse de Soucht mentionne un nommé Jean Stenger, maître de verrerie à Rosteig[2].

Vers 1730, l'usine a cessé de travailler, et, suivant les traditions locales, il a existé à Rosteig, depuis son extinction, des tailleries de verres de montres, qui sortaient des fours des verreries du voisinage. Les verriers, de leur côté, ayant continué de défricher peu à peu quelques parties de forêt, ont formé une communauté de colons d'environ 25 feux[3].

Verrerie de Schüsselthal. — D'après la tradition du pays,

---

1. « *Rostey cujus pars ad Bernholdios nobiles spectat.* » (*Alsat. illust.*, t. II., p. 198.)
2. „Johannes Stenger Hüttenmeister auf der Rosteg." (G. WALTER, *Ursprung der Glasshütten...*, p. 5.)
3. Cf. DE DIETRICH, *op. cit.*, t. III, pp. 300 et 301, *ad notam*.

on aurait, vers le commencement du xviiie siècle, pu voir encore une verrerie, en activité, dans la vallée de Schüsselthal, au Nord de l'établissement de Hochberg. H. Jaillot, qui l'inscrit sur sa carte de 1705, sous le nom de « Schaut », la place près de la ligne de faîte des Vosges et du menhir de Breitenstein, à la source du petit ruisseau de Schüsselbæchel, qui descend ladite vallée du Nord au Sud, pour venir se jeter dans la Moder.

Il ne reste aujourd'hui aucune trace de la verrerie de Schüsselthal.

La vallée de ce nom, qui maintenant limite entre eux les bans des communes de Wingen et de Rosteig, était, dans les siècles précédents, la frontière des comtés de Hanau et de La Petite-Pierre, de sorte qu'il est difficile, à l'époque actuelle, de déterminer auquel des deux appartenait la verrerie. Cependant, dans une liste des lieux du bailliage d'Ingwiller au xviiie siècle[1], on remarque « Schüssersthal », qui pourrait bien être la même chose que Schüsselthal, et, dans ce cas, c'est sur les terres du comte de Hanau qu'aurait été construite la verrerie en question.

---

1. BAQUOL et P. RISTELHUBER, *l'Alsace ancienne et moderne...*, p. 625.

APPENDICE

PIÈCES JUSTIFICATIVES.

Édits, décrets, arrêts du Conseil d'État et de la Chambre des comptes, lettres patentes, contrats d'acensement, baux, dénombrements, extraits des comptes du Domaine et de la gruerie de Bitche, actes notariés, etc.

N° 1.

ADUEU ET DÉNOMBREMENT de Christian, prince palatin du Rhin, pour le comté de Hanau, au nom et comme tuteur ayant la garde noble de ses nepueux, les deux fils de feu Jean René, comte de Hanau, Philippe René et Jean René.....

Du 29 may 1683.

Extrait.

Le bisayeul de nos mineurs susdits, Philippe cinquième, comte de Hanau-Lichtenberg, continua aussi la possession de la seigneurie de Bitche, après la mort de son beau-père Jacques comte des Deux-Ponts et Bisch, et en fut effectivement investy par Charles duc de Lorraine comme d'un fief héréditaire mouvant de luy. Mais comme Philippe, comte de Linange Vertebourg pour et à cause de son épouse Amélie fille de Simon Wecker frère dudit Jacques y forma une prétention nonobstant la reprise et possession de Philippe cinquième comte de Hanau-Lichtenberg, il y eut de là contestation entre ces deux; sur quoi Charles duc de Lorraine escalada l'an 1572 de nuit la ville et château de Bisch et s'en empara par là non seulement de la seigneurie de Bisch mais encore du bailliage de Lemberg appartenant aussi aux comtes de Hanau et scis proche ladite seigneurie de Bisch; sur laquelle violance ledit Philippe cinquième comte de Hanau-Lichtenberg s'estant plaint à la Chambre de Spire contre ledit duc de Lorraine, en demandant l'entière restitution, la chose fut tirée en longueur si bien que pendant 34 ans on demeura non seulement frustré des revenus de la seigneurie de Bisch; mais encore de ceux du bailliage de Lemberg; de sorte que l'ayeul de nos mineurs Jean René comte de Hanau-Lichtenberg pour n'être plus longtemps sans pouvoir jouir ni de l'une ni de l'autre pièce fut obligé de passer en l'an 1606 une transaction avec Son Altesse de Lorraine par laquelle il obtint la restitution du bailliage de Lemberg, et pour les fruits perçus d'iceluy pendant 34 ans les grands dommages et pertes causées par cette violante occupaōn soixante mille florins d'Allemagne et six petits hameaux de la seigneurie de Bisch scis tout proche du bailliage dudit Lemberg nommés Eppenbronn, Schweigs, Troulben, Hulscht, Greppen et Steinbach; moyennant quoy il a fallu que ledit Jean René comte de Hanau ayt renoncé par ladite transaction à toutes les prétentions qu'il avoit ou pouvoit avoir sur la seigneurie de Bisch pour luy et ses successeurs soubds peine de dix mille florins payables par celuy qui voudroit tenter la moindre chose contre ladite transaction; de sorte que depuis l'an 1606: les ducs de Lorraine et les princes de Vaudémont ont esté en possession de ladite seigneurie de Bitsch: laquelle d'ailleurs selon les comtes de l'an 1571: qui se trouuent encore dans les archives de nos mineurs et que le baillif de ladite seigneurie en audit Philippe cinquième comte de Hanau bisaïeul de nos mineurs consistoit en la mairie de Schorbac, la mairie de Waldspronn, la prévôté de Rimlingen, la prévôté de Ridingen, la mairie de Rollingen, la mairie d'Ober et Nidergailbach, la mairie d'Or-

PIÈCES JUSTIFICATIVES. 169

mersweyler, Erchingen et Wolsoum et celle d'Einsmingen, appartenances et dependances d'icelle.

Protestant à Votre Majesté ausdits noms, etc. En foy de quoy j'ai signé la présente déclaration et scellé du sceau de mes armes le 29 may 1683.

Signé : Christian.

(*Arch. dép. de Metz, Aveux et dénombrements.*)

N° 2.

Procès-verbal *avec l'avis du gruyer de Nancy sur le fait de la visitation des bois de la terre et seigneurie de Bitche, appartenant à l'Altesse de Monseigneur fait en la semaine du lundy quatorzième jour du mois de mars 1580 par Jacquemin Cucullet, gruyer de Nancy par ordonnance et mandat exprès de mondit seigneur conduit sur ces bois par le receveur et forêtier d'iceux en la seigneurie dudit Bitche.*

Et premier

Ledit gruyer a été conduit par les dessus nommés parmi les bois depuis Bitche jusques à Lemberg auquel lieu il a remarqué le territoire être fort maigre et pierrailleux de grosses roches toutes montagnes fournies de bois de chênes propres à porter esglans et par même moyen a aussi vu un beau bois qui est en difficulté contre le Sr de Hanaulx parce qu'il dit être sien nonobstant qu'il est au circuit et en la seigneurie de Bitche auquel n'est possible de dresser aucune vente à frondt de taille en celle contrée parce qu'il n'y a aucun villaige qui voulsissent acheter bois pour autant qu'ils ont la permission de prendre bois pour leurs nécessités (comme ils disent) si ce n'est quelques villaiges d'alentour du château de Lemberg qu'appartiennent audit Sr de Hanaulx qui voudroient bien achepter des pièces de chênes pour faire douves de tonneaux paxels et landres qui ont de quatorze à quinze pieds de long comme ils en usent aux vignobles d'alentour de Landaw, Klemmunster, Wissemberg et Haguenaw comme l'on pourroit bien faire sans dommage moyennant que les officiers eussent marqué à marques les arbres de chêne qu'ils vendroient sur la racine à rez de terre pour connoître ce que l'on vendroit, afin qu'il ne s'y commette aucun abus et faudroit que lesdits officiers vendassent par contrées et de montaignes à autres là où que les pièces de bois sont trop espesses pour autant qu'il y a plusieurs montaignes qui sont assé claires et que si on y coupoit quelques pièces de bien longtemps il n'y viendroit aucuns recrus qui vaille vu ledit lieu stérile.

Ledit gruyer a entendu que le Sr de Hanaulx avoit deffendu à ses sujets de n'achepter bois aux officiers de Monseigneur, etc.

Il a pareillement entendu que ceux qui vendent des douves de tonneaux par charrées, ladite charrée être de 416 douves la somme de vingt à vingt-deux francs, si l'on en faisoit faire de provision on les vendroit bien cher aux villes et villaiges ci-dessus déclarés quand la saison viendroit que les vendanges seroient bonnes, que seroit le profit de Monseigneur et ne seroit possible le pouvoir vendre aultrement.

Quant au cent de landres de quatorze à quinze pieds comme ci-devant est déclaré ils les vendent aux villaiges d'alentour du vignoble six francs le cent et quant aux petits paxels il les vendent de six à sept gros le cent. L'on en pourroit bien faire charroyer par corvées quand la saison vient par les sujets comme ils ont heu faits du passé, si l'on en faisoit faire de provision comme le receveur pour le présent en aheu faict, et en ce faisant l'Altesse de Monseigneur en auroit profit, etc.

L'on pourroit pareillement vendre aux villaiges de Vischbache et Steinbach des pièces de bois pour faire douves, landres, paxels aux villes et villaiges d'alentour de Weissembourg et Haguenaw.

PIÈCES JUSTIFICATIVES. 171

Depuis les ci-dessus déclarés villaiges il y a une grande contrée de bois qui sont en montaignes fort belles et bien peuplées de belles pièces de chênes comme sommies, pennes, chevrons et quelques belles pièces de fougs parmi lesdits chênes ensemble une contrée de pins le tout jusques à Mutterhausen en laquelle contrée ni a aucuns villages.

Depuis a été conduit ledit gruyer sur une verrerie dicte et appelée Riderchingen à laquelle contrée de bois les verriers font couper bois sans tenir ordre ni règle et coupent en toutes saisons le bois pour la fourniture de ladite verrerie de sorte que les tailles qu'ils font les estocqs sont de trois à quatre pieds de hauteur, et si ni a aucune occasion de couper si haut parce qu'il n'y a aucun gros estocs qui les puissent empêcher de les couper à rez de terre, afin que lesdits estocs puissent rejetter fuons et recrus, ils coupent ordinairement le bois à vers pour la provision de ladite verrerie et laissent pourrir le bois qui est tombé des vents et tempêtes pour autant qu'il leur semble qu'ils auroient trop de peine à deffendre ledit bois tombé. Il seroit besoin et nécessaire pour le profit de l'Altesse de Monseigneur sauf meilleure opinion assigner auxdits verriers à prendre bois par contrée recoler et amasser lesdits bois tombés proche et tout à l'entour d'icelle qui leur pourroit bien servir et en ce faisant les contrées desdits bois ne se ruineroient comme ils font à présent parce qu'il n'y a aucunes règles.

Dit en outre ledit gruyer qu'il seroit nécessaire pour le profit de mondit seigneur de laisser par admodiation à prix raisonnable la vieille verrerie qui déjà par cy devant avoit été parce qu'il y a nombre de bois à suffisance pour la fourniture d'icelle si elle étoit remise en nature et n'en sauroit on tirer profit si ce n'est par le moyen qui dit est.

Ledit gruyer remontre qu'il y a eu plusieurs contrées des essarts là ou par autrefois il y a eu des résidans que pour le présent ne s'en fait aucun profit comme au semblable il y a un lieu proche de la verrerie dite et appelée Neukirchen auquel lieu il y a pareillement eu résidences comme le fait se montre par le présent auquel dit lieu il y a encore présentement une chapelle en laquelle il y a un homme qui fait sa résidence en icelle à l'entour de laquelle il y a un grand nombre de terres essartées auquel lieu on pourroit facilement faire de belles prairies d'autant qu'il y a une belle plaine proche d'un ruisseau qui est joindant ledit lieu et par le même moyen on y feroit un bel étang si le tout étoit laissé à titre suffisant.

Remontre en outre ledit gruyer que lesdits habitants de la seigneurie de Bitche ont droit de prendre bois marins par tous lesdits bois pour bastir (comme ils disent), et en coupent beaucoup plus qu'il ne leur en faut et bien souvent le laissent pourrir comme il a été apparu audit gruyer en plusieurs contrées de bois tant au lieu que les moitriers de la moitresse de Viller pour la refection de ladite maison qu'il laisse pourrir et pour autant seroit besoin les assigner à quelques contrées ou lieu moins dommageable pour le profit de mondit Seigneur.

En outre remontre ledit gruyer qu'il y a un petit bois d'environ dixhuit à vingt arpens de terres arables en bon fond dépendant de ladite moitresse appartenant le tout à mondit seigneur dit et appelée Viller, bois, chênes, foug, chermines et autres bois blancs que l'on pourroit vendre en souille et conduire aux villaiges de Bepprekenheim, Semviller et Medolsheim, lesquels villaiges sont nécessiteux de bois et appartiennent iceux villaiges au Sr de Bolwiller et après ladite souille vendue l'on feroit essarter iceux et les mettre en nature de terre de terres labourables qui seroit le profit de mondit Seigneur nonobstant qu'iceux bois pour le présent s'en vont en ruine.

Plus remontre encore ledit gruyer qu'il y a deux autres bois dicts et appellés *Beysanclwegh und die Langelach* que l'on pourroit bien vendre par arpent en laissant à chacun arpent vingt à vingt cinq estalons tant en chesnes que fougz lequel vendaige se pourroit faire aux villaiges de Walscheyen, Barschsegin et Reimssegin lesquels villaiges sont nécessiteux de bois comme dit est.

L'on pourra vendre aux habitants des villaiges de Wylfflem, Weyff, Rulluvin et autres villaiges circonvoisins et joindans trois bois dicts et appellés *Brandelfingerwaldt herichwaldt der frou* à frond de taille en laissant à chacun arpent vingt à vingt (*sic*) estalons tant chênes que fougs et pourroit on vendre chacun arpent comme il m'a été déclaré par un des forestiers de cinq à six thallers valant dix-huit francs, qui seroit par ce moyen le profit de mondit seigneur.

Comme au semblable deux autres bois en ladite contrée qui se pourroient facilement vendre après que les susdits bois seroient failly et y tirer profict comme dessus et n'en revient présentement aucun profict à l'altesse de mondit seigneur.

Ledit gruyer dit en outre qu'en poursuivant sa dite visitation passant ez mêmes bois veant les degats que l'on y avoit eu fait et faisoient ordinairement, demandant aux forestiers qui étoient ceux qui avoient commis lesdits degats et delictz que l'un a esté que ce faisoient les salpetriers ne voulant tenir aucune règle délaissant les bois qui tombent par les vents qui sont fort bons pour bruler et en coupant du verd là où ils veuillent.

Seroit bon de les contraindre à prendre lesdits bois tombés par lesdits vents pour bruler et non couper du verd à peine de l'amende.

Ledit gruyer remontre qu'il y a une contrée de bois dict et appelé *Inhohnwaldt choupalwaldt* qui sont proches de Hornenbach et Deux-Ponts et autres villaiges circonvoisins lesquelles ville et villages sont necessiteux de bois auxquels bois l'on pourroit librement dresser vente à frond de taille pour en faire vente à qui plus.

Ledit gruyer remontre qu'il a vu en la contrée des bois de Bitche et Lemberg le désordre fait par les rouÿers qui sont admodiez à prendre bois propre à leur mestier sans contenir ordre aucunement et coupent lesdits bois de la hauteur de trois à quatre pieds arrier de terre en tous temps et ez saisons deffendues et ne pregnent du bois qu'ils abattent que ce qui leur est de nécessité pour leur dict mestier et laissent l'autre rester pourrir.

Seroit bon leur deffendre qu'ils ayent à couper les dits bois à rez de terre bien proprement ez saisons pour et ordonnées et non autrement et par contrées et là où ils feroient le contraire leur faire payer l'amende et intérests.

Ledit gruyer a par le même moyen entendu que les forestiers vendent le bois et admodient à leur volonté les rouÿers et ceux qui acheptent les pièces de chesnes tombés comme cy devant est déclairé pour faire donner landres et paxels aux bourgeois.

Ledit gruyer dit son avis etre tel qu'il seroit nécessaire ordonner auxdits habitans de Bitche et autres habitans dépendant de ladite seigneurie ne prendre bois pour leurs batimens qu'il ne leur soit assigné par contrée et au moins dommageable par ceux à ce commis et marqués de la marque qu'il plaira à mondit seigneur ordonner et que lesdites pièces soient marquées à deux lieux savoir sur la racine au pied de l'arbre et au tronc de la hauteur de quatre à cinq pieds. Pareillement seroit bon que mondit seigneur y commette quelque redevance pour son profit pour chacunes pièces qui se couperont, trois ou quatre gros par pièce, afin qu'aucun abus ne se commette par icy après.

Ledit gruyer dit que par sa dite ordonnance il lui est mandé de faire charroyer quelques nombre de charrées de bois par les paysans qui ont accoutumé de lui charroyer pour le chauffaige du S^r capitaine et soldatz y étant en garnison au château de Bitche, les faire scier ou couper et les rendre en ordre et calculer combien de cordes de bois il faudroit necessairement et raisonnablement par chacun an pour le chauffaige desdits capitaine et soldatz.

Ledit gruyer dit avoir fait charroyer vingt et une charrées de

PIÈCES JUSTIFICATIVES. 175

bois audit chateau par lesdits paysans comme dit est les faisant mettre en ordre, lesquels ont rendu et revenu à six cordes de la mesure de Nancy et leur en faudroit raisonnablement par chacun an six cents cordes pour le chauffaige desdits capitaine et soldatz ou bien par chacun jour dix charrées, sauf meilleure opinion et dit en outre ledit gruyer que le lieutenant dudit receveur concierge de soldatz dudit Bitche lui ont déclaré que les charrées qu'il avait en fait amener audit lieu par lesdits paysans étoient les mieux chargez que par cy devant ils n'avoient reçu et par ce moyen sera licite leur enjoindre y fournir ainsi comme ledit gruyer les a reçuz.

Ledit gruyer fait remontrance qu'il a entendu lui étant audit Bitche, s'informant des bois selon la charge à lui donnée que le concierge du chateau dudit Bitche faisoit ordinairement mener par corvées le bois de son chauffaige autant qu'il en pouvoit user, ne sçais si c'est par ordonnance de mondit seigneur et par même moyen dit avoir entendu qu'il y a aucun village dependant de ladite seigneurie qui ne charoient bois audit chateau comme ils souloient faire, ne sait aussi pareillement ledit gruyer d'où cela peut procéder et qui sont ceux qui les en exemptent, considéré que ledit concierge devroit bien soulager ledit receveur pour les autres affaires qui surviennent ordinairement ce qu'il ne fait comme ledit receveur s'en a eu plaint audit gruyer.

Qu'est tout ce que ledit gruyer dit en avoir pu apprendre et entendre, mais pour satisfaire à ce que dessus est déclairé seroit nécessaire pour le profit du domaine de l'altesse de Monseigneur commettre gens capable idoine et suffisant pour exercer et entendre ez faits et articles ci devant déclarés pour ung commencement de telles charges.

Promettant néanmoins le tout à la bonne volonté de l'altesse de mondict Monseigneur. Fait à Sainct Dizier les Nancy, le vingt unième jour de mars mil cinq cens quatre vingtz.

Signé : J. CUEULLET.

Collationné par nous, conseillers maîtres en la chambre des comptes soussignés en exécution de son décret du dix neuf juin dernier. Fait à Nancy le dix juillet mil sept cent soixante cinq.

Signés : Lefebvre, Hanus, Maisonneuve.

Expédition, etc. : onze livres dix huit sols.

Signé : J. Frimont avec paraphe.

(*Arch. dép. de Metz,* série B, n° 117.)

N° 3.

Aveu et Dénombrement de Charles Henry de Lorraine, prince de Vaudémont, pour le comté de Bitche.

Du 22 décembre 1681.

Nous, Charles-Henry de Lorraine, prince de Vaudémont, comte de Bitche, de Sarwerden, de Falkenstein, baron de Fenétranges, etc.

Reconnoissons et déclarons tenir du roy de France notre souverain seigneur le comté de Bitche pour lequel comté avec ses appartenances et dépendances, nous avons rendu à S. M. nos foy et hommages le seizième de janvier dernier en la Chambre royale à Metz, en exécution de l'arrêt du conseil du vingt quatre de juillet de l'année dernière 1680, et pour satisfaire à la déclaration du Roy du dix-sept d'octobre suivant.

Ledit comté de Bitche ayant été jusques à présent un membre immédiat et terre allodiale de l'Empire, nous avons seance et voix dans toutes les diettes et assemblées des estats tant générales que circulaires. Nous jouissons de tous les droits de Régale de mineraux, de monnoye, de conduit, péage, vasselage, chasse de toutes sortes, de pesche, d'eaux et forets de tailles et collect tant ordinaires qu'extraordinaires, ayde à la Saint-Jean et Noël droits de confiscations, d'amendes, d'épaues, d'aubaine et autres droits du fisque, de gabelle, d'impot et passage, d'entrée et sortie de dixième denier, réception et protection des juifs, de guldengeld, item des héritages qui se vendent sur le ban de Bitsch, l'acheteur doit payer le soixantième denier du prix dont nous avons la moitié contre la ville, droit de corvée à volonté, de suitte, par lequel les sujets sont obligés de prendre les armes et de nous suivre en guerre soit pour notre garde et celle de nos chateaux et maisons, et la deffence du pays, tous les sujets sont de condition serve dont un chacun se peut rédimer en nous payant trois florins mais s'il s'établit en lieu où il n'y a point d'exercice de la religion catholique nous pouvons le faire payer à désertion droit de mainmorte, item nous avons le droit de Dechtumb qui se paie sur tous les porcs de chacun six pricottes, item un droit de Marcum Domini, neuf florins de chaque prebstre qui meurt, item le droit des hans de mestiers, item de chaque muid de sel qui se débite audit comté, nous avons la gabelle de cinq florins ; nous avons droit de chancellerie, d'archives et tabellionage de toutes justices, hautes, moyennes et basses, pouuons donner ordonnance et règlement de justice et police, donner toutes sortes de libertés et franchises tant pour les personnes que pour les biens, de légitimer et reparer l'honneur. Nous faisons administrer la justice par nos officiers que nous établissons comme nous jugeons le plus convenable, en la première instance ou en la seconde, en notre chancellerie en matières civiles. Les oppositions ont ressorties iusques à présent en la chambre impériale et au criminel nosdits officiers iugent en dernier ressort et sans appel et nous pouvons accorder grace et convertir la punition corporelle en amende pécuniaire. Nous avons droit d'établir un grand Prévot qui nous doit payer pour cela tous les ans quinze florins.

S'ensuit la déclaration des lieux, chasteaux, maisons, bourgs, villages, hameaux et censes dépendants dudit comté de Bitsch qui nous appartient. On ne peut spécifier la quantité de jardinages, terres, prez et bois que nous avons audit comté, tant à cause que les titres, registres et enseignemens estoient gardés dans les archives de Nancy et dus depuis transportés dans la citadelle de Metz où ils ne sont point en notre pouvoir qu'à cause de la désertion ou mort de beaucoup d'habitants dont les biens nous sont écheus pour n'avoir point laissé d'héritiers ou pour n'avoir pas payé les cens, pour lesquels ils nous sont affectés et dont les troubles et les guerres qui ont agité continuellement le comté ont empesché la recherche, aussi bien que d'autres cens et redevances qui nous sont deubs en deniers, grains, chappons, poulles et autres espèces pour lesquels nous avons besoin d'une recherche plus exacte qu'elle n'a pu être faite iusques icy.

Premierement le chasteau et forteresse de Bitsch qui est le chef lieu et qui donne le nom audit comté nous appartient en toute sa consistance.

Item le bourg au bas du chasteau nommé Kaltenhausen avec le faubourg dict Rohr où nous avons plusieurs maisons et bâtiments à présent ruinés droit de foire et marché, deux moulins, six estangs, sept réservoirs, une thuilerie, une redevance sur les dixmes dudit lieu qu'est d'un malter de seigle un d'orge et deux d'avoine à cause de la cession d'iceux, beaucoup de jardinage terres et prés à nous appartenant de tout temps et d'autres qui nous sont escheus par désertion ou à faute de payer les cens qui sont affectés dessus.

Item nous avons audit comté de Bitsch les villages et hameaux de Schorbach avec tous les droicts, biens, cens et rentes enoncés cy dessus comme par tout le reste du comté dont on ne répétera plus la déclaration.

Halspelscheid, où nous avons un moulin une scyerie un battant d'escorce à présent ruinés.

Hanweiller, où nous avons un moulin et un battant d'escorce.

Lenglisheim, où nous appartient la petite dixme pour le tout.

Walsbronn, où nous avons un moulin une estennue un chasteau, à présent ruiné.

Walthausen.

Liederischeidt, où il y a un moulin qui nous doit cens annuel de deux maldres de seigle deux chappons et treize batz et demi.

Boussweiller, où il y a un moulin qui nous doit cens annuel de deux maldres quatre fasses de seigle et deux chappons.

Breidebach, où nous avons la collation de la cure, les dixmes grosses et menues pour les deux tiers, un moulin et un estang.

Dorst, cense où il y a un moulin qui nous doit cens annuel de six maldres de seigle et un porc.

Ropwiller, où nous avons un moulin.

Omersuiller, où nous avons la collation de la cure et deux tiers des grosses et menues dixmes.

Wolmunster, où nous avons la collation de la cure et les deux tiers de tous les dixmes, un moulin qui nous doit cens annuel de huit maldres de seigle, deux porcs, deux chappons et treize batz et demi.

Utwiller, où nous avons un tiers des dixmes et les dixmes des terres dictes *herrenachten* pour le tout.

Schweyen, où nous avons la collation de la cure et les deux tiers des grosses et menues dixmes, un moulin dit *Oberling*.

Eschwiller, village.

Lutzuiller, où nous avons la collation de la cure et les deux tiers des grosses et menues dixmes, un moulin qui nous doit cens annuel de trente et un maldres d'avoine, deux chappons et treize batz et demi.

La Haute Gailbach, où nous avons une redebuance de six maldres de grains à prendre sur les dixmes et un moulin qui nous doit cens annuel de un malter de seigle deux chappons et treize batz et demi.

La Basse Gailbach, où nous avons un moulin à présent ruiné.

Erchingen, où nous avons la collation de la cure, les deux tiers des dixmes et deux moulins.

Rimblingen, où nous avons un moulin.

Hollingen, village.

Bedtweiller, où nous avons un moulin.

Eppingen, où nous avons la collation de la cure, avec les deux tiers des grosses et menues dixmes et un moulin.

Weiszkirchen, où nous avons la collation de la cure avec les deux tiers des dixmes, un moulin qui nous doit cens annuel de quatre maldres d'avoine et plusieurs prairies dites les prairies du Seigneur à présent ruinées.

Urbach, où nous avons la collation de la cure et dix sept maldres de grains à prendre sur les dixmes à cause de la concession d'iceux, deux moulins.

Giesing, où nous avons la sixième gerbe des noüuaux.

Rederichingen, où il y a un ban dit *Neunkirchen,* duquel les dixmes sont à nous pour le tout.

Hodtuiller, où nous avons un tiers des dixmes et un moulin dict *Neunkirchen.*

La Sucht, verrerie, où nous avons les dixmes pour le tout.

Müntzdhal, où nous avons les dixmes pour le tout et un moulin sur le ban dict *Andreheim.*

Rayersweiller, où nous avons un moullin et un battant d'escorces.

Syersdhal, Holbach, où nous avons les dixmes pour le tout, un moulin et un estang.

Olbertingen, où nous avons la collation de la cure et les dixmes pour le tout.

Binningen, où nous avons la collation de la cure, les deux tiers des grosses et menues dixmes, trois moulins dont l'un nous doit cens annuel d'un malter de seigle, un porc, deux chappons et treize batz et demi.

Rohrbach, où nous avons la collation de la cure et les deux

tiers des grosses et menues dixmes et les dixmes des terres dites *herrenachten* pour le tout.

Rolling, où nous avons la collation de la cure et la moitié des grosses et menues dixmes et celles de l'étang et *herrenachten* audit lieu pour le tout deux moullins qui nous doivent cens annuel de douze malters de seigle, deux porcs et quatre chappons un florin et douze batz.

Encheberg, où nous avons la collation de la cure, un moulin dit *Löchersbach* et un estang.

Lemberg, où nous avons la collation de la cure et les deux tiers des dixmes.

La Grande Riederichingen, où nous avons la collation de la cure et les deux tiers des dixmes, trois moulins dont deux nous doivent le cens annuel de trois maldres de seigle, deux porcs, quatre chappons, un florin et douze batz.

Achen, où nous avons la collation de la cure et les deux tiers des grosses et menues dixmes, trois moullins qui nous doivent cens annuel.

Ettingen, où nous avons la collation de la cure et deux tiers des dixmes.

Kalhausen, où nous avons la collation de la cure et les dixmes pour le tout, un moullin.

Wieswiller et Wollfflingen, où nous avons la collation de la cure et un huitième des grosses dixmes, les noüuaux pour le tout, un moulin.

Altheim, où nous avons un moulin et un bien dict *le bien du comté,* scis sur le ban dudit lieu et de Beckwiller.

Waltzheim, en partie.

Wedesheim.

Hutting, où nous avons 30 gerbes des dixmes.

Wiesingen, cense ruinée.

Mutterhausen, où nous avons un chasteau, une forge, fonderie à fer, à présent ruinés, cense et quatre estangs.

Waldeck, où nous avons un chasteau à présent ruiné, cense et trois estangs.

Egelshard, cense.

Gendersberg, cense où nous avons les dixmes pour le tout.

Item à nous appartenant le droit de nommer à l'abbaye de Stirtzelbronn.

Nous avons les dixmes pour le tout sur les bans de Lambersbron, Hardt au village de Mommert, Rambsiviller, Singlingen, Uldingen, Brendelfingen, Melingen.

Item tous les noüuaux et les dixmes d'essarts.

A nous appartiennent tous les bois et forets du comté de Bitche avec la vaine et grasse pasture et glandée en iceux. On ne saurait dire la quantité d'arpens qu'il y peut avoir pour leur grande estendue, les principales forrests sont désignées par des noms et sont : Turreswaldt, le Wassenberg, Muhleck, Folsberger, Sucht, le Cammerberg, Hilbersaw, Fronmullerwaldt, les forrest de Mutterhausen, de Waldeck, de Schomberg, de Birkenweiller, de Genderszberg.

Item quantité de ruisseaux dont la pesche nous appartient seul et pour le tout.

Item nous avons des redebuances annuelles hors dudict comté de Bitsch aux villages cy après déclarés.

Dibling, une redebuance de quatre batz et demi par an.

Wittring, chacun conduist nous doit annuellement une batz et un pfenning et chacun une poulle.

Weiller, un florin et neuf batz par an.

Neufeglise, trois florins, onze batz et deux pfenning.

Au village de Mengen, treize batz.

Au moulin de Steinhausen, six batz et quatre pfenning et deux fass de seigle par an.

Au village de Mommert, trois florins quatorze batz et six pfenning avec huit malters d'avoine et chacun conduit annuellement une poulle.

Nous avons des vassaux qui relèvent de nous à cause dudict comté, savoir

Le Sr de Bettendorf tient en fief le chasteau et dépendances de Wedesheim;

Le Sr Vennette tient en fief le chasteau de Ralling;

Le Sr Steyes tient en fief le village d'Echewiller avec la basse justice;

Les héritiers de feu Sr de Gantz tiennent en fief le village de Schweigen avec la basse justice;

Le Sr Muller tient en fief le village de Weiszkirchen en partie;

Le Sr de Vaux tient en fief la maison et dépendances de Hutting.

Promettant à Sa Majesté qu'en cas qu'il vienne quelque chose à notre connoissance qui n'ayt point été compris dans le présent adueu et denombrement le déclarer aussy tost qu'il sera venu à nostre connoissance et l'y adiouster sans rien réserver ny obmettre. En foi de quoy nous avons signé le présent nostre adueu et déclaration et scellé du sceau de nos armes le vingt deuxième iour de décembre mil six cens quatre vingt un.

Déclarant que nous avons fait election de domicil pour tout ce qui peut regarder le présent denombrement au logis de M. Bourcier, advocat en parlement, auquel domicil nous consentons que tous actes de justice soient faicts.

Signé : Henry de Lorraine.

(*Sceau.*)

(*Arch. dép. de Metz, Aveux et dénombrements.*)

N° 4.

Extrait des comptes du domaine de Bitche, de l'an 1558 à l'an 1703, tirés du Trésor des chartes de Lorraine.

1585
Acquits servant au compte de Jean Boch

. . . .

Mandement de Messieurs les chef président et gens des comptes de Lorraine pour le fait de la verrerie appellée Volsberg[1].

Les chef des finances, président et gens des comptes de Lorraine estans à Nancy, très chers et bons amis nous avons bons par ce remontrant trouvé en marge du feuillet 115ᵉ du compte rendu pour l'année dernière 80 et 4 que l'admodiation de la verrerie de Hollbach est finie il y a tantôt deux ans, et qu'il n'y a moyen de la laisser au même lieu plus longtemps faute de bois aussi   qui par cy-devant l'ont à ferme n'en voulant plus au années passées   si ne est permis de la transporter en la foret de Vosberger et la poser au lieu et endroit qu'ils montroient l'an passé   au Sʳ de Bilstein, capitaine dé Bitche et officier de ladite chambre.

. . . .

1586
Compte de Jean Boch.

. . . .

Innahm frongelt von den indenstannen in der Holbach gnandt die glashütten.....

Cet article paraît être une recette pour l'exemption de

---

1. Ou Holbach.

corvées dont avaient joui les verriers de Holbach et qui était continuée aux habitants restés audit lieu, après l'extinction de l'usine. Ils sont dénommés au nombre de six : Becker, Dorst, Muller, Schmitt, etc., et payent chacun un gulden.

Au même compte est inscrite une recette pour bois de service délivré *aux verriers,* sans préciser à quelle verrerie ils appartiennent.

Au chapitre des dépenses, ce compte de 1586 mentionne la dépense faite lorsqu'on a affermé *la verrerie de Muntzthal.*

1609

Compte de Jean Valentin Dittmar, comme receveur du Domaine.

Holbach en bas. Il y avait par cy-devant une vererie audit Holbach en bas et quelque peu d'héritage que les veriers ont ereigé en pays que maintenant Nicolas Tonnelier moitrier audit lieu par an en argent, oultre un maltre d'avoine lanquelle le comptable a fait recette au feuillet icy en censine.

Munschthal. Audit lieu est présentement situé la varerie a payé annuellement (oultre la rente les bois que doibt le maître de la varerie) de quelques heritages que les variers ont rayé et erigé, ici comme l'année précedente en censine. . vij fr. 4 gr.

. . . .

Recette d'argent pour les crowes de la Holbach.

Un lieu là où feu Monsieur le compte Jacques après avoir achepté lesdits bois fut dressé une varerie et essarté les bois et depuis sont rendue les places auscunement en terre labourable et prairie portant rente à Son A. R. comme il appert au feuillet précédent et pour ce que les serviteurs et maîtres de ladite varerie peuvent avec tant plus de soing fidelité et sans aultres empêchement exercer leur etat en faisait leuer de chacun pour les crowes alors trente gros mais ladite varerie est présentement transportée en la vallée des Muins ou Munschthal, ceux qui sont demeurés faisant quelque peu de labourage payent annuellement et jusqu'à présent toutefois sous bon plaisir de Son A. R. chacun trente gros et a esté leué pour l'an de ce présent compte comme s'ensuit et appert par le controlle.

  Jaque Boullengier . . . . ij fr. 6 gr.
  La veuve de Jean Ledenberger. . . . ij fr. 6 gr.
  André Weisenbach. . . . . ij fr. 6 gr.
  Jean Erlich. . . . . ij fr. 6 gr.
  Caspar Boullengier . . . . ij fr. 6 gr.
  Georges Hopff . . . . ij fr. 6 gr.
  Jean Boullengier, fils de Jacque . . . ij fr. 6 gr.
  Martin Musnier. . . . , ... ij fr. 6 gr.
  Pierre Musnier . . . . ij fr. 6 gr.
  Simon Ledenberger . . . . ij fr. 6 gr.
  Pierre Anthon . . . . ij fr. 6 gr.
  La femme de Pierre Musnier comme veuve.

Munschthal.   De ceux qui présentement travaillent à la verrerie et chacun paye comme les prénommés de Holbach.

  Stoffel Sigward a payé . . . . ij fr. 6 gr.
  Jean Schurer . . . . ij fr. 6 gr.
  Jean Greiner . . . . ij fr. 6 gr.
  Paul Greiner. . . . . ij fr. 6 gr.
  Jean Huber. . . . . ij fr. 6 gr.
  André Spessert . . . . ij fr. 6 gr.
  Henry Losange . . . . ij fr. 6 gr.
  Jacob Warsgreber. . . . . ij fr. 6 gr.
  Leonhard Greiner . . . . ij fr. 6 gr.
  Caspar, coupeur de bois . . . . . . ij fr. 6 gr.
  Adam Greiner, verrier . . . . ij fr. 6 gr.
  Nicolas Krebs. . . . . ij fr. 6 gr.

Sebastien Erlich. . . . . ij fr. 6 gr.
Georges Hoff. . . . . ij fr. 6 gr.
. . . .

Recette d'argent provenant de bois vendus, pareillement les censines de la varerie située au lieudit Munschthal.

Le maître de ladite varerie appellé Martin Greiner a payé comme les années précédentes à cause de la varerie laquelle il tient par admodiation comme appert par le controlle ij^c xii fr. 6 gr.

Le comptable fait très humble remontrance que les années de l'admodiation dudit lieu sont expirées et le maître de la varerie demande permission d'eriger une autre varerie à un lieu propre à cause de bois. Mais le comptable n'en a voulu entreprendre sans le sceu de Messieurs pourquoi il supplie Messieurs d'ordonner comme il se doit comporter veu que la varerie mange beaucoup de bois et mine le bois de Son A. R. infiniment. Il est un bois auprès de la varerie appellé Durwald la plus partie de bois foug portant dedans trois ou quatre années ung fois des esgland lequel si on voulait lui permettre d'abattre la varerie pourrait encore durer cinq ou six ans au lieu où elle est présentement erigée et les terres en laquelle endroit sont fort bonnes de laisser aux subiects en payant eritages là où S. A. aurait aussi la dixme entierement.

En marge est écrit : On fera faire admodiation à S. A. laquelle y ordonnera son bon plaisir.

. . . .

1610

Controlle rendu par Charles Jeannet, controlleur de la recette de Bitche.

Ce compte, pour l'an 1610, contient, comme le précédent, pour l'an 1609, la recette de trente gros de chacun des gens de Holbach, qui sont les mêmes que pour cette dernière année, à l'exception de Pierre Musnier et de Pierre Anthon.

Il contient pareillement, pour l'an 1610, la même recette de trente gros de chacun des verriers de Munschthal, qui sont les mêmes que durant l'année 1609, à l'exception de Paul Greiner, André Spessert, Henry Losange et Jacob Warsgreber.

1613

Controle du domaine. Présenté à MM. MM. les président, conseillers et auditeurs des comptes de Lorraine par Charles Jannet, controlleur du domaine de S. A. en la seigneurie de Bitsch pour l'an 1613.

. . . .

Recette d'argent appelé Landechtumb des porques dedans la seigneurie de Bitche.....

. . . .

        Cy en argent. . . . . iij^c xxiiii fr. xii d.

L'état détaillé qui produit cette somme de 324 fr. 12 d. à raison de 6 pricottes par porc, comprend 44 villages ou hameaux, contenant ensemble 5,196 porcs. Munchsthal en contenait 120.

Le présent contrôle du Domaine comprend, comme pour les années 1609 et 1610, la recette d'argent de 30 gr. par chacun des habitants de Holbach et par chacun de « ceux qui travaillent » à la verrerie de « Munchsthal », parmi lesquels verriers sont Martin Greiner (probablement le maître de la verrerie), Léonhardt Greiner, Stoffel Sigward,

Adam Greiner, Caspar, coupeur de bois, Sébastien Schiver, Andréas, etc.

On retrouve aussi dans ce même contrôle, la recette, pour l'an 1613, de la redevance de la susdite verrerie de Munchsthal, au taux où elle est portée au compte précédent, pour l'an 1609. Elle est inscrite comme suit :

Recepte d'argent provenant de bois vendu comme aussi des censines de la verrerie située au fond dud Munchsthal.

Le maître de la verrerie appellé Martin Greiner a payé à cause de son admodiation de lad verrerie qu'il tient cy.   ij^c xii fr. 6 gr.

. . . .

Jean mulnier d'Andernheim en la vallée de Munchsthal paie encore pour l'année présente d'autant que personne ne l'a voulu remonter . . . . iij fr.

1661

Controlle de la recette du comté de Bitche justifiant ce qui a été reçu pendant la présente année 1661 que le soubscrit Jean Huober a exercé la charge de commis controlleur le tout comme sensuit.

. . . .

Recette de la sergenterie de Rimlingen.

Est escheus au village de Holbach. Ledit village est entierement ruiné et désert depuis de longues années, il ne s'y fait null labour ou labourage c'est pourquoi n'en font au présent controlle null état.

. . . .

Munschthal.   Il y avoit une verrerie audit lieu laquelle est ruynée et du tout déserte, ni son four nulle recepte ou estat pour l'an du présent controlle.

. . . .

La communauté de Montbronn dépendant de l'office de Lixin avait obtenu par bail la jouissance d'un ban à eux appartenant lequel est dans le comté de Bitche et doivent payer pour cens dudit ban par chacun an une lyvre en argent qui fait deux francs deux gros quatre deniers.

. . . .

Le bois dit Thurrenualt que louoit avant les guerres le maistre de la verrerie de Muntzdahl et en payoit annuellement 20 francs pour paxons et glandée dans la foret.

. . . .

Les habitants de Holbach etoient exempts des corvées, pourquoi ils payoient chacun 30 gros. Village entierement detruit et desert.

. . . .

Munschthal. En ce vallon y avoit une verrie tous les ouvriers en icelle payoient annuellement au domaine de Son Altesse Royalle chacun 30 gros pour l'exemption des crouvées, outre la rente de ladite verrie et la cense d'aucuns bois par eux essartés. Cette verrie est totalement ruinée partant ici pour l'an du présent controlle . . . . Nhl.

Il importe de remarquer que cette verrerie *du vallon* de Munschthal est différente de celle *du lieu* dit Munschthal, ci-dessus mentionnée, et qui, au compte précédent de 1613, est dite : « située *au fond* dud Munschthal ».

La verrie du Sucht érigée en l'an 1629.

Il y a une verrie appelée Adam Stenger lequel depuis vingt ou tant d'années s'est habitué aud lieu et entretenu lad verrie. Le comptable a trouvé par les comptes de feu le sieur Adam Huober commis son devancier que ledit Adam Stenger ne payoit par an pour redevance et cens de ladite verrie que dixhuit risdalles et la cour souveraine l'avoit ainsy continué comme il est justifié par les comptes donnés par ainsy rapporte icy du compte dernier les dixhuit risdalles qui font en monnoie de Bitche . . . . iiij^{xx} x fr.

Le comptable remonstre très humblement que lui et le controlleur auroient visité les bois aux environs de ladite verrie où ils ont trouvé un très grand abattis de bois fait pour la verrie à l'égal du peu qu'il en rend et luy ont fait deffense sur peine de cent francs d'amandes de ne plus coupper de bois plus qu'il lui en falloit pour le reste de ceste année et ce pendant se pourvoir à la chambre.

Des ouvriers qui travaillent à ladite verrie du Sucht lesquels payoient annuellement au domaine de Son Altesse pour l'exemption des crouvées chacun trente gros se sont présentés au nombre qui s'en suit.

Christoffel,	Claude,
Hans Curt,	Simon,
Feidt,	Johannes,
Jockel,	Mathies,
Petter,	Colls,
Domenique,	Matz,

qui sont au nombre de douze ouvriers et font au pris que dessus, pour l'an de ce controlle icy . . . . xxx frans.

Recepte provenant des bois vendus et mesure la censine de la verrerie de Munsdhal.

Ladite verrerie est entierement ruinée il ne s'en rapporte l'an du présent controlle null profit partant icy . . . . . . Nhl.
. . . .

Au chapitre des recettes de la dime il est encore répété que :

La verrerie de Munchstal est totalement ruinée partant   Nhl.

(*Arch. dép. de Nancy*, série B, n°s 3050,
3052, 3092, 3099, 3109, 3180.)

N° 5.

EXTRAIT D'UN COMPTE du domaine de Bitche rendu pour l'année seize cent soixante treize, tiré des archives de la chambre des comptes de Lorraine.

F° 22, R°.

Muntzdhal.   Le comptable remontre très humblement comme le bail et conditions cy devant accordés aux quatre habitants du dit Muntzdhal pour neuf années ayant été au premier jour de l'an de ce compte expirés ils s'auroient présenté pour un nouveau traité et après plusieurs contestations fait offre moyennant de pouvoir avoir ledit lieu de Muntzdhal les terres et prairies en dépendant à cens annuel et perpetuel et non aultrement, sçavoir de bastir chacun un logis à leurs frais et dépens qui seront et demeureront en propre à S. A. et de payer pour cens perpétuel annuellement en ceste recepte des terres et prairies cinq risdallers, comme aussy par chacun an qu'il y ait glandée ou non, de la contrée de bois dict Turrenval joindant led lieu cinq risdallers et un demy risdaller chacun pour l'exemption des corvées moyennant d'être francs et exempts de toutes tailles, contributions, logement de gens de guerre et de toutes autres charges quelconques, le tout étant déclaré plus amplement par tradiction, propositions, à la réserve du droit de schaft cependant, de serfve condition, que si quelqu'un voudroit quitter sera traité de même que les autres subjets de l'office, lesquelles propositions ayans ensuite été envoyées à Son Altesse pour avoir ladessus ses ordres, mais n'ayant jusqu'à présent rien été ordonné, le comptable rapporte cependant au bon plaisir de Sad

Altesse la dite cens qui est en tout douze risdales ou soixante francs comme appert les dites propositions dont copie est cy jointe.　　　　　　　　　　　　　　　　　　　　　　　　LXfr.

Collationné et rendu conforme par nous conseillers du Roy membre en sa chambre des comptes, soussigné en exécution de son arret du trente décembre dernier.

A Nancy, le vingt huit janvier mil sept cent soixante sept.

Signés : Lefevre, Drouot, J. Frimont.

Extrait d'un compte du domaine de Bitche rendu pour l'année 1701, tiré des archives de la chambre des comptes de Lorraine.
F° 24, R°.

Muntzd'hal. Le comptable remontre de même qu'aux comptes précédents comme quoi le lieu de Muntzd'hal qui étoit cy devant une verrerie aurait été laissé, avec les terres et prairies en dépendantes, qui sont en propre à la seigneurie à cens annuel et perpétuel au bon plaisir de Son Altesse aux quatre habitants audit lieu à condition de batir chacun un logis pour leur commodité à leurs frais et dépens qui seront et demeureront en propre à Sa dite Altesse et d'en payer par chacun an en ceste recepte pour cens annuel savoir : des dites terres et prairies cinq risdalers, d'un canton de bois dit Tuwenwalt et joignant, qu'il y ait glandée ou non, autres cinq risdalers et pour l'exemption des corvées chacun un demi risdaler, moyennant quoi ils seront francs et exempts de toutes autres charges quelconques à la réserve du droit de schaft cependant de serfve condition que si quelques uns d'eux veulent quitter sera traité de même que les autres subiects de l'office et celui ou ceux qui resteront seront nonobstant obligés de payer le cens entier cy dessus mentionné. Aussy sy en cas quelques voudroient demeurer et faire sa résidence avec eux, ne payeront tous ensemble pas davantage que les sommes susdites, le tout étant déclaré plus amplement par le bail passé à eux cy-devant. Le comptable fait ici état de la dite cens qui fait ensemble douze risdalers et en monnaie de ce compte soixante francs que Pierre Vndereiner seul habitant présentement au dit lieu paye avec deux francs pour le droit de schaft, les trois autres habitans ayant abandonné pendant la guerre.

   Cy pour la dite cense . . . . 60 fr.
   Et pour le droit de schaft . . . . 2 fr.

Collationné par nous, conseiller maître en la chambre des comptes de Lorraine soussigné en exécution du décret du deux juin mil sept cent soixante quatre.

Fait à Nancy en la chambre des comptes du conseil le quatre janvier mil sept cent soixante cinq.

Signé : LEFÈVRE, DU PARGE, J. FRIMONT.

(*Arch. nat.*, carton Q^1, n° 804.)

N° 6.

EXTRAITS DES COMPTES de la Gruerie de Bitche de l'an 1606 à l'an 1633, tirés du Trésor des Chartes de Lorraine.

1613

Compte pour la Gruyerie que rend Johann Valentin Dithmar, gruyer en la terre et seigneurie de Bitche à cause des deniers provenants de la gruyerie dudit lieu pour l'année mil six cens et treize.

. . . .

Recepte d'argent du bois vendue par arpent en la seigneurie de Bitche.

Remontre le comptable que par toute la seigneurie de Bitsche se vende point de bois par arpent, s'en trouve point de taille ou qu'on face de hoolz et iusques à présent les habitans ont eut permission pour leur chauffage de le querir où bon leur semble et ez lieux plus près. Toutefois depuis le reachapte le comptable et son controlleur ont commencé à désigner les lieux aux habitants de leur fournir le boys chauffage de boys couchant par terre qui sont et mort bois comme sous bon plaisir des Messieurs il sera déclaré à l'advenir plus amplement.

. . . .

Recepte d'argent provenant de la scÿe bastie en la vallée de Meysenthal ou in den gein délaissée à maître Jean Charpentier pour trois ans lequel doit prendre pour ses peines un tiers et rendre les aultres deux tiers à S. A. comme il est remontré au compte précédent.

. . . .

A maître Martin le verrier de Munschthal quatorze planches à raison de cinq gros la pièce.

. . . .

Déclaration des bois abattue pour bastir et refectionner les bastyments tant pour entretenement des edifices et usuynes que aux habitants de la seigneurie de Bitche. Et d'ancienneté les habitants n'ont jamais payé aucune chose à S. A. pour le boys du bastiment sinon à forrestier de chaque pièces deux blancg pour leur droit. Mais les officiers ont demandé depuis le reglement à eux donné pour leur despences de chaque pièce deux gros ou trois gros aussi quatre gros selon le nombre et quantité des pièces donné par iour et suffisant pour leur despence.

. . . .

1629

Compte de la gruyerie que rend Pierre Dithmar receveur et gruyer au comté de Bitche à cause des deniers provenant de ladite gruerie pour l'année mil six cent vingt neuf.

. . . .

Compte en deniers provenants des bois vendus par arpent au comté de Bitche.

. . . .

Il a été accordé à Leonhardt verrier de Munschthal trente journal de bois au lieudit Ingrün dans Volsberger Sucht pour y bastir une verrerie comme appert par le bail à lui passé de façon que le 23 mai année présente lesdits trente journaulx de bois lui ont été assignés en quaren et sur chacun quart des arbres a été marqué avec la marque de la gruyerie comme appert par controlle et la recette à paier au compte du domaine dans la première année se rapportera l'année prochaine.

Cette mention est reproduite, en termes identiques, dans le compte que rend le même comptable pour l'année suivante 1630.

(*Arch. départ. de Nancy*, série B, n°s 3215, 3230, 3231.)

N° 7.

Édit portant réunion des domaines aliénés depuis 1697.

Du 14 juillet 1729.

FRANÇOIS, par la grâce de Dieu, duc de Lorraine, de Bar, de Montferrat et de Teschen, roi de Jérusalem, Marchis, duc de Calabre et de Gueldres, etc. A tous présens et avenir, salut. Quoique par les lois fondamentales de toutes les souverainetés, et suivant les ordonnances expresses des Ducs nos Prédécesseurs les Domaines de la Couronne soient inaliénables et toujours reversibles selon le bon plaisir des donateurs, ou de leurs successeurs, Nous trouvons cependant la plus grande partie des notres entré les mains de nos vassaux et sujets, lesquels en disposent à leur gré comme de leur bien propre ; ce qui a tellement diminué nos anciens revenus, que nous nous trouvons dans la nécessité indispensable de rétablir dans son premier état cette portion précieuse du patrimoine de nos ancêtres, pour en destiner le produit au payement des charges que la justice et l'honneur exigent de Nous; comme nous l'avons effectivement et dès à présent destiné par les ordres précis que nous avons donnés; la privation plus longue de ces mêmes Domaines nous mettrait hors d'état de satisfaire à l'un et à l'autre et deviendrait egalement prejudiciable à nos peuples et à nos intérêts, s'il n'y étoit incessamment pourvu. A ces causes et autres bonnes et justes considérations à ce nous mouvans, de l'avis des gens de notre conseil et de notre certaine science, pleine puissance et autorité souveraine, Nous avons dit, statué et ordonné, disons, statuons et ordonnons, voulons et nous plaît ce qui suit.

Art. 1er.

NOUS révoquons et annullons toutes les aliénations qui ont été faites depuis l'année mil six cent nonante sept, de toutes les terres et seigneuries biens et droits dependants ci-devant de notre Domaine auquel nous les réunissons et incorporons de nouveau, pour en jouir ainsi que nos prédécesseurs Ducs en ont pu ou du jouir avant les dites aliénations, et nonobstant toutes concessions, donations, contrats de Vente, d'Échange ou d'Engagement, Ascensements perpetuels ou à vie, lesquels actes nous déclarons nuls et de nul effet, sauf les Detenteurs actuels desdits Domaines aliénés qui se croiront fondés en pretentions légitimes, de nous les faire connoître, pour y etre par nous pourvu, de même qu'au remboursement des impenses nécessaires et améliorations qu'ils pourront avoir faits desdits biens, et de se pourvoir pour cet effet pardevant les commissaires qui seront par nous incessamment nommés.

Art. 2.

VOULONS en conséquence qu'en vertu du présent Edit, et sans qu'il soit besoin d'autres ordres, les officiers de nos Bailliages, Prevotés, et Grueries, rentrent dans la possession et la juridiction sur toutes lesdites terres et seigneuries alienées, soit qu'elles ayent été reunies et incorporées à des terres titrées, ou non, pour par nos dits officiers administrer la Justice et la police, y créer chaque année les officiers nécessaires selon l'ancien usage, faire les ventes de bois à notre profit, conformément à nos ordonnances, et veiller à la conservation de nos droits, ainsi qu'ils étoient obligés de le faire avant les dites aliénations.

Art. 3.

Les Receveurs particuliers de nos finances, chacun dans l'étendue de leur Recette, recevront tout le produit des dits Domaines aliénés en quoi ils puissent consister; à l'effet de quoi les fermiers modernes des Possesseurs actuels, ou les Maires, Doyens, Sergens et Officiers des lieux qui étoient chargés de lever nos Cens, Rentes et Emolumens fixes et casuels, en delivreront le montant à nos dits Receveurs à l'écheance des termes ordinaires, et leur en rendront un compte exact; contenant en détail tous les droits, biens et revenus dependans de notre Domaine, dans leurs bans et Mairies; Leur defendons de payer en d'autres mains à peine d'en repondre en leurs propres et privés noms.

Art. 4.

NOS dits Receveurs particuliers remettront pareillement de six mois en six mois entre les mains du préposé à ce recouvrement tout ce qu'ils auront reçu des dits fermiers modernes, et des Maires et gens de justice des lieux ci-devant aliénés; ensemble les comptes qu'ils se seront fait rendre de tous nos dits droits, Rentes, Biens et Revenus, pour, par ledit preposé, en compter tous les ans à nos chambres des comptes, lesquelles veilleront attentivement à ce que lesdits comptes soient complets et exacts, et que rien n'y soit obmis ni distrait.

Art. 5.

N'ENTENDONS néanmoins comprendre dans le présent Edit, les ascensements qui ons été accordés à plusieurs particuliers de quelques portions de terres vagues, friches et crues en bois, pour les defricher, remettre en valeur et y bâtir, ni les usines, masures et métairies à rebâtir qui après affiches et publications ont été adjugées et acensées par nos chambres des comptes, lesquels acensemens ainsi faits seront exécutés selon leur forme et teneur.

Art. 6.

Et comme nous n'avons pas encore jugé à propos de réunir quant à présent tous les autres Domaines et Droits domaniaux dependant de notre Couronne aliénés par les Ducs nos prédécesseurs avant l'année 1698, à quelque titre et sous quelque pretexte que ce puisse etre, desquels nous nous réservons néanmoins la revendication à notre bon plaisir, NOUS avons dit, statué et ordonné, disons, statuons et ordonnons, VOULONS et nous plaît que les détenteurs et possesseurs des dits Domaines aliénés avant l'année 1698, payent dans le mois du jour et date de la publication des présentes, la taxe imposée sur les dits Domaines, en conséquence de la déclaration rendue en 1722, s'ils ne l'ont déjà fait; sinon et à faute de ce faire, les Domaines possédés par eux après le dit temps d'un mois passé, seront réunis de droit à notre Couronne.

SI DONNONS en Mandement à nos très-chers et feaux les Présidens, Conseillers et Gens tenant notre cour souveraine de Lorraine et Barrois, Baillis, Lieutenans Généraux et Gens de nos Bailliages, Prevôts, Mayeurs et à tous autres nos officiers et justiciers, hommes et sujets qu'il appartiendra, que ces presentes ils fassent lire, publier, registrer et afficher partout où besoin sera, et de tenir, chacun en droit soy, la main à leur pleine et entière exécution. CAR ainsi nous plaît. Et afin que ce soit chose ferme et stable à toujours, aux présentes signées de la main de Notre très-chère et très-honorée Dame et Mère Régente de nos Etats, et contresignées par l'un de nos conseillers et secrétaires d'État, Commandemens et finances, a été mis et appendu notre grand scel. DONNÉ à Lunéville au mois de juillet mil sept cent vingt neuf.

Signé: ÉLISABETH-CHARLOTTE, *et plus bas,* par Son Altesse Royale, Humbert Girecour. *Registrata,* Guire, *pro* Tallange.

Lu, publié et registré; ouï et ce requérant le Procureur général de Son Altesse Royale, ordonné qu'il sera affiché pour etre suivi selon sa forme et teneur, suivant l'arret de ce jour; et qu'à la diligence du dit Procureur Général, copies duement collationnées seront envoyées dans tous les Bailliages et autres siéges ressortissans à la Cour, pour y etre pareillement lu, publié, registré, suivi et exécuté. Enjoint aux substituts des lieux de tenir la main à son exécution et d'en certifier la Cour au mois.

Fait à Nancy, audience publique tenante, le quatorze juillet mil sept cent vingt neuf.

Signé: par la cour, VAULTRIN.

(*Recueil des Édits,* etc., t. v, p. 14 et suiv.)

N° 8.

PREMIER BAIL DE LA VERRERIE DE MEISENTHAL.

Du 16 avril 1704.

Certificat du gardenotte.

Je soussigné tabellion général au duché de Lorraine, gardenotte au bailliage d'Allemagne, séant à Zarguemine y résidant, certifie à tous qu'il appartiendra qu'ayant fait la recherche dans les nottes du comté de Bitche d'un ascensement passé par le Sr Jean Fréderic de Zoller au profit des nommés Jean Martin Walter, Sebastien Bourgogne de la verrerie de Minendal, la copie duquel ayant été présentée par les preneurs, et la minutte se trouvant égarée, soit qu'elle ait été remise audit Sr Zoller qui s'est obligé de faire ratifier ledit ascensement, par Son Altesse Royale, soit qu'elle ait été remise à la Chambre des comptes, ne se trouvant que le projet, le soussigné, sur les requisitions des preneurs a fait le translat d'une copie en allemand par eux produite, signée du tabellion instrumentaire dont la teneur s'ensuit.

Sachent tous et un chacun que cejourd'huy seizième avril mil sept cent quatre, par deuant le tabellion général en Lorraine, résident au comté de Bitche soussigné, est comparu noble seigneur Jean Fréderic de Zoller, receveur et fermier général du comté de Bitche, Bouquenom et Sarwerden, lequel a reconnu qu'en vertu de son bail général et ensuite du décret obtenu au bas d'une requête adressée à Son Altesse Royale en date du deuxième septembre mil sept cent deux, avoir laissé à titre de bail aux nommés Jean Martin Walter, Sebastien Bourgogne et leurs consorts Jean Nicolas Walter, Étienne Walter et Martin Stenger à ce présent et acceptant la nouvelle verrerie appelée Meisendhal près de Sucht, où il y avait ci-devant une verrerie, laquelle depuis quatre-vingt ans et plus est ruinée et abandonnée et n'y paraissant rien à présent que les vestiges, pour construire et bastir des maisons suiuant et conformément à la permission obtenue de Sadite Altesse Royalle de s'y etablir; comme il ne se trouve plus de bois convenable à la vieille verrerie de Sucht, qui a été convertie en cense et laissée au profit de Son Altesse Royale ; et es fait ce présent bail pour le terme de trente années consécutives sous la ratification de Sa ditte Altesse Royalle, à commencer au premier janvier de la présente année, pendant lesquelles dites années ils bâtiront des maisons et autres commodités nécessaires et le batiment de la verrerie sera de bon bois de chesne pour estre et rester en propre à Son Altesse Royalle après la fin des dittes années sans qu'ils puissent prétendre aucuns depens pour raison des batiments de laditte verrerie, et seront obligés, comme par le présent bail ils s'obligent de payer annuellement à la recepte dudit Bitche à Noel, pour cense, pour la jouissance de laditte verrerie de Meisendhal et pour le bois nécessaire dont ils auront besoin la somme de quarante six florins bon argent ayant cours en Lorraine et pour les bois qui leur ont été ci-devant marqués près de l'autre dite verrerie appelés Suchterwalt, ils y auront la pasture et glandée comme cy-devant, neuf florins, comme aussi pour la gabelle des vins et autres boissons qu'ils debiteront, autres neuf florins. De plus pour tous les ouvriers qu'ils employeront à laditte verrerie seize florins, lesquelles quatre sommes ensemble montent à celle de quatrevingt florins ou cent soixante livres tournois qu'ils payeront et delivreront, en ce non compris le droit appellé Lands de Chlumb qui est de sept pricottes par chacun porc qui se payeront annuellement au jour de saint Remy audit lieu.

Laisseront aussi les dits preneurs jouir le censier qui sera à l'avenir à la cense de Schucht, de la vaine pature et glandée comme un d'eux, pour ce qui concerne les autres particuliers qui demeureront à ladite Sucht, ils n'auront droit dans le temps de la glandée d'y emboucher chacun trois porcs; au moyen desquelles conditions le dit S^r laisseur a promis aux dits preneurs tous les droits, privilèges, immunités et franchises que les autres verreries ont en Lorraine, en outre la préférence après les dites trente années au cas que quelqu'un veuille meliorer les dites conditions ou augmenter, lesquelles susdites conditions les parties stipulans ont acceptées. Promettant etc., renonçans etc. Fait à Bitche les an et jour avant dits, en présence des nommez François Kneisffler et Jean André Kremer tous deux bourgeois et habitans de cette ville, témoins à ce priez et requis qui se sont sousignés à la minutte avec les parties et moi tabellion sur la minute qui est restée entre mes mains. Signé J. F. Zoller avec paraphe, la marque de Sebastien Bourgogne, signé Jean-Martin Walter, Jean Martin Stenger, Franz Knopffler et André Kremer, signé J. P. Minder, tabellion général, avec paraphe.

Collationné et se trouve conforme mot à mot comme aussy du françois traduit en allemand conforme en substance et sens par le sousigné tabellion général en Lorraine résidant au comté de Bitche à Bitche ce seizième avril mil sept cent quatre. Signé Jean Pierre Minder, tabellion général avec paraphe.

Traduit de la langue germanique en françois et se conforme en sens et substance, à ladite copie par le sousigné tabellion gardenotte au bailliage d'Allemagne seant à Zarguemines y résident le vingt neuvième novembre mil sept cent vingt six. Signé Hoüllon, tabellion gardenotte avec paraphe.

Controllé à Dieuze ce 2 décembre 1726, f° 23, n° 13, reçu 9^s 6^d. Signé Blanpain.

(*Arch. de la Verrerie de Meisenthal.*)

N° 9.

Deuxième bail de la Verrerie de Meisenthal.

Du 13 septembre 1727.

Extrait des registres de la chambre des comptes de Lorraine.

Du vingt deux novembre mil sept cent vingt sept.

Du treize septembre mil sept cent vingt sept.

Par devant nous, conseiller d'État, controlleur général des finances de Son Altesse Royale et les conseillers au Conseil d'État et des finances soussignés.

Sont comparus Jean Martin Walter et Martin Bourgong stipulant tant pour eux que pour leurs consorts intervenus au bail actuel de la verrerie de Meisendhal située sur la paroisse et ban de Suche au comté de Bitche, sçavoir le dit Jean Martin Walter avec Jean Nicolas et Etienne Walter pour trois cinquièmes, Jean Nicolas Hilt pour un cinquième, Jean et Nicolas Bourgong pour l'autre cinquième, les dits Hilt et Bourgong estant aux droits de Jean Martin Stenger et Sebastien Bourgong denommés au dit bail en date du seize avril mil sept cent quatre lesquels comparans nous auroient très humblement représenté que Son Altesse Royale par son décret en date du huit janvier dernier aurait ordonné qu'il seroit par nous statué sur leur requete tendante à ce que pour les causes y contenues, il plut à Sa dite Altesse Royale leur accorder à perpétuité la ditte verrerie de Meisendhal, avec permission de convertir en preys et terres labourables celles qui sont incultes aux environs. Vu la ditte requete et les pièces y jointes, ledit décret de Son Altesse Royale du huit janvier dernier ; l'avis de Monsieur Lefebvre conseiller d'État de Son Altesse Royale et procureur général de ses chambres des comptes du six dudit mois ; autre requête à nous présentée par lesdits comparans et notre décret au bas en date du onzième du même mois portant que le tout sera renvoyé au sieur Poncet assesseur et garde-marteau ez prévosté et grurie de Bitche pour faire sur les lieux les examen et reconnaissance expliqués audit décret, l'avis dudit Poncet et la carte topographique y jointe ; autre decret sur la même requête en date du six du présent mois qui renvoie toutes les pièces cy-dessus mentionnées au sieur Masson conseiller de Son Altesse Royale et directeur général de la régie des eaux et forets et autres fonds destinés au payement des dettes de l'État pour y donner son avis ; l'avis du dit sieur Masson en date du dix du présent mois ; notre décret dudit jour dixième du courant, au bas de laditte requete portant qu'il sera passé un nouveau bail de laditte vererie aux supplians, sous les conditions qui seront convenues avec eux, toutes lesquelles pièces seront jointes à la minuttes des présentes.

Nous avons en conséquence cédé et abandonné à titre de bail pour et au nom de Son Altesse Royale au dit Jean Martin Walter et Martin Bourgong présent et acceptant tant pour eux que pour leurs consorts cy dessus nommés la dite vérerie de Meisendhal avec les batimens, terres, preys et autres dépendances, pour en jouir par eux, leurs successeurs et ayans cause pendant le temps de trente années consécutives qui commenceront au premier janvier mil sept cent trente trois et finiront à pareil jour de l'année mil sept cent soixante trois, sous les charges, clauses et conditions cy-après :

Article premier.

Que lesdits Walter Bourgong et consors jouiront pendant le cours du présent bail des maisons, batiments et usines de laditte verrerie de Meisend'hal qui sont actuellement construits comme aussi de ceux qu'ils jugeront à propos de construire pendant ledit temps à charge que le tout appartiendra à Son Altesse Royale après l'expiration dudit bail sans qu'ils puissent prétendre aucune indemnité pour raisons desdittes constructions.

2^c.

Il sera délivré aux dits Walter, Bourgong et consors par les officiers de la gruerie dans les cantons de la forest le plus à portée de laditte vererie et de Meisend'hal et de suitte de proche en proche les bois de hetre sur pied qui seront nécessaires pour façonner par chacune année jusqu'à trois cents cordes desquelles le prix demeurera fixé à six gros de chacune ; mais au cas qu'ils auroient besoin pour la faciente de leurs verre seulement d'une plus grande quantité desdits bois, ce qui leur en sera délivré audelà desdits trois cents cordes sera payé à raison d'un fran par chacune corde.

3ᵉ.

Avant que lesdits officiers puissent faire une seconde délivrance desdits bois auxdits Walter, Bourgong et consorts, ils seront tenus de vuider et nettoyer à leurs frais le canton de la forest où ils auront exploité les bois de la première delivrance et ainsi des autres cantons successivement à l'effet de quoi tous les bois morts et gissans qui se trouveront dans les dits cantons même les restes ou remanens des arbres chênes réservés pour etre vendus au proffit de Son Altesse Royale seront enlevés hors de la forest par lesdits Walter, Bourgong et consorts après toutefois que les marchands adjudicataires desdits arbres auront pris et enlevé ce qui sera propre à leur usage et sera loisible auxdits Walter, Bourgong et consors de consommer les dits bois morts gissans et remanens ainsi qu'ils aviseront à propos même les pourront bruler sur place s'ils n'ont autre moyen de nettoyer la forest.

4ᵉ.

Dans l'année après que les cantons exploités par les dits Walter, Bourgong et consors auront été vuidés et nettoiés comme dit est, ils s'obligent de les repeupler plançons de chênes vifs et bien venans qu'ils seront reçus d'arracher dans les taillis qui leur seront pour cet effet désignés le plus à portée que faire se pourra et seront les dits cantons de la forest ainsy nouvellement plantés mis et remis en deffense contre les bestiaux par cloture ou autrement autant de temps que besoin sera, le tout aux frais des dits Walter, Bourgong et consorts, sinon, et à faute d'y satisfaire, il y sera pourvu à leurs frais et dépens sans préjudice de récuperer contre eux les dommages et intérêts qui pourroient résulter de leur negligence à remplir lesdites conditions.

5ᵉ.

Lesdits Walter, Bourgong et consors pourront défricher et tenir en nature de terres labourables la quantité de deux cents arpens y compris ce qui est actuellement en cet état aux environs de laditte verrerie et le surplus à prendre également sur les rives du ruisseau nommé Meisenback en descendant dans l'endroit marqué MM sur la carte topographique sy mieux ils n'aiment se contenter de ce qui est actuellement defriché ce qu'ils seront tenus d'opter avant la fin du bail actuel à charge de payer six gros par année de chacun arpent de terres ou prey dont ils jouiront et que le tout sera bien et duement mesuré et aborné et dont sera dressé procès-verbal et carte topographique qui seront déposés au greffe de la grurie pour y avoir recours le cas échéant.

6ᵉ.

Jouiront lesdits Walter Bourgong et consors de la vaine et grasse pasture dans la partie de la forest de Bitche nommée Clausberg et Erlefeld qui comprend tout ce qui est enfermé entre le ruisseau qui passe au village dudit Sucht et celuy de Meisenback depuis les terres labourables dudit Sucht et de ladite verrerie de Meisend'hal jusqu'à la jonction des dits ruisseaux au lieu dit Speckbronn, ainsi qu'ils en ont joui ou du jouir jusqu'à présent, le tout à charge qu'ils useront de laditte vaine et grasse pature conformément à l'ordonnance seulement pour les porcs à eux appartenant, pour lesquelles patures les dits Walter Bourgong et consors payeront par chacun an la somme de quatre vingt dix frans.

7ᵉ.

Payeront encore lesdits Walter Bourgong et consors par chacun an tant pour eux que pour leurs ouvriers travaillant en ladite verrerie la somme de deux cent dix frans, savoir soixante et dix frans pour le Schaft et Frongelt, soixante et dix frans pour le Vogenhalt ou droit d'habitation et soixante et dix frans pour le droit de gabelle et en outre la dixme et terrage qui demeurera fixé à la dixième gerbe.

8e

Au surplus, les dits Walter Bourgong et consors et autres residans dans laditte verrerie de Meisend'halt payeront la subvention avec les habitans du village de Sucht et seront attenus aux mêmes prestations et devoirs que les habitans et communauté dudit lieu.

A tous lesquelles clauses charges et conditions les dits Jean Martin Walter et Martin Bourgong tant en leurs noms qu'en celuy de leurs consorts cy-devant nommés ont promis satisfaire ponctuellement soub l'obligation solidaire de tous leurs biens présens et futurs comme pour les propres affaires de Son Altesse Royale, les soumettant à toutes cours et justices, renonçant à toutes choses à ce contraires.

En conséquence nous ordonnons que les dits preneurs feront enregistrer le présent bail à leurs frais tant en la chambre des comptes de Lorraine qu'au greffe de la grurie de Bitche pour estre exécuté selon sa forme et teneur.

Fait à Lunéville ledit jour treizième septembre mil sept cent vingt sept et ont les dits preneurs signé avec nous et le secrétaire du dit conseil. Signé Rutaut, etc., Jean Martin Walter, Martin Bourgong et Henrion, secrétaire.

Signé : Henrion, secrétaire dudit conseil, avec paraffe.

Collationné sur l'enregistrement qui est au bas de l'arrêt de la chambre des comptes de Lorraine du vingt deux novembre mil sept cent vingt sept. A Nancy le six septembre 1758.

Expédition, etc., onze frans huit gros.

Signé : J. FRIMONT, avec paraphe.

(*Arch. de la Verrerie de Meisenthal.*)

N° 10.

TROISIÈME BAIL DE LA VERRERIE DE MEISENTHAL.

Arrest du conseil royal des finances et commerce, qui accorde, à titre de cens, aux habitans et communauté de Meysenthal la verrerie dudit lieu pour trente années.

Du treize juillet mil sept cent soixante deux.

Sur la requete présentée au Roi, en son conseil des finances et commerce, par les habitans et communauté de Meysenthal, et les verreries de La Soucht, tendant à ce qu'il plut à Sa Majesté : 1° leur accorder par ascensement perpétuel la verrerie de Meysenthal, maisons, batimens et dépendances, de même que les terres et prés, ainsi qu'ils en jouissent actuellement, et sans aucune réserve, suivant l'arpentage qui en sera fait et la carte qui en sera dressée, aux offres de payer savoir, pour le cens de la verrerie, emplacemens et exploitation d'icelle deux cent frans barrois par chacun an, six gros par chaque arpent de terre et espèces de prés qu'ils possèdent au delà des dits emplacemens et sauf aux suplians à payer au fermier du domaine ledit cens depuis son bail, pour les jours de terre dont ils auront joui au delà des deux cent à eux accordés par l'article V du bail du treizième septembre mil sept cent vingt sept, suivant le règlement qui en sera fait par Sa Majesté, en cas que contre l'attente des suplians, Sa Majesté ne trouverait pas juste la compensation de cette jouissance avec le payement annuel de deux cent dix frans et l'indemnité due à défaut de delivrance des bois ; 2° ordonner qu'il sera délivré annuellement, pour le roullement de ladite verrerie, quatre cent cordes bois hetres à tel prix qu'il plaira à Sa Majesté fixer ; 3° accorder aux suplians l'exemption de gabelle pour les vins, boissons et corvées d'ouvriers, qui travailleront à ladite verrerie, suivant l'article VII du bail du treizième septembre mil sept cent vingt sept; 4° la grasse et vaine pature dans les forets, aussi suivant l'article sixième du même bail, sous le sens de quatre vingt dix frans barrois, sans préjudice à la subvention et autres impositions qu'ils continueront à payer comme du passé, à l'effet de quoi ordonner que contrat d'ascensement sera passé aux suplians.

Vu ladite requête signée de l'un desdits suplians et Mengin, avocat aux conseils; le décret du vingt sept février mil sept cent soixante, portant renvoi à l'avocat général de la Chambre des comptes de Lorraine, pour y donner avis; la délibération du conseil du trentième juin, dite année, qui porte aussi renvoi au sieur Mathieu, Grand-maître, pour etre par lui commis tel officier qu'il jugera à propos, lequel se transportera sur les lieux, à l'effet de visiter et reconnaître le ban et les édifices construits à Meysenthal, dont il dressera procès-verbal et déclarera à quelle somme on peut fixer le cens annuel et perpétuel, 1° De neuf cent deux journaux trois huitièmes quatre verges de terres, prés, jardins, chenevières, usuaires et autres dependances dudit ban; 2° le cens des maisons et dependances; 3° celui pour la grasse et vaine pature dans les bois dont les suplians jouissent; 4° quelle quantité et à quel prix l'on peut, sans nuire à la foret, laisser de cordes de bois pour l'usage de la verrerie et des habitans; et enfin continuer le cens pour l'exemption de la gabelle, du Fronguelt et pour les habitations, tant des suplians que des ouvriers; pour quoi le commissaire est autorisé à nommer d'office un expert prud'homme dont il recevra le serment, dresser du tout procès-verbal pour, iceluy renvoyé au conseil, avec l'avis dudit Sr Grand-maître, et communiqué au procureur général de la chambre, etre par Sa Majesté statué sur le tout ainsi qu'il appartiendra. Le procès verbal dressé par devant le Sr Dubois, maître particulier en la maîtrise des eaux et forets de Sarguemines, commissaire délégué par le Sr Grand-maître des eaux et forets de Lorraine et Barrois, le troisième mai mil sept cent soixante-un, en exécution de son ordonnance du dix-huitième août mil sept cent soixante, lequel Sr Dubois a nommé pour expert Me Jean Bloucatte, arpenteur-geometre en ladite maîtrise, aux fins de procéder bien et fidèlement, après serment prêté à la reconnoissance et estimation des différens objets insérés dans l'ordonnance dudit Sr Grand-maître, dont il a eu communication, et le seizième dudit mois de mai il y a procédé, de quoi ledit Sr Dubois lui a donné acte de son raport, et a lui même procédé à la visite et reconnaissance de tous les différens cantons de terres, prés, jardins, chenevières, enclos, edifices et usines qui sont en la possession actuelle des verriers de Meysenthal, pour y donner ensuite son avis; icelui donné le treizième mai de ladite année mil sept cent soixante un. Un autre avis donné par les officiers de la maîtrise le quinze; les cartes topographiques dressées des terreins et bois destinés à la verrerie dont il s'agit, par ledit Bloucatte; l'avis donné par ledit Sr Grand-maître, ensemble celui donné par le procureur général de la chambre des comptes de Lorraine, auquel le tout a été communiqué; et après que le tout a été vu et examiné, que le S^r De Serre, conseiller d'État ordinaire, et audit conseil des finances, commissaire à ce député, a été ouï en son raport; et tout considéré.

LE ROI en son conseil, ayant aucunement egard à la requête des suplians, leur a accordé et accorde pour trente années la verrerie de Meysenthal, maisons, batimens hangards et dépendances, jardins, vergers, potagers, chenevieres terres et prés composans le ban de Meysenthal, à l'exception des batimens et terreins ascensés à Adam Bourgong, Jean Adam Walther et Pierre Stengler; à charge par lesdits verriers : 1° de remettre à l'expiration du bail qui leur sera passé, lesdits batimens en bon et suffisant état et à leurs frais; 2° de payer au domaine de Sa Majesté, et suivant leurs offres, deux cent frans barrois de cens annuel, pour l'exploitation de la verrerie, emplacement et dependances du hangard, de la consistance de cent trente quatre verges carrées ; 3° un cens annuel de six deniers par chacune toise carrée des maisons cours et usuaires dans l'enceinte de Meysenthal ; et un fran six gros par chacun jour de deux cent cinquante verges l'un, des jardins attenans aux maisons, tant vergers que potagers, chenevieres et jardins de legumes, hors l'enceinte fermée de palissades, le tout contenant trente sept jours, trois verges et quinze pieds, et à charge aussi par les propriétaires desdites maisons et terreins de faire arpenter et aborner séparement leurs heritages dans l'une et l'autre partie, pour connoitre la division du cens, et les parts et portions qui appartiendront à chacun ; 4° six gros de cens annuel outre le terrage ordinaire par chacun des huit cent trente quatre arpens deux huitièmes, cinq verges de terres et prés composans le ban de Meysenthal, y compris les terreins usurpés par Conrad Ventzel, Jean Isch et Nicolas Philippi qui seront tenus de deguerpir, sauf l'indemnité par les verriers, pour raison des batimens, si aucune est dûe ; 5° cent frans par année pour l'exemtion du droit de gabelles ; 6° quatre vingt dix frans pour le droit de grasse et vaine pature dans les montagnes de Kleberg et Gausselberg et pour leurs bestiaux seulement ; 7° enfin que tous les résidens en ladite verrerie payeront la subvention avec les habitans de La Souchtt et seront attenus aux mêmes prestations et devoirs que lesdits habitans.

A Sa Majesté converti et convertit en exploitation reglée les coupes et delivrances en bois morts et morts bois dans les montagnes de Kleberg et Gausselberg ; en consequence ordonne qu'il sera délivré annuellement auxdits verriers, et pour l'exploitation de leurs usines et chauffages seulement vingt cinq arpens de bois, pour etre façonnés en cordes à prendre à l'extremité occidentale de ladite montagne de Kleberg, aller de suite en suite et passer à Gausselberg.

Ordonne pareillement Sa Majesté qu'il sera réservé par chacun des vingt cinq arpens, et autant que faire se pourra, vingt quatre arbres des plus sains et mieux venans, essence de chêne par préférence, et à leur défaut de hetres, sans neanmoins que les parties peuplées puissent supporter la réserve des vuides et clairieres; auquel cas les officiers de la maitrise seront tenus d'en faire mention dans leurs procès-verbaux.

Qu'outre et par dessus les réserves ci-devant spécifiées, il sera encore distingué sur les vingt cinq arpens de délivrance annuelle, les arbres à l'usage de Hollande, propres au sciage et mairins, par trois marques, dont deux aux racines, et l'autre au corps, pour etre ensuite vendus au profit de Sa Majesté, lors des adjudications ordinaires, à charge toutefois que les chutes, rémanences, escoupeaux, cimeaux et houpiers, ensemble tout ce qui ne sera pas de service, appartiendront aux suplians, pour etre façonnés en cordes, dans la même année d'exploitation de leur coupe.

Ordonne aussi Sa Majesté, que les suplians païeront dans les termes ordinaires, entre les mains du receveur particulier des bois de Sarguemines, le prix des delivrances ci-dessus, tant des coupes ordinaires que des rémanences des bois de service, à raison de quinze sous la corde, de quatre pieds de hauteur, sur huit de longueur, et la buche de quatre pieds, le tout mesure de Lorraine et au par delà de païer entre les mains du greffier de la maitrise, les quinze deniers pour livre, pour etre distribués conformément aux Edits de mil sept cent quarante sept, et de mil sept cent cinquante six et un sou par corde pour le comptage, aux officiers, à charge par eux d'en dresser procès-verbaux, pour etre deposés au greffe de ladite maitrise ; et qu'il sera en outre emploïé dans lesdites cordes tous bois et brins de quatre à cinq pouces de tour ; au moïen de quoi Sa Majesté leur abandonne le surplus des rames ciméaux et houpiers pour en faire tel profit qu'ils jugeront à propos.

Ordonne Sa Majesté qu'après la révolution de quarante années pour les coupes, les suplians seront tenus de recommencer l'exploitation par les plus anciens taillis et qu'il sera alors réservé douze arbres de futayes et douze balivaux de l'age, par chacun arpent, et que s'il se trouve dans l'un ou l'autre cas, une nécessité indispensable pour le repeuplement des forets, de récéper au bout de dix à quinze années les taillis, lesdits verriers seront tenus de les prendre et façonner à leur compte et de les païer comme il est dit à l'article ci-dessus.

Fait defense Sa Majesté aux suplians, à toutes communautés et particuliers, de laisser frequenter leurs bestiaux dans les coupes usées de ladite verrerie que les taillis ne soient peuplés de bonnes espèces et jugés défensables par les officiers de la maitrise. Ordonne que lesdits verriers seront tenus d'aborner leur ban dans toute sa circonference, en présence d'un officier de la maitrise de Sarguemines, qui sera commis à cet effet par ledit Sr Grand-maitre, dont du tout il sera dressé des procès-verbaux pour etre déposés au greffe du même siège.

A condamné et condamne lesdits verriers et résidens de Meysenthal à payer au fermier du domaine de Sa Majesté au comté de Bitche, ses commis ou préposés, pendant le courant de son bail six gros par chacun des six cent trente quatre arpens de terres et prés qu'ils ont cultivés audelà des deux cent à eux accordés par le bail de mil sept cent trente trois; a Sa Majesté débouté et déboute les suplians du surplus de leurs conclusions; et notamment de leur demande en essart de cent vingt trois arpens en boctaux et languettes, sauf à y etre fait droit lors de l'aménagement général des forets de Bitche.

Mande Sa Majesté au Sr Grand-maitre et aux officiers de la maitrise de Sarguemines de veiller et tenir la main chacun en droit-soi, à l'exécution du présent arret, qui sera enregistré au greffe de ladite maitrise de Sarguemines. Et seront sur icelui toutes lettres nécessaires expédiées. Fait audit Conseil tenu à Lunéville le treize juillet mil sept cent soixante deux. *Signé :* DURIVAL.

Suivent les lettres de commission du Roi Stanislas, du 26 juillet 1762 et l'ordonnance du Sʳ Mathieu, Grand-maître des eaux et forêts des duchés de Lorraine et de Bar, du 10 septembre 1762, pour l'exécution du susdit arrêt.

(Imp. à Nancy, Charlot père et fils, M DCC LXII.)

N° 11.

Arret qui accorde aux verriers de Meysenthal une affectation de 2,000 arpens de bois.

Extrait des registres du conseil royal des finances et commerce.

Du deux mars mil sept cent soixante trois.

Sur la requete présentée au roi en son conseil des finances et commerce par les habitans et verriers de Meysenthal, maitrise de Sarguemines contenant que par arret du conseil des finances du treize juillet dernier, qui accorde à titre d'ascensement pour trente années les verreries de Meysenthal, il a plu à Sa Majesté convertir en exploitation réglée les coupes et délivrances en bois morts et morts bois dans les montagnes de Kleberg et Grensselberg et ordonné qu'il seroit annuellement délivré aux suplians vingt cinq arpents de bois pour etre façonnés en cordes, à prendre à l'extremité occidentale de ladite montagne de Kleberg, moyennant 15 sous la corde et qu'il seroit réservé par chaque arpent vingt quatre arbres outre les bois de hollande, les suplians sont obligés de se pourvoir à Sa Majesté, pour lui représenter : 1° que ces vingt cinq arpens qu'elle leur a accordé ne sont pas à beaucoup près suffisans pour l'exploitation de la verrerie, il leur en faut au moins cinquante arpens annuellement, il y a possibilité, puisque ces montagnes contiennent plus de trois mille arpens ; 2° qu'en commençant l'exploitation par l'extremité occidentale de cette montagne elle seroit nuisible non seulement au domaine de Sa Majesté, mais la voiture de la corde de bois leur couteroit plus d'un escus, ce qui feroit leur ruine totale, ils seroient hors d'état de subvenir à une depense aussi considerable, ce qui les empêcheroit de pouvoir exploiter l'usine et exécuter leur bail, ils espèrent que Sa Majesté aura la bonté de changer l'ordre de cette exploitation et qu'elle leur accordera à commencer dans les montagnes qui sont auprès de leurs maisons et verreries, ce qui les degagera de la foret et fera fructiffier leurs terres dans lesquelles ils sont enclavés. Ils esperent avec d'autant plus de confiance qu'ils se sont épuisés en dépenses tant pour les frais d'arpentage, abornement, frais et voyages et qui leur a couté près de huit mille livres ce qui les a nécessités de faire des emprunts, à ces causes les suplians auroient conclu à ce qu'il plus à Sa Majesté en ajoutant à son arret du treizième juillet mil sept cent soixante deux leur accorder cinquante arpens de bois dans les montagnes dites Kleberg et Gausselberg au lieu de vingt cinq à eux accordés par ledit arret, ordonner que l'exploitation des cinquante arpens commencera dans les montagnes le plus rapproché de leur verrerie lesquelles seront exploités conformément audit arret. Vu ladite requete signé Montjean avocat au conseil, l'arret imprimé dudit jour treize juillet dernier y joint, ensemble les avis donnés tant par les officiers de la maitrise particulière des eaux et forets de Sarguemines que par le Sr Mathieu Grand-maitre auquel le tout a été renvoyé par décrets des vingt six novembre mil sept cent soixante deux et douze janvier dernier, ouï le rapport du Sr Gallois conseiller sécretaire d'état et conseiller audit conseil des finances et commerce à ce député et tout considéré.

Le Roy en son conseil en interpretant l'arret du treize juillet dernier et en y ajoutant, ordonne que l'affectation accordée pour l'usage de la verrerie des habitans de Meysenthal demeurera fixée à deux mille arpens à prendre scavoir six cent vingt quatre arpens en la montagne de Nospickel, jusqu'aux trois rochers dits dreypeterstein, quatre cent cinquante deux arpens à Klausenberg et neuf cent vingt quatre arpens en partie de Kleberg attenant à Klausenberg, lesquels deux mille arpens seront exploités à raison de quarante ans de recrus et de cinquante par chacune des délivrances annuelles, au surplus que l'arret dudit jour treizième juillet dernier sera exécuté suivant sa forme et teneur, et le présent arret enregistré au greffe de ladite maitrise de Sarguemines. Fait audit conseil tenu à Lunéville le 2ᵉ mars 1763.

Signé : DURIVAL, avec paraphe.

(*Arch. dép. de Metz*, série B, n° 105.)

N° 12.

LETTRES DE PERMISSION *de faire construire une verrerie dans le comté de Bitche, dans les bois de Gotzbrick et montagnes de Helhseilh, pour le Sʳ Poncet.*

Du 21 janvier 1721.

LÉOPOLD, etc., salut, nostre cher et amé Georges Poncet, assesseur en nostre prévoté et garde marteau en nostre grurie de Bitche nous a très humblement fait remontrer qu'il aurait conceu le dessin de faire construire une verrerie en un canton de bois appellé Gotzbrick et montagnes de Helhseith en nostre comté de Bitche en un endroit où il y a eu autrefois une usuine de laquelle il ne reste que la masure sy nostre volonté estoit de luy permettre cet etablissement qui seroit avantageux à nostre etat et de lui accorder les bois nécessaires aux bastimens ceux de chauffage et un canton pour faire du charbon qu'il pourra après l'essart faire conuertir en terres labourables et en preys la libertés de prendre dans lesd forets et montagnes les bois morts et mort bois dont on ne fait aucun proffits pour en faire des cendres et celle d'enuoyer vainpatturer les bestiaux du suppliant, et ceux de ses ouvriers dans les mêmes forets où ils pourront mettre même gratis cinquante porcs à la glandée, lui permettre encore et à ses ouvriers de vendre vin, bierre, cidre, eau de vie et autres liqueurs sans estre tenus de payer aucune gabelle, et enfin que lorsque les bois du canton qui lui aura été designé seront consommés de convertir le tout en terre et preys qui lui appartiendront en propriété et d'y construire une métairie aux offres de payer à nostre domaine pour cens annuel et perpétuel une somme de 60 ₶ faisant 140 frans barrois et voulant traiter favorable, ledit Poncet après avoir fait voir et examiner la requete qu'il nous a p̄nté par nostre tres cher et féal cons^r d'état et en nostre chambre des comptes de Lorraine commissaire général reformateur des eaux et forets du département d'Allemagne, le s^r Kikler et pris sur ce son auis de nostre grace spécialle pleine puissance et autorité soueueraine nous avons permis et permettons audit Poncet de faire construire et bastir solidement une verrerie dans les forets dependantes du domaine de nostre comté de Bitche appellée les bois Gotzbruck et montagnes de Helcheith à l'effet de quoy il lui sera marqué designé et aborné par le s^r Kikler un canton de la consistance de six cents arpens que nous avons cédé et abandonné cédons et abandonnons à tittre de cens annuel et perpétuel audit Poncet pour en jouir et disposer par luy ses hoirs et ayans cause ainsy qu'ils jugeront à propos lequel canton ils pourront convertir en preys et terres labourables à fure et à mesure que le deffrichement et consommation desd bois s'en feront et lorsqu'il ny aura plus pour fournir à l'entretient de lad verrerie ils pourront en place d'icelle y construire une cens ou mettairie quy sera aussy bastie solidement dans lequel terrain nous nous sommes expressement réservés et réservons les arbres chênes dont il sera disposé à notre proffit sous les ordres dudit s^r Kikler; desquels néantmoins il sera desliuré ceux qui seront nécessaires à la construction du batiment de lad verrerie luy avons en outre permis et accordé permettons et accordons de prendre sans dégradation dans nosd forets et montagnes de Gotzbrick et Heilcheidt les bois mort et mort bois pour en faire des cendres auec droit audit Poncet et à ses ouvriers d'enuoyer vainpaturer leurs bestiaux dans led bois de Heilcheidt et di mettre lorsqu'il y aura de la glandée les porcs nécessaires à l'entretient de leurs ménages seulement et suiuant que le nombre en sera réglé par les officiers de notre grurie de Bitche permettons encore aud Poncet et à ses ouuriers de vendre et débiter des vins eau de vie bierre et cidre sans etre attenus de payer aucune gabelle.

A charge par le même Poncet de bastir incessamment lad verrerie solidement et en bois de chaine et. après que lesd six cent arpens seront entièrement consommés d'y bastir en place de lad verrerie une maison de moitrier de laquelle dépendront lesd six cents arpens pour raison desquels après lesd trente années écoulées ledit Poncet ses héritiers et ayants cause paieront annuellement et à perpétuité soixante liures pour cens outre la dixme que nous nous sommes réserués et réseruons et des à présent estant et si longtemps que lad verrerie subsistera tant sur led terrain de six cents arpens qu'ailleurs ou elle pourra estre transféré ils paieront à nostre domaine de Bitche la somme de nonante livres tournois faisant deux cents dix frans barrois pour le cens de lad verrerie dix huit liures faisant quarante deux frans pour le droit de vainpaturage et de glandée pareille somme pour les franchises des gabelles de vins eau de vie bierre et cidre et 32 liures pour les franchises que nous avons accordé et accordons aux ouvriers qui seront employés à lad verrerie reuenant tout lesd sommes à celle de cent cinquante huit liures par année de tout quoy ledit Poncet fournira lettres obligatoires et reuersalles lors de l'entherinement des p̄ntes. Sy donnons en Mand^t à nos très chers et feaux les présidents cons^{rs} maitres auditeurs et gens tenans nostre chambre des comptes de Lorraine et à tous autres nos officiers justiciers hommes et suiets qu'il appartiendra qui du contenu ez présentes nos lettres de permission de construire une verrerie et de tout l'effet d'icelles ils et chacun deux en droit soy fassent souffrent et laissent ledit Poncet et ses successeurs et ayants causes jouir et user pleinement et paisiblement cessant et faisant cesser tous troubles et empêchement contraire car ainsy nous plait. En foy de quoy, etc. Grand scel. à Nancy le 21 janvier 1721.

Signé : LEOPOLD et sur le replys par S. A. R. contresigné Humbert Gucourt.

(*Arch. dép. de Nancy*, série B, n° 151.)

N° 13.

SUBROGATION à Jean Martin Walter et consorts par Jean Georges Poncet, du privilège d'établir une verrerie, porté aux Lettres de permission du 21 janvier 1721.

Du 6 septembre 1721.

L'année mil sept cents vingt et un le six° de septembre par devant nous le tabellion g^{al} soussigné est comparu le sieur Jean Georges Poncet assesseur à la prévosté de Bitche lequel a dit et déclaré, qu'ayant plu à S. A. R. de lui accorder un privilège d'establir une verrerie dans les forets de la comté de Bitche au canton appellé Gözenbruck et sur la montagne de Hildscheydt, et y faire un defrischement de six cents arpents de terres labour. ou prez conform^{ént} aux lettres patentes du vingt un janvier de la présente année mil sept cents vingt et un il a subrogé en vertu des présentes à sa place, pour lui ses hoirs et ayants cause à perpétuité aud privilège les nommés Jean Martin, Jean

Nicolas et Etienne les Waldres, comme aussy Jean Nicolas Hild, tous m^res verriers demts à Meisenthaal à ce présents et acceptants pour eux leurs hoirs et ayants cause solidairement l'un pour l'autre led privilège aux charges clauses et conditions cy après enoncées scavoir que, lesd m^res verriers bastiront à leurs frais aud canton lad verrerie en bastiment solide et bois de chesne, qu'ils defrischeront pareillement lesd six cents arpents des terres lab. ou prez et les metront en bon et suffisant estat le plus tot que faire se pourra le tout conformément aud privilège dont copie deuement collationnée leur a esté donnée de même que de l'entherinement de nos seigneurs de la chambre des comptes de Lorraine pour en jouyr par eux pendant tout le temps porté par lesd lettres patentes ainsy et de même que pourroit et debvroit en jouir led sieur Poncet moyennant quoy lesd Walders et Hild ont promis et promettent de rembourser aud s^r Poncet à Noel prochaine la somme de quatre cens livres au cours de Lorraine tant pour la cession dud privilège que pour l'indemniser des frais qu'il a fait à ce sujet et pour l'arpentage des six cents journaux de terres ou prez, et lui payer annuellement pour un ascensement perpétuel par chaque année à commencer par Noel prochain la somme de cinq cents soixante livres aussy au cours de Lorraine payables de six mois en six mois dont le premier terme echerra à la St Jean-Baptiste de l'année prochaine mil sept cents vingt deux et d'acquitter les subventions ordinaires, de franc jouyr de toutes autres franchisses confo^ment aud privilège donné aud s^r Poncet et rendre aud Bitch annuellement la quantité de cinquante bouteilles cent cinquante vers à boire et deux cents carreaux ordinaires de fenestres de ver fin, et double.

Luy delivrer la dixme des six cents jours de terre pendant trente années seulement à mesure que le défrischement s'en fera et ce des grains, bien entendu qu'ils seront exempts pendant led temps de donner la dixme des grundbierns, blé de turquie chanvre et lin, après lequel temps expiré ceste dixme debvront estre acquittée au domaine de S. A. R. Les preneurs donneront pour vin du marché cinquante livre dont la moitié sera despensée lorsque l'on posera la première pierre et l'autre quand on mettra le premier feu au fourneau.

Si au bout de trente années accordées pour lad verrerie elle peut subsister au mesme lieu ou doibt estre transportée ailleurs, conformément aud privilège lesd preneurs s'obligent de convenir avec led s^r Poncet pour une autre redevance annuelle à l'esgard de lad verrerie seulement, led canon de cinq cents soixante livres debvant etre continué à perpétuité pour la jouissance desd six cents journaux de terres.

Au moyen de tout ce que dessus, led s^r Poncet s'oblige de payer au domaine de S. A. R. l'ascensement perpétuel porté par led privilege, et leur faire accorder par messieurs les officiers de la gruyerie de Bitche pendant la glandée la quantité de cinquante porcs et grobis et ce tant que la verrerie subsistera, promettant de leur faire valoir led privilège et les y maintenir ; sur quoy lesd preneurs se sont obligés solidairement de tenir et entretenir tout ce que dessus sous l'obligation de tous leurs biens meubles et immeubles présents et futures, renoncant à toutes choses à ce contraire. Fait à Bitche les jour et ans que dessus en présence de pierre Lang et nicolas Baumoël bourgeois de lad ville témoins à ce requis lesquels après lecture et interpretations faites avec les parties et moy le Tabellion ont signés

Signé : Poncet, hanss nickel hilt, hanss Martin Walter, hans nickel Walter, Iohannes Walter im Nahmen Stephan Walter meiner Vatter, N. Baumöhl, Peter Lang, Uhrich Tab^{on}.

Controllé à Bitche le dixième septembre 1721.

Reçu cinq louis qatre sols six deniers.

Signé : J. B. MINDER.

(*Arch. dép. de Metz, Not. et Tab., Bitche.*)

N° 14.

Arret du Conseil d'Etat, qui maintient Jean Martin Walter et consorts dans la jouissance et exploitation de la verrerie de Goetzenbruck ; affecte à l'affouage de ladite verrerie la quantité de 1788 arpens et demi de bois de la foréterie de Soucht.

Extrait des registres du Conseil d'État.

Du sept avril mil sept cent soixante sept.

Sur la requête présentée au Roy en son conseil par Jean Martin Walter, Gaspard Walter, le petit et les heritiers de Pierre Stenger, tous demeurant à Gœtzenbruck dans le compté de Bitche en Lorraine contenant que par lettres patentes du duc Léopold du vingt et un janvier mil sept cent vingt et un enregistrees en la chambre des comptes de Lorraine, le vingt quatre avril suivant, le s^r Jean Georges Poncet, assesseur à la prévoté de Bitche, obtint la permission de construire une verrerie dans les forets dependantes du domaine du compté de cette même ville, appellée le bois de Gœtzenbruck et montagne de Hildscheide, que les lettres patentes portent que pour le roulement de ladite verrerie il lui sera marqué et abandonné par le s^r de Kickler commissaire général reformateur des eaux et forets du département d'Allemagne six cents arpens à titre d'ascensement perpétuel, pour en jouir par luy ses heritiers ou ayant cause ainsi qu'ils jugeront à propos, lequel canton ils pourront convertir en prés et terres labourables à mesure que le defrichement et la consommation des bois s'en feront, que les lettres patentes portent encore que lorsqu'il n'y aura plus de bois pour fournir à l'entretien de ladite verrerie il pourra etre construit à la place une cense qui sera batie solidement, que par les mêmes lettres le duc Léopold se réserva dans le terrein les chênes et ordonna qu'il seroit délivré seulement ceux nécessaires à la construction du batiment de ladite verrerie, qu'il accorda en outre audit sʳ Poncet la permission de prendre sans degradation dans lesdits forets de Gœtzenbruck et Hildscheid, les bois morts et morts bois pour en faire des cendres avec faculté à lui et à ses ouvriers d'envoyer vainpaturer leurs bestiaux dans lesdits bois et d'y mettre lorsqu'il y aurait de la glandée, les porcs nécessaires à l'entretien de leurs ménages seulement, et suivant que le nombre en seroit fixé par les officiers de la grurie de Bitche, qu'il fut encore permis au sʳ Poncet et à ses ouvriers de vendre et debiter des vins, eaux de vie, bierre et cidre sans etre tenus de payer aucune gabelle, à la charge par ledit sʳ Poncet de batir incessamment ladite verrerie sollidement et en bois de chêne, et après que les bois des six cents arpens seroient entierement consommés, d'y batir en place de ladite verrerie une maison de maitre de laquelle dépendroient les six cents arpens, pour raison desquels après trente années expirées, le sieur Poncet ou ses heritiers et ayant cause payeroient annuellement à perpétuité soixante livres de Lorraine pour cens outre la dixme, à la charge aussi que tant et si longtemps que ladite verrerie subsisteroit, ils payeroient au domaine de Bitche quatre vingt dix livres de Lorraine pour le cens de la verrie, dix huit livres pour le droit de vainpaturage et de glandée, pareille somme pour la franchise des gabelles de vins, eaux de vie bierre, en outre trente-deux livres pour la franchise accordée aux ouvriers employés à ladite verrerie, toutes lesquelles sommes montent à celle de cent cinquante huit livres, que par acte du six septembre de la même année mil sept cent vingt et un, le sʳ Poncet fit cession aux nommés Jean Martin, Jean Nicolas et Etienne les Walter, ensemble à Jean Nicolas Hilt du privilége cy dessus, aux clauses conditions contenues auxdites lettres patentes, en consequence ils s'obligèrent de rembourser audit sʳ Poncet, à noel de l'année mil sept cent vingt deux, quatre cent livres tant pour la cession dudit privilége que pour l'indemniser des frais qu'il avait été obligé de faire à ce sujet, de même que pour l'arpentage des six cents arpens, de lui payer en outre, annuellement et pour toujours à commencer à Noel mil sept cent vingt deux, cinq cent soixante livres payables de six mois en six mois, comme aussi de rendre audit s^r Poncet à Bitche la quantité de cinquante bouteilles, cent cinquante vers à boire et deux cent carreaux ordinaires de fenetres, verre fin et double, de lui delivrer la dixme des six cent jours de terre pendant trente ans aussi à mesure que le défrichement s'en feroit, et ce des grains seulement, la dixme devant etre après ce temps payée au domaine du prince, que ledit acte porte encore que si au bout de trente ans accordés pour ladite verrerie, elle peut subsister à ce même lieu, ou si elle doit etre transférée ailleurs suivant le privilège, les cessionnaires s'obligent de convenir avec ledit s^r Poncet pour une autre redevance annuelle à l'egard de la verrerie seulement le canon de cinq cent soixante livres devant etre continué à perpétuité pour la jouissance des six cent jours de terre, au moyen de quoi ledit s^r Poncet s'est obligé de payer au domaine du prince l'assensement perpétuel porté par le privilège et faire accorder aux cessionnaires par les officiers de la gruerie de Bitche pendant la glandée la quantité de cinquante porcs tant que lad^e verrerie subsistera. En consequence de cette subrogation, les cessionnaires ont fait construire la verrerie conformément aud privilège ils en ont joui jusqu'en mil sept cent cinquante sept tant par eux que par leurs héritiers du nombre desquels se trouvent les supplians qui ont droit à lad^e verrerie pour moitié, l'autre moitié étant indivise entre dix à douze cohéritiers, et y ayant eu procès au conseil de Lorraine, en lad année mil sept cent cinquante sept entre les fermiers du domaine du compté de Bitche, les représentans du s^r Poncet et les représentans des Walter au sujet de plusieurs années d'arrérages des cens portés par lesd lettres patentes de mil sept cent vingt et un que les fermiers prétendirent leur etre dus et sur ce que led sʳ Poncet et ses représentans n'avoient point fait faire le procès-verbal de désignation et d'abornement des six cent arpens cédes par les mêmes lettres patentes, arret est intervenu le deux juillet mil sept cent soixante trois sur ses contestations et plusieurs autres formées dans le cours de l'instance qui entre autres dispositions maintient les supplians et leurs coheritiers dans les droits et priviléges portés par lesd lettres patentes et aux charges qu'elles renferment, ordonne qu'ils seront tenus de convenir amiablement avec les représentans du sʳ Poncet d'une redevance annuelle conformément au contrat de subrogation du six septembre mil sept cent vingt et un, sinon que la redevance sera reglée par expert, et autorise lesd Walter à payer au domaine de Sa Majesté par préference aux représentans du sʳ Poncet le cens annuel de deux cent dix huit livres porté par les mêmes lettres patentes dont il sera fait état par ces derniers, sur quoi les supplians ont l'honneur d'observer très humblement à Sa Majesté que les six cent arpens accordés par lesd lettres patentes de mil sept cent vingt et un sont sur le point d'etre defrichés, que cependant il est de l'interet public de faire subsister lad verrerie, c'est pourquoi ils prennent la liberté de se pourvoir pour demander qu'il leur soit marqué chaque année, après le défrichement consommé cinquante arpens en la place du bois mort et mort bois qu'il leur avait été permis de prendre dans toutes les forêteries de Bitche, pour pouvoir continuer l'exploitation de leur verrerie. Les supplians demandent en second lieu d'etre autorisés à tenir seuls lad verrerie après le defrichement des six cents arpens à l'exclusion de leurs autres coheritiers, par la raison que la plupart de ces cohéritiers sont insolvables qu'ils ne sont nullement en état de faire les avances nécessaires que d'ailleurs demeurant dans différens endroits eloignés de la verrerie ce qui les empêche d'y veiller avec toute l'exactitude que cette usine exige à cet effet, les supplians s'obligent à payer seuls les sens imposés pour la verrerie ensemble la redevance annuelle au profit des représentans du s^r Poncet, par là leurs cohéritiers n'en recevront aucun préjudice puisqu'ils auront joui jusqu'au defrichement total des six cents arpens ce qui devoit etre le terme de la durée de la verrerie et conséquemment de la subrogation du six septembre mil sept cent vingt et un et qu'ils ne payeront plus aucun cens à ce sujet. A ces causes requéroient les supplians qu'il plut à Sa Majesté en interpretant en tant que de besoin l'arret du conseil de Lorraine du deux juillet mil sept cent soixante trois, continuer à perpétuité au proffit des supplians l'exploitation de la verrerie de Gœtzenbruck, aux offres qu'ils font de continuer de payer au domaine les cens portés pour raison de ce aux lettres patentes de mil sept cent vingt et un, à l'effet de quoi ils jouiront à l'exclusion de tous autres de la halle actuellement construite aud lieu à compter du jour que le défrichement des six cent arpens sera achevé, aux offres qu'ils font d'indemniser leurs copropriétaires de leurs place dans laditte halle à dire d'expert, leur accorder pour l'affouage de lad verrerie une coupe annuelle de cinquante arpens de bois à prendre dans tels endroits qui seront désignés aux offres qu'il font de payer huit sols de France par chacune corde de huit pieds de longueur quatre de hauteur et deux et demi de largeur outre quinze deniers pour livre et le sol de comptage aux officiers de lad maitrise, ordonner que dans les parties qui seront affectees à lad verrerie les supplians jouiront à l'exclusion de tous autres du droit de vaine et grasse pature tant pour eux que pour les ouvriers travaillant à la verrerie et tous les priviléges énoncés auxd lettres patentes de mil sept cent vingt et un aux charges y portées. Vu lad requête et les pièces y jointes notamment les lettres patentes du vingt et un janvier mil sept cent vingt et un, et l'arret du conseil de Lorraine du deux juillet mil sept cent soixante trois cy dessus mentionné, et l'avis du s^r Mathieu Grand-maitre des eaux et forets du département des duchés de Lorraine et de Bar, du dix-neuf février mil sept cent soixante sept, ouy le rapport du s^r de Laverdy conseiller ordinaire au conseil controleur général des finances. LE ROY, en son conseil, ayant aucunement egard à la requête, en interpretant en tant que de besoin l'arret rendu au conseil de Lorraine le deux juillet mil sept cent soixante trois a maintenu et gardé, maintient et garde les supplians dans la jouissance et exploitation de la verrerie de Gœtzenbruck, ce faisant affecte Sa Majesté pour l'affouage de lad. verrerie la quantité de mil sept cent quatre vingt huit arpens et demi de bois à prendre dans la foreterie de la Soucht forets de Bitche scavoir dans le canton de Klosterberg cinq cents quatre vingt dix neuf arpens, dans celui de Dreyspitz cent vingt trois arpens un quart, dans le canton de Brounekopf quatre cent soixante dix sept arpens et demi, dans celui de Spessert deux cent quatre vingt onze arpens et dans le canton de Dœrenwaldt deux cent quatre vingt dix sept arpens trois quarts, ordonne Sa Majesté que les dix sept cent quatre vingt huit arpens et demi de bois seront exploités à l'age de quarante ans à raison de quarante quatre arpens et trois quarts par chaque coupe suivant la désignation qui en sera annuellement faite par le s^r Mathieu Grand-maitre des eaux et forets du département des duchés de Lorraine et de Bar ou les officiers de la maitrise particuliere de Sarguemines qu'il pourra commettre que lors des coupes il sera réservé par chaque arpent vingt-quatre arbres des plus sains et mieux venans et de brin essence de chêne autant qu'il sera possible, et à défaut de chêne de la meilleure essence, sans neanmoins que les parties peuplées puissent supporter la réserve des places vides et des clairiéres et en outre tous les arbres qui se trouveront propres au service au sciage et à mering le tout suivant la marque qui en sera annuellement faite du marteau du roy lors de chaque délivrance par les officiers de lad^e maitrise commis par led. s^r Grand-maitre dont sera dressé procès-verbal pour etre déposé au greffe de lad^{te} maitrise et que les bois qui proviendront desd. coupes et les arbres chablis qui se trouveront seront convertis en cordes de quatre pieds de hauteur chacune sur huit pieds de longueur, la buche de quatre pieds de long le tout mesure de Lorraine dans lesquelles cordes seront employés tous les brins de quatre à cinq pouces de tour, dont les rames cimeaux et houpiers seront abandonnés aux suplians pour en disposer ainsi qu'ils jugeront à propos, seront les suplians tenus de remettre ez mains du receveur particulier des bois de lad maitrise le prix des bois qui leur seront délivrés à raison de douze sols de France chaque corde et en outre de payer entre les mains du greffier de lad maitrise quinze deniers pour livre et un sol par corde pour droit de comptage; ordonne Sa Majesté que les arbres propres au service au sciage et à merin et qui seront réservés lors des délivrances annuelles qui seront faites aux suplians seront vendus en la manière accoutumée au profit de Sa Majesté et que les rémanens, cimeaux et houpiers qui proviendront desd arbres apartiendront aux suplians qui seront tenus de les convertir en cordes et d'en payer le prix ainsi qu'il est cy dessus fixé et qu'après l'entiere revolution des dix sept cent quatre vingt huit arpens et demi de bois, les supplians ne pourront en recommencer l'exploitation que par les taillis les plus agés et que lors de la seconde révolution des coupes il sera réservé par chaque arpent douze arbre de l'age de recruté et en outre douze arbres anciens et que dans le cas ou pendant le cours desd. révolutions il sera jugé nécessaire de réceper les taillis, à l'age de dix ou quinze ans les suplians seront tenus de les prendre et faconner à leur compte et d'en payer le prix au taux fixé par le présent arret. Accorde Sa Majesté aux suplians leurs successeurs et ayans cause, ouvriers fermiers et habitans de Gœtzenbruck le droit de grasses et vaines patures dans les cantons de bois affectés à lad verrerie leur fait neantmoins Sa Majesté defense d'introduire leurs bestiaux dans les coupes usées que lorsque les taillis auront été déclarés deffensables par les officiers de la maitrise. Continueront les suplians et leurs ouvriers seulement de jouire de l'exemption du droit de gabelle sur les vins cidres, bierres eaux de vie à la charge cependant d'acquitter les autres droits dus par les habitans du compté de Bitche. Seront les suplians tenus de continuer de payer au domaine de Sa Majesté le cens de deux cent dix huit livres portées par les lettres patentes du vingt et un janvier mil sept cent vingt et un. Permet Sa Majesté aux suplians d'etablir pour veiller à la sureté de lad verrerie et à la conservation des cantons de bois qui y sont affectés tel nombre de gardes qui sera jugé nécessaire par led s^r Grand-maitre, lesquels seront reçus et prettront serment en lad maitrise sur les commissions qui leur seront données, par le s^r Grand-maitre. Déboute Sa Majesté les suplians du surplus de leurs demandes fins et conclusions et déclare le présent arret commun avec leurs cohéritiers. Et sera led présent arret enregistré au greffe de la maitrise pour y avoir recours si besoin est. Fait au conseil d'Etat du roy tenu à Versailles le sept avril mil sept cent soixante sept. Collationné, signé de Vouguy: registré au secrétariat de la reformation générale des eaux et forets des duchés de Lorraine et de Bar par le sécretaire en icelle soussigné le vingt mai mil sept cent soixante sept.

Signé: ANTHOINE.

Enregistré au greffe de la maitrise des eaux et forets de Sarreguemines le 25 juin 1767 par le greffier commis soussigné, Medicus.

(Arch. dép. de Metz, série B, n° 106.)

N° 15.

Requete de Michel et Simon Undereiner à l'effet d'obtenir l'acensement de la cense de Muntzthal. Décret de renvoi au Sr Kiecler pour y donner avis.

Du 13 septembre 1726.

Extrait du registre des pièces justificatives des ascensements passés en la Chambre des comptes de Lorraine pour l'année 1727.

A Son Altesse royale,

Supplient très humblement Michel et Simon Vndrener laboureur demeurant à la cense de Munsthal comté de Bitche disant qu'en seize cent soixante trois le Sr de Romenecourt vivant général de Bataille intendant du prince de Vaudemont permit à Pierre et Mathieu Vndrener leur père et oncle de s'etablir dans le valon de Munsthal pendant neuf années sous certaines conditions inserées au traité cy joint.

Peu de temps après la cense de Munsthal fut laissée à perpétuité avec ses dependances aud. Pierre Vndrener leur pere dependances qui consistoient en une trentaine de jours de terre une vingtaine de chariots de foin un petit etang et un petit canton de bois dit Direnivaldt, droit d'affouage et de paturage sur le Closterberg et le Helscheidt pour et moyennant un cens annuel et perpétuel de douze risdaller à 3 liv. l'un scavoir cinq risdaller pour raison desd. terres et preys cinq risdaller à cause dud. canton de bois et deux risdaller pour l'exemption des corvées et de toutes autres charges. Mais le bail passé à ce sujet se trouve perdu.

Qu'il en soit, il est certain que Pierre a jouit de l'effet d'iceluy et après son déces les suplians qui sont encore actuellement en jouissance et qui ont fait batir chacun une maison.

Une autre preuve que ce bail a subsisté est l'extrait des registres des comptes du domaine cy attaché qui se rappelle positivement et qui specifie la plus part des choses mentionnées cy devant et comme les suplians desireroient etre assurés dans leur possession ; c'est pourquoy ils sont conseillés à présenter leur requeste.

Ce considéré, Monseigneur, plaise à Votre Altesse royale ordonner qu'il sera passé aux suplians nouveau contrat d'ascensement de la cense de Munsthal en question appartenances et dependances, terres preys bois, etang, droicts d'affouage et de paturage, exemption de corvées et de toutes autres charges à la réserve de la subvention aux offres de continuer le mesme cens annuel et perpetuel de douze risdaller à trois livres l'un qu'ils ont payé jusques à présent et sera grace. Signé Houard avocat au conseil.

Veu en conseil la présente requeste nous la renvoyons au sieur Kiecler conseiller d'etat commissaire du département pour y donner avis car ainsy nous plait. Expédié audit conseil nous y étant à Luneville le treize septembre mil sept cent vingt six par le sieur Du Boys de Riocourt conseiller d'etat maitre des requestes ordinaires de notre hotel, signé LEOPOLD, plus bas, L. Vauttrin.

Collationné.

Signé : J. FRIMONT, avec paraphe.

(*Arch. nat.*, carton Q¹, n° 804.)

N° 16.

Avis du Sr Kiecler sur deux requetes de Michel et Simon Undereiner, tendant à avoir l'acensement de la cense de Munsthal, et la permission de construire un moulin au bas d'un etang, au ban du même lieu.

(Sans date.)

Le soussigné qui a examiné les deux requestes présentees à S. A. R. pour Michel et Simon Undrener, tendante à avoir la prorogation de bail à eux passé cy devant suivant qu'il en conste par l'extrait d'un compte rendu à la chambre des comptes de Lorraine le quatrième may 1703, décreté d'un renvoi du treizième sep^{bre} 1726 aud. soussigné pour y donner avis.

L'une desd. requestes tendante à avoir la continuation dud. bail en forme d'ascensement à bon plaisir soub la redevance de soixante deux francs et autres conditions enoncées aud. compte, les cinq francs monnoye de Lorraine les cinq comptés pour lescut de trois livres faisant lesd. soixante deux francs douze escuts argent de compte usité à Bitche.

La seconde requeste tendante à avoir permission de construire un moulin au bas d'un petit etang au ban du meme Muntzdhal qu'il tient egalement d'ascensement avec la metterie dud Muntzdhal avec quatre jours de terre ou environ pour convertir en nature de meix et jardins,

A l'honneur de représenter que suivant bail ou ascensement dont il ne parait rien que l'enoncé aud extrait de compte de 1663 que lesd preneurs à leur sortie doibuent abandonner au profit de S. A. R. les batiments qu'ils auront fait et qu'ils etoient obligés de faire. Que lors dud ascensement les biens étoient friches ou peu en état qu'a présent ils sont en valeur ils doivent rapporter davantage et que par ainsy la redevance qui pour lors leur a été imposée est trop modique et que suivant les informations qu'il a pu tirer de la valeur du présent considerant qu'ils ont fait le rétablissement des biens ils ne peuvent à présent en payer moins de cent livres la dixième gerbe de terrage des terres cultivées et de payer comme autres pareils fermiers la subvention moyennant laquelle ils sont exempts de toutes autres charges.

A l'egard de la deuxieme requeste tendante à obtenir l'etablissement du moulin à ascenser.

Le soussigné a l'honneur de représenter que le moulin qui se construira soub un petit etang tenu par le suppliant avec lad cense étant dans la forest éloigné dud Muntzdhal estime que l'on peut également l'ascencer soub la redevance de deux maldres de seigle qui est la redevance commune de ces sortes de petits moulins en rendant un porc gras évalué monnoye de compte de Bitche à douze francs les cinq faisant l'escut qui feront sept livres. A l'égard de la demande d'avoir quatre jours ou environ de terrain pour convertir en jardin et potager l'on peut encore l'accorder soub une redevance de neuf gros par arpent à charge qu'ils les prendront sans degradation dans les forests en lieux non dommageables ou il n'y auroit aucun bois de valeur propre à batimens qui seront désignés par le S^r garde marteau et arpenteur luy présent dont seroit dressé procès verbal et carthe pour etre remise à la minutte de l'ascensement qui pourroit luy en etre passé c'est l'avis du soussigné.

Signé : KIECLER.

(*Arch. nat.*, carton Q^1, n° 804.)

N° 17.

DÉCRET *portant permission pour Michel Undereiner de construire un moulin au bas de l'etang du vallon de Muntzdhal, à charge de redevance perpétuelle.*

Du 18 mars 1727.

Michel Undrener, laboureur demeurant à la cense de Munsthal, comté de Bitche, ayant représenté la requête expédiée le 13 septembre dernier, le décret cy-dessous y est adjoutté.

Veu de rechef et ensemble l'avis du Sr de Kiecler nous avons permis au suppliant de construire un moulin dans le vallon de Munsthal au bas de la chaussée de l'etang qu'il tient à cens du domaine, à charge par le suppliant de payer une redevance annuelle et perpétuelle au domaine de deux malder de seigle et de 7 livres en argent pour raison dudit moulin, ordonnons en outre que par les officiers de la grurie de Bitche il sera marqué au suppliant dans le voisinage dud. etang et dans l'endroit le moins dommageable, quatre arpens de bois qu'il pourra essarter et convertir en jardin à charge de payer neuf gros de cens par chacun arp. de tout quoi il sera passé contrat d'ascensement au suppliant en notre chambre des comptes de Lorraine, car, etc.

(*Arch. nat.*, série E, n° 3104.)

N° 18.

CONTRAT D'ACENSEMENT *perpétuel pour Michel Undereiner du moulin à construire au bas de la chaussée de l'etang du vallon de Munsthal, passé en la chambre des comptes de Lorraine.*

Du 20 juin 1727.

Les Président conseillers et maitres en la chambre des comptes de Lorraine. Veu la requeste à eux présentée par Michel

Undrener laboureur demeurant à la cense de Munsthal comté de Bitche tendante à ce qu'il plut à la chambre lui passer contrat d'assencement ordonné par le décret qu'il a obtenu des graces de Son Altesse Royale le dix huit mars dernier; aux charges clauses et conditions y portées, l'ordonnance de soit montré au procureur général au bas de laditte requeste, ses conclusions ensuitte veu pareillement le décret de son altesse royale du dit jour dixhuit mars de la présente année en bonne forme; ont en conformité d'iceluy laissé et assencé à perpetuité au dit Undrener acceptant par M⁰ de Koeler son avocat pour luy ses hoirs et ayans causes la permission de construire un moulin dans le valon de Munstal au bas de la chaussée de l'etang qu'il tient à cens du domaine de saditte altesse royale à charge par ledit Undrener ses dits hoirs et ayans causes de payer une redevance annuelle et perpetuelle au dit domaine de deux maldres de seigle et de sept liures en argent pour raison du dit moulin laissant et assencent en outre au dit Undrener acceptant comme dessus quatre arpents de bois qu'il pourra essarter et convertir en jardin, à charge d'en payer neuf gros de cens par chacun arpent lesquels quatre arpents luy seront marqués par les officiers de la grurie de Bitche dans le voisinage dudit estang et dans l'endroit le moins dommageables de quoy procès verbal sera par eux dressé ensemble carte topographique qu'ils renuoyeront en minutte pour estre joints à la minutte des présentes; les cens cy dessus payables à la St Martin prochaine entre les mains du receveur général des fermes ou de ses preposés, promettant ledit M⁰ de Koeler, au nom du censitaire de garentir fournir et faire valloir le cens cy dessus soub l'obligation spéciale des terrains assencé et du moulin qui sera construit et de tous ses autres biens meubles et immeubles qu'il a pour luy submis à toutes justice comme pour les propres deniers et affaires de son altesse royale une obligation ne derogeant à l'autre et à charge en outre de fournir coppies des présentes au trésor des chartres de S. A. R. et au receveur général de ses fermes; fait en la chambre à Nancy le vingtième juin mil sept cent vingt sept. Signé Rauleu et Richard.

Signé : Pêcheur, avec paraphe.

En marge est écrit. Epices et conclusions trente six francs trois gros. Expedition minutte sur parchemin et papier, neuf francs.

Au bas. Enregistré en la prévoté et grurye de Bitche par le greffier en icelles soussigné le septième décembre mil sept cent trente.

Signé : J. Poncet, avec paraphe.

(*Arch. nat.*, carton Q^r, n° 804. Parchemin.)

N° 19.

Décret *qui ordonne qu'il sera passé à Michel et Simon Underciner contrat d'acensement de la cense de Muntzthal, à charge d'une redevance de cent livres.*

Du 18 mars 1727.

Michel et Simon Undrener, laboureurs demeurant à la cense de Munsthal, comté de Bitche, ayant présenté leur requete expédiée le 13 septembre 1726, le décret cy-dessous y est adjoutté.

Veu de rechef et ensemble l'avis du Sr de Kieckler, etc, nous ordonnons que par notre chambre des comptes de Lorraine, il sera passé un nouveau contrat d'ascensement aux suppliants de Munsthal, à charge d'en rendre à notre domaine une redevance annuelle et perpétuelle de cent liv. en argent et de payer pour droit de terrage la 10e gerbe. Ordonnons en outre qu'ils donneront à notre dite chambre une déclaration specifique de tous les heritages de lad. cense, car, etc.

(*Arch. nat.*, série E, 3104.)

N° 20.

CONTRAT D'ACENSEMENT *perpétuel pour Michel et Simon Undereiner de la cense de Munizthal passé en la chambre des comptes de Lorraine.*

Extrait des registres du greffe de la Chambre des comptes de Lorraine.

Du vingt cinquième de juin mil sept cent vingt sept.

Les Président, conseillers et maitres de la Chambre des comptes de Lorraine, vu la requete présentée par Michel et Simon Undrener laboureurs, demeurant à la cense de Munsthal, comté de Bitche, tendante à ce qu'il plaise à la chambre, en exécution du décret qu'ils ont obtenu de la grâce de S. A. R. du 18 mars dernier, leur passer contrat d'ascensement de la cense de Munsthal y enoncée, aux charges clauses et conditions dudit décret, le soit montré au procureur général au bas de ladite requête, ses conclusions, ensuite le décret de S. A. R. dudit jour 18 mars dernier, en bonne forme, ont, en conformité d'icelui, laissé et ascensé par les présentes, laissent et ascensent à perpétuité auxdits Michel et Simon Undrener acceptant par Mᶜ de Koeler leur avocat chargé des pièces, pour eux, leurs hoirs et ayant cause, la cense de Munsthal située dans le comté de Bitche à charge d'en payer au domaine de S. A. R. cent livres en argent de cens annuel et perpétuel, payables entre les mains du receveur général des fermes ou de ses préposés dont le premier payement commencera et se fera à la Sᵗ Martin de l'année prochaine 1728, et ainsi continuer d'année à autre à pareil terme et à charge en outre de payer pour droit de terrage la dixième gerbe ; seront pareillement chargés de fournir incessamment à la chambre une déclaration specifique de tous les héritages dépendant de ladite cense ; promettant ledit Mᶜ de Koeler au nom desdits Undrener de garantir fournir et faire valoir le payement cy dessus et de satisfaire aux autres charges des présentes, sous l'obligation spéciale de ce qui depend de ladite cense et généralement de tous leurs autres biens, etc, qu'il a pour eux soumis, etc., une obligation ne dérogeant à l'autre. Et sera fourni copie des présentes au trésor des chartres de S. A. R. et une au receveur général de ses fermes aux frais desdits censitaires. Fait en la chambre à Nancy le 25 juin 1727.

Signé : D'ALTEL, RICHARD et KOELER.

Collationné : FRIMONT.

(*Arch. nat.*, carton Q^r, n° 804.)

N° 21.

ARRET DU CONSEIL D'ETAT *qui accorde au Sr Jolly et compagnie à titre d'acensement perpétuel la cense domaniale de Munsthal dans le comté de Bitche à la charge d'y construire une verrerie, et affecte 8000 arpens de bois de la forêt de Bitche pour l'affouage de cette verrerie.*

Extrait des registres du Conseil d'État.

Du 17 fevrier 1767.

Sur la requete presentée au Roy en son conseil par le Sr René François Jolly avocat en la cour souveraine de Lorraine et Barrois et compagnie contenant que la cense de Munsthal située au milieu de forets dépendantes de la paroisse de La Soucht fait partie du domaine de la couronne assis dans le comté de Bitche ; que cette cense est composée 1° de trois corps de batiments avec jardin consistant en deux jours le tout mal entretenu et en fort mauvais état, 2° d'un etang ou retenue d'eau de cent soixante dix verges de long sur trente de large en suivant la chaussée ce qui forme une superficie de trente arpens quatre ommées, 3° de trois jours et demi de terre labourable et trente cinq jours un quart de prés qui sont aussi en très mauvais état faute d'engrais et de culture, 4° qu'il depend aussi de lad. cense le droit de mettre dix porcs à la glandée et le droit de vaine pature dans les forets qui sont à portée; que le sol de Munsthal et des environs est un sable mouvant froid et maigre et qu'il ne produit que des pommes de terre du bled de turquie et un peu de seigle que les prés ne raportent qu'a force d'etre arrosés et que le foin qu'on y récolte est aigre et ne peut etre consommé que par le bétail rouge ; que ! quelque ingrat que soit ce terrein les suplians ont cependant formé le projet d'y établir sous le bon plaisir de Sa Majesté une verrerie ; qu'il en a dejà existé une sur le même terrein; mais qu'elle a été detruite pendant les guerres dont la Lorraine a été le theatre sur la fin du siècle dernier ; que par la suite on y a construit une ferme qui a été ascensée à perpétuité aux nommés Michel et Simon Undrener par arret et contrat des dix huit mars et vingt cinq juin 1727 moyennant un sens annuel de cent livres sous la réserve du droit de terrage à la dixième gerbe que ces particuliers en ont joui jusqu'au temps qu'elle a été remise au domaine en exécution de l'edit de mil sept cent vingt neuf que cette ferme est actuellement dans le plus grand délabrement les batimens qui la composent croullent de toute part; que l'inspecteur des usines de Lorraine a récemment reconnu qu'il étoit indispensable de reconstruire lad. ferme et qu'il en couteroit cinq à six mille livres ; que Sa Majesté évitera cette dépense et ne sera plus chargée de l'entretien de cette ferme si elle se porte à accepter les propositions que les suplians prennent la liberté de faire; que les contrées de la foret de Bitche qui avoisinent la cense dont il s'agit sont connus sous les dénominations de Heilscheidt, Lærenwald, du Stimberg, du Fransozenkopff, du Frombourg, du Berberg et dependances et consistent en quatre mille sept cent arpens ; que la scituation de ces differents cantons rend la traite des bois presque impraticable et la consommation en quelque sorte impossible, que ce n'est qu'à la faveur de l'établissement d'une usine à laquelle on affecterait les bois de ces contrées que Sa Majesté pourroit tirer quelque profit de ces mêmes bois ; qu'autrement ils périront sur pied ainsi qu'il est arrivé jusqu'à présent. Qu'il est donc constament avantageux d'affecter ces bois à l'usine dont les suplians projettent l'etablissement ; que les bois de ces contrées pourront à quarante ans de recrutte fournir une coupe annuelle de cent arpens au moins pour le roullement de l'usine et pour le chauffage des ouvriers qu'elle rassemblera et de leurs familles ; que l'arpent produisant trente cordes de bois mesure de Lorraine chaque coupe annuelle de cent arpens donnera la quantité de trois mille cordes qui à raison de huit sols de France chacune feront un produit de douze cent livres, avantage bien sensible puisque ces bois ne produisent dans l'etat actuel aucun revenu à Sa Majesté ; que l'etablissement proposé par les suplians ne nuira point aux verreries de Gœtzenbruck et de Meysenthal qui ne travaillent qu'alternativement et où on ne fabrique que des verres pour les montres et quelquefois des verres à boire ou goblets parceque les suplians feront fabriquer toutes sortes de verres à vitres, à boire, glaces, cristaux et bouteilles. Que le sous fermier actuel de la ferme de Munsthal paye au domaine pour tous droits et revenus de cette cense et dépendances y compris le schaft et fronguelt un revenu annuel de six cent soixante livres et que comme le bail de ce sous fermier est de six années qui ont commencé au premier janvier mil sept cent soixante trois et qui doivent finir au dernier décembre mil sept cent soixante huit les suppliants offrent pour evitter les indemnités de payer en cas de subrogation les redevances portées par le bail ; qu'à l'égard des batimens actuels de lad. cense qui tombent en ruine, ils ne peuvent etre d'aucune consideration relativement à l'etablissement dont il s'agit et que quant aux terres prés et etangs qui dépendent de cette cense ils occasionneront beaucoup de dépense pour les mettre en etat. Que pour déterminer Sa Majesté à accueillir la demande des suplians, ils offrent après l'expiration du bail actuel de payer au domaine un ecu d'un franc barois par chaque arpent dont lad. cense est composée y compris l'etang ; et à l'egard des terrains qui seront abandonnés et qui seront defrichés aux environs de lad. cense les suplians offrent le même cens que celui qui se paye pour de pareils terreins de l'usine de Meysenthal c'est à dire six gros barrois par arpent. Que pour favoriser le nouvel etablissement dont il est question les suplians demandent de jouir gratuitement des grasse et vaine pature dans les bois qui seront affectés à la nouvelle verrerie, les habitans du comté de Bitche jouissant de ces droits sans autre redevance que celle d'une pricotte ou un sol par chaque porc et ne payant rien pour le bétail rouge ; qu'il est vrai que les entrepreneurs de la verrerie de Meysenthal payent la corde de bois à raison de quinze sols mais qu'il est à propos de considérer que les bois affectés à cette usine sont à portée d'etre debités et que ceux qui seront affectés à la verrerie de Munsthal ne peuvent etre consommés que dans le lieu même ce qui parait devoir en faire régler le prix comme il l'a été pour les forges de Mutterhausen et de Stultzbronn c'est à dire sur le pied de huit sols argent de France par chaque corde outre les quinze deniers pour livres et le sol par corde pour le comptage; que les suplians espèrent aussi que Sa Majesté voudra bien les affranchir du droit de gabelle moyennant un cens annuel de vingt cinq francs barois et ordonner que les ouvriers voituriers et autres personnes qui viendront s'etablir au lieu de Munsthal et dépendances ne payeront que moitié du droit de schaft ou fronguelt, savoir les laboureurs ayant six chevaux quatre livres dix sols, ceux qui en auront depuis deux jusqu'à cinq trois livres, les manœuvres deux livres onze sols huit deniers et moitié pour les veuves qui ne laboureront pas. Qu'il est à observer que le moulin qui est au-dessous de la digue de l'etang dependant de lad. cense de Munsthal est dans le cas de reunion et que si cette reunion est prononcée comme celle de l'etang situé sur le ban de Meysenthal, dont dépend l'emplacement d'un moulin qui n'a pas encore été construit quoique les censitaires actuels s'y soient obligés, les suplians se flattent que Sa Majesté voudra bien reunir ces différents heritages à l'ascensement qu'ils sollicitent pour y etre joints et en faire une dépendance moyennant le nouveau cens qu'il plaira à Sa Majesté de fixer et que dans le cas où lad. reunion n'aurait pas lieu et où les suplians parviendroient à se faire céder les droits desd. censitaires, alors Sa Majesté se portera à subroger les suplians auxd. censitaires pour jouir desd. heritages aux obligations et conditions qui ont été portées aux contrats qui ont été passés et lesd. heritages etre joints à ceux qui composent la nouvelle verrerie. Que les suplians se dispensent de faire l'enumération des avantages publics et particuliers qui résulteront de l'etablissement qu'ils sollicitent et qu'ils se flattent qu'en consideration de ces avantages multipliés, Sa Majesté écoutera favorablement leur demande. A ces causes requeroient les suplians qu'il plut à Sa Majesté 1º leur ascenser à perpetuité la cense de Munsthal dans l'etat où elle se trouve actuellement avec les batiments, terres, prés, eaux, ruisseaux, etangs, droits, appartenances et dépendances généralement quelconques pour jouir du tout relativement à l'abornement qui en sera fait, à la charge d'y construire une verrerie à plusieurs fours, halliers et hangards pour y fabriquer toutes sortes de verreries comme dans les usines de Portieux et de St Quirin telles que des verres en rond, à boire, glaces, cristaux, carreaux, bouteilles et de toute espèce et qualité que faire se pourra, de même que les batimens nécessaires pour une chapelle ou église, logemens de maître, d'ouvriers, fermiers et autres, un moulin à moudre les grains, une scierie, une platinerie et touttes autres vsines, si le terrein et la nature des lieux le permettent, aux offres que font les suplians de payer au domaine de Sa Majesté un cens annuel d'un franc barrois par chaque jour de terrain qui composent actuellement lad. cense à commencer du premier janvier mil sept cent soixante neuf si mieux n'aime Sa Majesté leur accorder des à présent la jouissance de lad. cense à la charge d'indemniser le fermier jusqu'au dernier décembre mil sept cent soixante huit. Comme aussy subroger les suplians le cas échéant à l'ascensement du moulin à farine qui est au-dessous de l'etang de Munsthal et à celui d'un autre etang avec l'emplacement d'un moulin situé sur le ban de Meysenthal aux clauses et conditions portées par les contrats d'ascensement qui ont été passés. 2° Ascenser pareillement aux suplians les places vagues et terreins à defricher dans les contrées d'Halscheid, Dœrenwald, Steinberg, Françozenkopff, Frombourg, Berberg et dépendances contenant trois cents arpens ou environ aux offres d'en payer un cens annuel de six gros barrois par arpent au fur et à mesure qu'ils entreront en culture indépendamment de la dixme tant sur les anciennes terres que sur les nouvelles et qui demeurera réservé au domaine de Sa Majesté. 3° Les droits et usages pour les bestiaux des ouvriers et autres personnes attachées à lad. verrerie et dépendances dans toute l'etendue desd. contrées, de même que les droits de glandées, vaine et grasse pature sans aucune retribution. 4° Accorder aux suplians l'exemption du droit de gabelle sur les vins, cidres, bierres et eaux-de-vie moyennant un cens annuel et perpétuel de vingt cinq francs barrois et remise de moitié des droits de schafft et frongueld dus par les habitans de La Soucht. 5° Affecter à perpétuité les coupes et chablis des six contrées ci-dessus désignées et dépendances contenant environ quatre mille sept cents arpens que les suplians exploiteroient à l'age de quarante ans à raison de cent arpens chaque année et plus s'il s'en trouve après les abornemens qui seroient faits desd. contrées à condition de payer huit sols argent de France par chaque corde de quatre pieds de haut sur huit pieds de longueur, la buche de quatre pieds le tout mesure de Lorraine indépendamment des quinze deniers pour livre et du sol par corde pour le comptage, lesquelles cordes ne seront composées que de bois de brins de quatre à cinq pouces de tour et au-dessus et que le surplus des rames cimeaux et houpiés sera abandonné aux suplians ainsi que les bois morts et morts bois. 6° Accorder aux commis ou préposés des suplians, leurs ouvriers voituriers et fermiers employés à lad. verrerie les mêmes privileges et exemptions que ceux dont jouissent les employés des fermes de Sa Majesté. 7° Ordonner que tous ceux qui résideront à lad. verrerie et dépendances seront tenus des mêmes prestations et devoirs que les habitants de La Soucht avec qui ils feront corps et communauté. 8° Que tous les bois nécessaires à la construction et à l'entretien des halliers, hangards et batimens et logemens des maîtres, ouvriers et fermiers seront délivrés gratis aux suplians au fur et à mesure qu'ils en auront besoin et à la charge seulement des frais ordinaires de délivrance. 9° Permettre aux suplians de donner à la ditte nouvelle verrerie le nom de verrerie royale de St Louis et que l'église ou chapelle qu'ils se proposent de faire construire, soit sous l'invocation de ce saint. 10° Leur permettre aussi d'établir des gardes pour veiller à la sûreté de lad. usine et à la conservation des forets avec la liberté de leur faire porter la petite livrée de Sa Majesté le tout aux frais des suplians. 11° Et enfin ordonner que sur le présent arret, toutes lettres nécessaires seront expédiées.

Vu lad. requete ensemble autre requête dud. Sr Jolly et compagnie, tendant à ce que pour les causes y contenues il plaise à Sa Majesté ordonner qu'il sera ajouté à l'affectation de bois que les suplians ont précédemment demandés la quantité de trois mille trois cents arpens à prendre dans la foreterie de La Soucht dans partie de celle de Bitche et dans le plat pays, ce qui fera un total de huit mille arpens qui exploités à quarante ans de recrutte fourniront deux cents arpens de coupe annuelle, sous les offres portées par leur précédente requete de payer huit sols argent de France par chaque corde de quatre pieds de haut sur huit pieds de long, si mieux n'aime Sa Majesté de réduire la buche à deux pieds et demi, auquel cas la corde aura quatre pieds de haut sur seize de long. Ordonner en outre qu'il sera annuellement delivré aux suplians dans tous les bois qui composeront lad. affectation, une quantité suffisante d'arbres pour faconner trois cents mairins pour fabriquer les cuves, tonnes, tonneaux et autres ustencils necessaires pour le roulement de la ditte verrerie et les bois propres à faire des cercles. Et enfin permettre aux suplians de tirer indistinctement dans toute l'etendue de la foret de Bitche les sables et pierres pour tous les batiments de l'usine et des habitations et le sable servant à la composition des matieres du verre.

L'avis du Sr de la Galaiziere intendant et commissaire départi dans les duchés de Lorraine et de Bar. Celui du Sr Thibault procureur général de la chambre des comptes de Lorraine et ceux du Sr Mathieu grand-maître des eaux et forets du departement des duchés des premier et vingt six septembre vingt octobre et cinq decembre derniers. Oui le rapport du Sr de Laverdy conseiller ordinaire et au conseil royal controlleur général des finances.

LE ROI, EN SON CONSEIL, ayant aucunement egard aux requetes, a accordé et accorde à titre d'ascensement perpetuel, aux suppliants, à leurs successeurs et ayant cause, la cense domaniale de Munsthal, dans le comté de Bitche, avec les batimens, terres, prés, eaux, ruisseaux, etangs, droits, appartenances et dépendances généralement quelconques, pour jouir du tout sans aucune réserve, à perpétuité, suivant l'abornement qui en sera fait par le sieur Mathieu, grand-maître des eaux et forets du département des duchés de Lorraine et de Bar, ou celuy des officiers de la maitrise particulière de Sarguemines qu'il jugera à propos de commettre, à la charge de construire dans lesdits emplacemens de Munsthal une verrerie à plusieurs fours, halliers et hangards, pour y fabriquer toutes sortes de verres en rond et à boire, en glaces, cristaux, carreaux, bouteilles, et généralement de toutes les espèces que faire se pourra ; de construire aussi les batimens nécessaires pour une chapelle ou église, les logemens des maitres, d'ouvriers, fermiers et autres, un moulin à moudre les grains, une scirie et même une platinerie, si le terrain et la nature des lieux le permettent, à l'effet de quoi tous les bois nécessaires à la construction des dittes usines et batimens seront délivrés aux supplians, sans qu'ils soient tenus de payer autre chose que les frais ordinaires de délivrance, qui sera faite à mesure que la nécessité desdites constructions sera reconnue par des devis en bonne forme, et sur les ordres particuliers du conseil, et à condition de payer au domaine de Sa Majesté un cens annuel et perpétuel de deux cent livres argent de France pour les terrains et emplacemens des batimens, jardins, etang, terres et prés qui font partie actuellement de ladite ferme, lequel cens commencera à avoir lieu à compter du premier janvier mil sept cent soixante neuf, Sa Majesté subrogeant dès à présent les supplians aux droits du fermier actuel en payant le canon ou prix du bail de six cent soixante livres et dont le dernier paiement finira au dernier décembre mil sept cent soixante huit, sans qu'en aucuns cas Sa Majesté puisse etre chargée de l'indemnité dudit fermier actuel pour l'eviction de son bail, dont il sera dédommagé, s'il y échet, par les supplians, soit à l'amiable, soit à dire d'experts, si mieux n'aiment les supplians ne commencer leur jouissance qu'au premier janvier mil sept cent soixante-neuf.

Et pour l'affouage et roulis des usines de ladite verrerie, Sa Majesté a affecté et affecte les bois des contrées de Helscheidt,

Steinberg, Françozenkopff faisant partie de la foreterie de La Soucht, Frombourg, Berberg, des trois bans, Stritteholtz Kirchpfatd, Marscheberg, ces quatre derniers cantons du ban de Montbronne, le restant du canton de Kleberg, les cantons de Dreyspitz, ban dudit Montbronne, et les cantons de la foreterie de Bitche appelés Schlosberg, Kolbergt Spitzberg, Sonneckerwald et Eichesboden, pour former la quantité de huit mille arpens de bois, lesquels, à quarante ans de recrû, produiront une coupe annuelle de deux cent arpens qui seront, avec les chablis, convertis en cordes de quatre pieds de hauteur sur huit de longueur, et la buche de quatre pieds, le tout mesure de Lorraine, et dont le prix sera remis entre les mains du receveur général des domaines et bois des dits duchés, à raison de douze sols de France la corde, pour en etre par lui compté au profit de Sa Majesté, ainsy que des autres deniers de sa recette et en outre de payer entre les mains du greffier de ladite maitrise les quinze deniers pour livre dudit prix, pour etre distribués conformément aux édits de mil sept cent quarante sept et de mil sept cent cinquante six, et un sol par corde pour le comptage aux officiers de ladite maitrise, lesquels dresseront les procès-verbaux desdittes délivrances pour etre déposés au greffe de ladite maitrise. Seront lesdites cordes, composées de bois de brins de quatre à cinq poulces de tour. Sa Majesté abbandonnant le surplus des rames, cimeaux et houpiers aux supplians pour en disposer comme ils jugeront à propos ; ordonne Sa Majesté qu'il sera réservé par chacun arpent desdittes coupes annuelles et autant que faire se pourra, vingt quatre arbres des plus sains et mieux venans, essence de chesne par préférence, et à leur défaut de hetres, ormes et autres de la meilleure espèce, sans néanmoins que les parties peuplées puissent supporter la réserve des aides et clairières, auquel cas les officiers de ladite maitrise seront tenus d'en faire mention dans leurs procès-verbaux ; et qu'après la révolution de quarante années, les supplians seront tenus de recommencer l'exploitation desdits cantons de bois par les plus anciens taillis, et qu'il sera alors réservé douze arbres futaye, et douze balivaux de l'age par arpent, et que s'il se trouve dans l'un et l'autre cas une nécessité indispensable pour le repeuplement des forêts, de récéper au bout de dix à quinze années les taillis, les supplians seront tenus de les prendre et façonner à leur compte et d'en payer le prix ainsi qu'il est fixé par le présent arret ; qu'outre et par dessus les réserves ci-dessus prescrites, il sera encore réservé sur lesdites coupes annuelles, les arbres à l'usage de Hollande, propres au sciage et au mairin, s'il s'en trouve pour etre ensuite vendus au profit de Sa Majesté, lors des délivrances ordinaires.

Permet Sa Majesté aux supplians, de faire façonner trois cents mairins dans les bois qui leur seront abbandonnés, lesquels mairins ils ne pourront enlever qu'ils n'ayent été comptés et évalués en corde par les officiers de ladite maitrise, comme aussy de tirer la pierre et le sable dans les forets du comté de Bitche, tant pour la construction de leurs batimens et usines que pour la formation des matieres de verre, à charge, en cas de dégradations, d'en faire leurs déclarations, par eux, leurs préposés ou directeurs, au greffe de ladite maitrise, pour, par les officiers d'icelle, estimer le degât et en dresser procès verbal, et le montant de l'estimation porté en recette sur l'etat du produit des bois de Sa Majesté.

Accorde Sa Majesté aux supplians, leurs successeurs et ayant cause, ouvriers fermiers et habitans de Munsthal, le droit de vaine et grasse pature dans les contrées et forêts affectées auxdites usines, moyennant la rétribution annuelle de vingt sols de France par chacun feu ou ménage ; leur fait défense et a toutes communautés et particuliers de laisser fréquenter leurs bestiaux dans les coupes usées desdits bois que les taillis ne soient peuplés de bonnes espèces et jugés défensables par les officiers de ladite maitrise après une visite par eux faite de l'etat des bois.

Accorde pareillement Sa Majesté aux supplians, leurs successeurs et ayant cause, les places vagues et terrains à défricher dans les contrées de bois affectées pour ladite verrerie, et dans les dépendances suivant les abornemens qui en seront faits et à condition de payer un cens annuel et perpétuel de sept sols de France par arpent, le tout à fure et à mesure que lesdits terrains entreront en culture et independamment de la dîme tant sur les anciennes terres que sur les nouvelles, qui demeurera réservée à Sa Majesté.

Accorde aussi aux supplians Sa Majesté l'exemption du droit de gabelle sur les vins, cidres, bierres et eaux-de-vie moyennant un cens annuel et perpétuel de sept livres de France, à la charge des autres droits dubs par les habitans du comté de Bitche ; et en outre, à leurs commis ou préposés, aux ouvriers seulement qui seront absolument indispensables à la fabrication du verre, et qui seront employés auxdites verreries et usines, les mêmes privilèges et exemptions que ceux accordés aux autres verreries et habitans de Meisenthal[1], sous la réserve toutefois des prestations et devoirs dont sont tenus les habitans de La Soucht avec qui ils feront corps et communauté tant et si longtemps qu'eux mêmes n'en pourront former une. Permet Sa Majesté aux suppliants de donner à ladite verrerie le nom de Verrerie Royale de saint Louis et d'établir des gardes pour la sureté des usines et la conservation des forêts y affectées, suivant qu'il sera jugé nécessaire par ledit sieur Grand maitre, le tout sous la condition expresse que les supplians mettront les batimens en état et la verrerie en travail dans le cours de trois années au plus tard, et à la charge par eux, leurs hoirs, successeurs et ayant cause, de l'entretenir en tous temps de grosses et menues réparations, à peine de reunion au domaine, sans restitution de deniers et remboursement de dépenses généralement quelcon-

---

1. C'est par erreur que le texte original porte *Munsthal*.

PIÈCES JUSTIFICATIVES. 251

ques ; et seront tenus, avant d'entrer en jouissance, de se retirer à la chambre des comptes de Lorraine pour leur etre passé contrat en la forme ordinaire et accoutumée. Déboute Sa Majesté les supplians du surplus de leurs demandes, et seront sur le présent arret toutes lettres nécessaires expédiées. Fait au dit conseil d'etat du Roi tenu à Versailles le 17 fevrier 1767. Collationné, signé Bergeret.

Enregistré au controle général des finances par nous conseiller ordinaire au conseil royal controleur général des finances. A Paris le deux mars mil sept cent soixante sept. Signé de L'averdy.

En exécution de l'arret de la cour souveraine de Lorraine et Barrois du dix sept mars mil sept cent soixante sept le présent arret du Conseil d'Etat et d'autre part a été enregistré au bas de la minute dudit arret par le greffier de ladite cour souveraine soussigné. Signé F. Lacroix.

Le présent arret a été enregistré au bas et en exécution de celui de la chambre des comptes de Lorraine de cejourd'hui, par son greffier soussigné. A Nancy, ce dix huit mars mil sept cent soixante sept. Signé Bureau.

Enregistré au greffe de la maitrise des eaux et forets de Sarguemines le vingt sept avril mil sept cent soixante sept. Signé Dumaire.

(*Arch. dép. de Metz*, série B, n° 106.)

N° 22.

Lettres patentes sur arret du conseil du 17 fevrier 1767, qui accordent au Sr René François Jolly et compagnie l'ascensement perpétuel de la cense de Muntzthal, à charge d'y construire une verrerie.

Du 4 mars 1767.

Louis par la grace de Dieu Roi de France et de Navarre à nos amés et feaux conseillers les gens tenant notre cour souveraine de Lorraine et de Bar à Nancy et à nos amés et feaux les présidents, conseillers maitres auditeurs et gens tenant notre chambre des comptes de Lorraine et à notre amé et féal conseiller en notre conseil le grand maitre enquetteur et général reformateur des eaux et forets de France aux departemens des duchés de Lorraine et de Bar et autres nos officiers qu'il appartiendra salut. René Francois Jolly avocat en notre ditte cour souveraine de Lorraine et compagnie nous ayant fait exposer que la cense de Munsthal située au milieu des forets dépendantes de la paroisse de la Soucht fait partie de notre domaine de notre couronne assis dans le comté de Bitche que cette cense est composée de plusieurs objets de produit et d'une etendue considerable de terrain, que pour différents motifs il nous auroit présenté une requette sur laquelle nous aurions statué par arret de notre conseil du dix sept février dernier pour l'exécution duquel nous avons ordonné que toutes lettres patentes nécessaires seroient expédiées lesquelles lettres les exposants nous ont fait supplier de vouloir bien leur accorder, à ces causes, de l'avis de notre conseil qui a vu ledit arret du dix sept février dernier dont expédition est cy attachée sous le contre scel de notre chancellerie, nous avons de notre grace speciale pleine puissance et authorité royale conformément aud arret accordé et par ces présentes signées de notre main accordons à titre d'ascensement perpétuel aux exposants leurs successeurs et ayant causes la cense domaniale de Munsthal dans le comté de Bitche avec les batimens terres preys eaux ruisseaux etangs, droits appartenances et dependances généralement quelconques pour jouir du tout sans aucune réserve à perpétuité et suivant l'abornement qui en sera fait par le Sr Mathieu grand maitre des eaux et forrets du departement des duchés de Lorraine et de Bar ou celui des officiers de la maitrise particuliere de Sarguemines qu'il jugera à propos de commettre, à la charge de construire dans lesdits emplacemens de Munsthal une verrerie à plusieurs fours halliers et hangards pour y fabriquer toutes sortes de verres en rond et à boire, en glaces, cristaux, carreaux et bouteilles et généralement de touttes les espèces que faire se pourra de construire aussi les batimens nécessaires pour une chapelle ou eglise les logements de maitres d'ouvriers fermiers et autres, un moulin à moudre les grains une scierie et une platine si le terrain et la nature des lieux le permettent à l'effet de quoy tous les bois nécessaires à la construction des dittes usines et batimens seront délivrés aux exposants sans qu'ils soient tenus de payer autre chose que les frais ordinaires de délivrance qui sera faitte à mesure que la necessité des dittes constructions sera reconnue par des devis en bonne forme et sur les ordres particuliers de notre conseil et à condition de payer à notre domaine un cens annuel et perpétuel de deux cents livres de France pour les terrains et emplacemens des batiments jardins etangs terres et preys qui font actuellement partie de la ditte ferme lequel cens commencera à avoir lieu à compter du premier janvier mil sept cent soixante neuf subrogeant dès à présent les exposants aux droits du fermier actuel en payant le canon au prix du bail de six cent soixante livres et dont le dernier payement finira au dernier décembre mil sept cent soixante huit sans qu'en aucuns cas nous puissions etre chargés de l'indemnité du dit fermier actuel pour l'eviction de son bail dont il sera dédommagé s'il y échet par les exposants soit à l'amiable soit à dire d'experts si mieux n'aiment les exposants ne commencer leur jouissance qu'au premier janvier mil sept cent soixante neuf, et pour l'affouage et roulis des usines de lad verrerie nous avons affectés et affectons les bois des contrées de Helscheidt Steinberg Françosenkopff faisant partie de la foreterie de la Soucht, Frombourg, Besberg des trois bans Stitteholtz Kirchpfalden Martschberg ces quatre derniers cantons du ban de Montbronne, le restant du canton de Kleberg le canton de Dreyspitz ban du dit Montbronne et les cantons de la foreterie de Bitche appellés Schlossberg Kolbergt, Spitzberg Soneckerwald et Eichelsboden pour former la quantité de huit mille arpens de bois lesquels à quarante ans de recrue produiront une coupe annuelle de deux cents arpens qui seront avec les chablis convertis en cordes de quatre pieds de haut sur huit de longueur et la buche de quatre pieds le tout mesure de Lorraine et dont le prix sera remis entre les mains du receveur des domaines et bois des dits duchés à raison de douze sols de France la corde pour etre par luy compté à notre proffit ainsy que des autres deniers de sa recette et en outre de payer entre les mains du greffier de la ditte maitrisse les quinze deniers pour livre du dit prix pour etre distribué conformément aux edits de mil sept cent quarante sept et de mil sept cent cinquante six et un sol par cordes pour le comptage aux officiers de la ditte maitrisse, seront les dittes cordes composées de bois de brins de quatre à cinq poulces de tour, abbandonnons le surplus des rames cimaux et houpiers aux exposants pour en faire comme ils jugeront à propos, ordonnons qu'il sera réservé par chacun arpent des dittes coupes annuelles et autant que faire se pourra vingt quatre arbres des plus sains et mieux venants essence de chesne par préférence et à leur deffaut de hetres ormes et autres de la meilleure espèce sans neanmoins que les parties peuplées puissent supporter la réserve des vuides et clairières auquel cas les officiers de la ditte maitrisse seront tenus d'en faire mention dans leurs procès verbaux et qu'après la révolution de quarante années les exposans seront tenus de recommencer l'exploitation des dits cantons de bois par les plus anciens taillis et qu'il sera alors réservé douze arbres futayes et douze ballivaux de l'age par chacun arpent et que s'il se trouve dans l'un et l'autre cas une nécessité indispensable pour le repeuplement des forrets de réceper au bout de dix à quinze années les taillis les exposans seront tenus de les prendre et faconner à leur compte et d'en payer ainsy qu'il est fixé par le dit arret qu'outre et par dessus les réserves cy dessus prescrites il sera encore reservé sur les dittes coupes annuelles les arbres à l'usage de Hollande propres au sciage ou mairins s'il s'en trouve pour etre ensuitte vendus à notre proffit lors des delivrances ordinaires, permettons aux exposans de faire faconner trois cents mairins dans les bois qui leur seront abbandonnés lesquels mairins ils ne pourront enlever qu'ils n'ayent été comptés et evalués en cordes par les officiers de la ditte maitrisse comme aussy de tirer la pierre et le sable dans les forrets du comté de Bitche tant pour la construction de leurs batimens et usines que pour la formation des matieres de verres à charge en cas de dégradations d'en faire leurs declarations par eux leurs préposés ou directeurs au greffe de la dite maitrisse pour par les officiers d'icelle estimer le degat et en dresser procés verbal et le montant de l'estimation porté en recette sur l'etat du produit de nos bois accordons aux exposans leurs successeurs et ayant causes ouvriers fermiers et habitans de Munsthal le droit de vaine et grasse pature dans les contrees et forrets affectées aux dites usines moyennant la retribution annuelle de vingt sols de France par chacun feu ou ménage, leur faisons deffenses et à touttes communautés et à tous particuliers de laisser frequenter leurs bestiaux dans les coupes usées des dits bois que les taillis ne soient peuplés de bonnes espèces et jugés deffensables par les officiers de la ditte maitrisse après une visitte par eux faitte de l'etat des bois ; accordons pareillement aux exposants leurs successeurs et ayant cause les places vagues et terrains à defricher dans les contrees de bois affectes pour la ditte verrerie et dans les dependances suivant les abornemens qui en seront faits et à condition de payer un cens annuel et perpétuel de sept sols de France par arpent le tout à fure et à mesure que les dits terrains entreront en culture et independamment de la dixme tant sur les anciennes terres que sur les nouvelles qui nous demeurera réservée, accordons aux exposants l'exemption du droit de gabelles sur les vins cidres bierres et eaux de vie moyennant un cens annuel et perpétuel de sept livres de France à la charge des autres droits dubs par les habitants du comté de Bitche et en outre à leurs commis ou préposés aux ouvriers seulement qui seront absolument indispensables à la fabrication du verre et qui seront employés aux dites verreries et usines les mêmes priviléges et exemptions que ceux accordés aux autres verreries et habitants de Meisenthal[1] sous la reserve touttes fois des prestations et devoirs dont sont tenus les habitants de la Soucht avec qui ils feront corps et communauté tant et si longtemps qu'eux mêmes n'en pourront pas former une. Permettons aux exposants de donner à la ditte verrerie le nom de verrerie royale de Saint-Louis, et d'etablir des gardes pour la sureté des usines et la conservation des forrets y affectées suivant qu'il sera jugé nécessaire par ledit sieur grand maitre, le tout sous la condition expresse que les exposants mettront les batimens en etat et la verrerie en travail dans le cours de trois années au plus tard, et à la charge par eux leurs hoirs successeurs et ayant cause de l'entretenir en tout temps de grosses et menues réparations à peine de reunion à notre couronne sans restitution de deniers et remboursement de dépenses généralement quelconques, et seront tenus avant d'entrer en jouissance de se re-

---

1. C'est par erreur que le texte original porte *Munsthal*.

tirer à notre ditte chambre des comptes de Lorraine pour leur etre passé contrat en la forme ordinaire et accoutumée ; sy vous mandons que ces présentes vous ayez à faire enregistrer et de leur contenu ensemble au dit arret jouir et user les exposants leurs hoirs et ayant cause pleinement et paisiblement cessant et faisant cesser tous troubles et empêchemens contraire car tel est notre plaisir. Donnée à Versailles le quatrieme jour de mars l'an de grace mil sept cent soixante sept de notre règne le cinquante deuxième. Signé Louis, par le Roi, signé le duc de Choiseul.

En exécution de l'arret de la cour souveraine de Lorraine et Barrois du dix sept du mois de mars mil sept cent soixante sept les présentes lettres patentes ont été enregistrées au bas de la minutte dudit arret par le greffier de la cour soussigné, signé Lacroix.

Les présentes lettres patentes ont été enrégistrées au bas et en exécution de l'arret de la chambre des comptes de Lorraine de cejourd'hui par son greffier soussigné. A Nancy le dix huit mars mil sept cent soixante sept, signé Bureau.

Claude Nicolas Mathieu chevalier seigneur d'Oriocourt, Bazoncourt, Villers et Oziers conseiller du Roy en ses conseils grand maitre enqueteur et général reformateur des eaux et forets de France au département des duchés de Lorraine et de Bar, vu l'arret du conseil d'etat en datte du dix sept février de la présente année mil sept cent soixante sept sur la requete du s^r René François Jolly avocat à la cour souveraine de Lorraine et Barrois et compagnie par lequel entre autres choses il leur est accordé à leurs successeurs et ayant cause à titre d'ascensement perpétuel la cense domaniale de Munsthal dans le comté de Bitche, avec les batimens terres preys, eaux ruisseaux, etangs, droits, appartenances et dependances suivant l'abornement qui en sera fait par nous ou celuy des officiers de la maitrise particuliere de Sarreguemines que nous jugerons à propos de commettre à la charge de construire dans lesdits emplacemens une verrerie à plusieurs fours halliers hangards et les batimens nécessaires pour une chapelle ou eglise, et pour l'affouage et roulis des usines de laditte verrerie il est affecté la quantité de huit mille arpens de bois à prendre dans les différentes contrées des forets du comté de Bitche désignees par ledit arret et vu aussy les Lettres patentes y attachées, tout consideré.

Nous grand maitre enquetteur et général reformateur susdit ordonnons que ledit arret ensemble les lettres patentes y attachées seront enregistrées en notre secretariat et au greffe de la maitrise des eaux et forrets de Sarreguemines pour etre executés suivant leur forme et teneur et y avoir recours le cas échéant, que par le s^r Chatelain procureur du roy de la ditte maitrise que nous avons commis et commettons à cet effet, il sera procédé à l'abornement des batimens, terres preys eaux ruisseaux etangs appartenances et dépendances généralement quelconques qui composent la cense domaniale de Munsthal dont il dressera procès verbal pour etre déposé au greffe de la même maitrise le tout ainsy qu'il est plus amplement porté au dit arret et conformément à iceluy. Donné le vingt six mars mil sept cent soixante sept. Signé Mathieu, par Monseigneur signé Duparge. Registré le dit jour par le soussigné secrétaire de la reformation signé Duparge. Enregistré au greffe de la maitrise des eaux et forets de Sarreguemines le vingt six avril mil sept cent soixante sept par le greffier soussigné. Signé Dumaire.

Pour extrait delivré le cinq aout mil sept cent soixante sept par le greffier de la maitrise soussigné.

Signé : Dumaire, avec paraphe.

(*Arch. nat.*, carton Q^1, n° 804.)

N° 23.

CONTRAT D'ACENSEMENT *perpétuel de la cense domaniale de Muntz-thal, pour le s^r René François Jolly et compagnie, passé en la chambre des comptes de Nancy sous les clauses et charges y enoncées, en execution des lettres patentes du 4 mars 1767 et conformément à l'arret du conseil du 17 fevrier précedent.*

Du 18 mars 1767.

Louis par la grace de Dieu, Roy de France et de Navarre, Duc de Lorraine et de Bar à tous ceux qui ces présentes verront, salut, scavoir faisons que vu par notre chambre de Lorraine la requete à elle présentée par Me Rene François Jolly avocat en notre cour souveraine de Lorraine et Barrois et compagnie expositive que par un arret de notre conseil d'etat du 17 fevrier dernier, nous avons accordé aux exposans leurs successeurs et ayans cause à titre d'ascensement perpétuel, la cense domaniale de Munsthal dans notre comté de Bitche, avec les batiments, terres prés, eaux, ruisseaux, etangs droits appartenances et dépendances à charge de construire une verrerie à plusieurs fours, halliers, hangards et les batimens nécessaires pour une chapelle ou eglise, ainsi qu'il est plus amplement détaillé au même arret, pour l'exécution duquel il y a eu lettres patentes accordees le 4 du présent mois sous les charges, cens et conditions y énoncées ; comme il importe aux exposans de jouir dud. arret ils ont l'honneur de se pourvoir ; et ont conclu à ce qu'il plut à notre chambre, vu l'arret de notre conseil d'etat dud. jour 17 fevrier dernier ensemble les lettres d'attache du quatre présent mois, ordonner que le tout sera enregistré en ses greffes pour etre suivi et exécuté selon leur forme et teneur, y avoir recours le cas écheant et jouir par les exposans du bénéfice d'iceux en consequence leur passer contrat d'ascensement de la cense de Muntzthal et dependances dont il s'agit, sous le cens annuel et perpétuel de deux cents livres argent au cours de France et sous les clauses et conditions portées au même arret, la requête signée Saladin procureur, l'ordonnance de notre chambre au bas, en date du 16 du présent mois, les conclusions ensuitte; et après avoir ouy sur ce M. Drouot conseiller en son rapport, tout vu et considéré.

Notre ditte chambre faisant droit sur les conclusions de la requete en exécution et conformément à l'arret de notre conseil d'etat du 17 fevrier dernier a laissé et ascensé comme par ces présentes elle laisse et ascense pour toujours et à perpétuité aux suplians à leurs successeurs et ayans cause, la cense domaniale de Muntzthal dans notre comté de Bitche, avec les batimens, terres, prés, ruisseaux, etangs, droits appartenances et dépendances généralement quelconques pour jouir du tout sans aucune réserve à perpetuité suivant l'abornement qui en sera fait par le s^r Mathieu grand maitre des eaux et forets du département de nos duchés de Lorraine et de Bar ou celui des officiers de notre maitrise particulière des eaux et forets de Sarreguemines qu'il commettra ; à charge :

1° De construire dans les dits emplacemens de Muntzthal une verrerie à plusieurs fours, halliers et hangards pour y fabriquer toutes sortes de verres en rond et à boire en glaces cristaux carreaux, bouteilles et généralement de toutes les espèces que faire se pourra.

2° De construire aussy les batimens nécessaires pour une chapelle ou eglise, les logemens de maitres, d'ouvriers fermiers et autres, un moulin à moudre les grains, une scirie et même une platinerie si le terrain et la nature des lieux le permettent; à l'effet de quoy tous les bois nécessaires à la construction desd. usines et batimens seront délivrés aux suplians sans qu'ils soient tenus de payer autre chose que les frais ordinaires de délivrance qui sera faite à mesure que la nécessité des dites constructions sera reconnue par des devis en bonne forme et sur les ordres particuliers de notre conseil.

3º De payer par les suplians au fermier general de nos domaines, ses sous fermiers commis ou préposés, solidairement et sans division, un cens annuel et perpétuel de deux cents livres argent de France, pour les terreins et emplacements des batiments, jardins, etangs, terres et prés qui font actuellement partie de ladite ferme, lequel commencera à avoir lieu à compter du 1er janvier 1769, les suplians étant dès a présent subrogés aux droits du fermier actuel en payant le canon ou prix du bail de 660 liv. et dont le dernier payement finira au 31 décembre 1768. Sans qu'en aucun cas nous puissions etre chargé de l'indemnité dud. fermier actuel pour l'eviction de son bail dont il sera dédommagé s'il échet par les suplians, soit à l'amiable, soit à dire d'experts, si mieux n'aiment les suplians ne commencer leur jouissance qu'au 1er janvier 1769.

4º Les bois des contrées de Helscheidt, Steinberg, Fransosenkopff, faisant partie de la foreterie de la Soucht, Frombourg, Bebesberg, des trois bans, Stritholtz, Kirscheidt et Moutschberg, ces quatre derniers cantons du ban de Montbronn et les cantons de la foreterie de Bitche appelés Schlossberg, Kolberg, Spitzberg, Soneckerwaldt et Eichelsboden seront affectés pour l'affouage et roulis des usines de lad. verrerie pour former la quantité de 8000 arpens de bois lesquels à quarante ans de recrue, produiront une coupe annuelle de 200 arpens, qui seront avec les chablis convertis en cordes de quatre pieds de hauteur sur huit de longueur, et la buche de quatre pieds le tout mesure de Lorraine et dont le prix sera remis entre les mains du receveur général des domaines et bois de nosd. duchés à raison de douze sols de France la corde pour en etre par lui compté à notre profit ainsy que des autres deniers de sa recette.

5º De payer entre les mains du greffier de la maitrise de Sarreguemines, les quinze deniers pour livre dud. prix pour etre distribué conformément aux edits de 1747 et 1756, et un sol par corde pour le comptage aux officiers de lad. maitrise lesquels dresseront des procès verbaux desd. délivrances pour etre déposés au greffe de lad. maitrise.

6° Que cesd. cordes seront composées de bois de brin de 4 à 5 pouces de tour, le surplus des rames cimeaux et houpiers étant abandonné aux suplians pour en disposer comme ils jugeront à propos.

7° Qu'il sera réservé par chacun arpent desd. coupes annuelles et autant que faire se pourra 24 arbres des plus sains et mieux venans essence de chêne par préférence, et à leur defaut de hetre, orme, ou autre de la meilleure espèce ; sans neanmoins que les parties peuplées puissent supporter la réserve des vuides et clairieres, auquel cas les officiers de lad. maitrise seront tenus d'en faire mention dans leurs procès-verbaux.

8° Qu'après la révolution de quarante années les suplians seront tenus de recommencer l'exploitation desd. cantons de bois par les plus anciens taillis et qu'il sera alors réservé douze arbres futaye et douze baliveaux, de l'age par chacun arpent.

9° Que s'il se trouve dans l'un et l'autre cas une nécessité indispensable pour le repeuplement des forets, les suplians seront également tenus de récéper au bout de 10 à 15 annees les taillis de les prendre et façonner à leur compte et d'en payer le prix ainsy qu'il est fixé par le présent arret.

10° Qu'outre et pardessus les réserves cy dessus prescrites, il sera encore réservé sur lesdites coupes annuelles, les arbres à l'usage d'Hollande propres au sciage et au mairin s'il s'en trouve pour etre ensuite vendus à notre profit lors des delivrances ordinaires.

11° A permis aux suplians de faire façonner 300 mairins dans les bois qui leur seront abandonnés, lesquels mairins ils ne pourront enlever qu'ils n'aient été comptés et évalués en cordes par les officiers de lad. maitrise.

12° A pareillement permis aux suplians de tirer la pierre et le sable dans les forets du comté de Bitche tant pour la construction de leurs batimens et usines que pour la formation des matieres de verre, à charge en cas de dégradation, d'en faire leurs déclarations par eux, leurs préposés ou directeurs au greffe de lad maitrise, pour, par les officiers d'icelle, estimer le degat et en dresser procès-verbal, et le montant de l'estimation porté en recette sur l'etat du produit de nos bois.

13° Les suplians, leurs successeurs et aïans causes, ouvriers fermiers et habitans de Muntzthal jouiront du droit de vaine et grasse pature dans les contrées et forets affectees auxd. usines moyennant la rétribution annuelle de vingt sols de France par chacun feu ou ménage ; avec defense à eux et à toutes communautés et particuliers de laisser fréquenter leurs bestiaux dans les coupes usées desd bois que les taillis ne soient peuplés de bonnes espèces et jugés defensables par les officiers de lad maitrise après une visite par eux faite de l'etat des bois.

14° Les places vagues et terrains à défricher dans les contrées de bois affectées par ladite verrerie dans les dépendances suivant les abornemens qui en seront faits appartiendront aux suplians leurs successeurs et ayans cause à condition de payer un cens annuel et perpetuel de sept sols de France par arpent, le tout à fur et à mesure que lesdits terreins seront mis en culture et independamment de la dixme tant sur les anciennes terres que sur les nouvelles qui nous demeurera réservée.

15° Jouiront pareillement les suplians de l'exemption du droit de gabelle sur les vins, cidres, bierres et eaux de vie, moyennant un cens annuel et perpétuel de sept livres de France à la charge des autres droits dus par les habitans du comté de Bitche, et en outre leurs commis ou préposés et ouvriers seulement qui seront absolument indispensables à la fabrication du verre et qui seront employés aux dites verreries, des mêmes privilèges et exemptions que ceux accordés aux autres verriers et habitans de Meisenthal[1] sous la réserve toutefois des prestations et devoirs dont sont tenus les habitans de la Soucht avec qui ils feront corps et communauté tant et si longtemps qu'eux-mêmes n'en pourront faire une.

16° A permis aux suplians de donner à la dite verrerie le nom de verrerie Roïale de St Louis.

17° Leur a pareillement permis d'établir des gardes pour la sureté des usines et la conservation des forets y affectées suivant qu'il sera jugé nécessaire par le grand maitre.

18° Enfin sous la condition expresse que les suplians mettront les batimens en etat et la verrerie en travail dans le cours de trois années au plus tard, et à la charge par eux, leurs hoirs, successeurs et ayans cause, de l'entretenir en tous temps, de grosses et menues réparations, à peine de reunion à notre domaine, sans restitution de deniers et remboursement de dépenses généralement quelconques.

Pour l'exécution de toutes les clauses charges et conditions cy-dessus, notamment le payement exact des cens, les suplians ont promis de garantir, fournir et faire valoir le tout, sous l'obligation spéciale des terrains à eux ascensés et généralement de tous leurs autres biens meubles et immeubles présens et à venir qu'ils ont soumis à toutes justices comme pour nos propres deniers et affaires, une obligation ne dérogeant à l'autre, ordonne que l'arret de notre conseil d'etat dud jour 17 février dernier, ensemble les lettres patentes de commission sur icelui du 4 du présent mois seront enregistrés au bas de la minutte des présentes pour jouir par les suplians du bénéfice d'iceux etre exécutés suivant leur forme et teneur et y avoir recours le cas écheant, que le tout sera insinué au registre destiné à etre deposé au trésor des chartres, aussi pour y avoir recours le cas écheant, et que copie des mêmes présentes sera fournie au fer-

---

1. C'est par erreur que le texte original porte *Munsthal*.

mier du Domaine à l'effet de percevoir les cens y portés ; ordonne pareillement que les procès-verbaux d'arpentage, d'abornement et cartes topographiques qui seront dressés des terreins cédés aux suplians seront par eux fournis au greffe de notre dite chambre, pour y etre joints à la minutte des dites présentes de même qu'une soumission contenant les noms surnoms, qualités et demeures des suplians par laquelle ils s'engageront solidairement et indivisiblement à l'exécution de toutes les charges clauses et conditions portées en l'arret cy-dessus pour y etre également jointe.

Fait à Nancy en notre chambre et donné, sous son grand scel le 18 mars de l'an de grace 1767 et de notre regne le 52e.

Par la chambre signé Bureau.

(*Arch. nat.*, carton Q¹, n° 805.)

N° 24.

Soumission contenant les noms qualités et demeures de ceux composants la compagnie du sieur Jolly.

Du 21 novembre 1768.

Nous soussignés René François Jolly, avocat à la cour souveraine de Lorraine et Barrois et compagnie, censitaires perpétuels de la cense de Munsthal située dans le comté de Bitche, en vertu des arret du conseil du 17 février et Lettres patentes du 4 mars 1767, portant permission et obligation d'y construire une verrerie à plusieurs fours sous le titre de verrerie royale de St Louis, pour satisfaire à l'arret rendu par la chambre des comptes de Lorraine du 18 du mois de mars 1767 par lequel en faisant l'enregistrement des dits arret et lettres patentes, elle a ordonné que ledit sieur Jolly fourniroit en son greffe pour etre jointe à la minute de sond. arret une soumission contenant les noms surnoms qualités et demeures de ceux composants la compagnie dudit sieur Jolly qui s'engageront solidairement et indivisement à l'exécution des clauses charges et conditions portées en l'arret du conseil.

En consequence ledit sieur Jolly a denommé les sieurs François Delasalle seigneur de Ville-au-Val et autres lieux, demeurant à Metz, Albert Delasalle seigneur de Diling demeurant à Sarrelouis et Pierre Etienne Ollivier, ancien batonnier des avocats à la cour demeurant à Nancy lesquels comparans ont déclarés s'etre associés et s'engager solidairement pour la pleine exécution dudit arret du conseil du 17 fevrier 1767, circonstances et dépendances, sous les conditions suivantes.

1° Que l'ascensement etant commun à tous, lors des déces d'aucun d'eux, leurs veuves, heritiers ou ayant cause conserveront l'interet du deffunt; que dans le cas où les dits heritiers ou ayant cause seroient majeurs, un seul pourra représenter le deffunt; il sera libre au prémourant de le designer, et s'il ne l'a pas désigné, la famille s'assemblera, choisira le plus capable le présentera aux autres associés pour l'agréer si le sujet leur convient, et s'il ne leur convient pas la famille sera tenue de faire un autre choix sans que les associés soient tenus de donner aucune raison de leur refus.

Au cas qu'il n'y auroit qu'une veuve et des enfants mineurs, ou une veuve seulement, ou autres héritiers seulement mais mineurs, la veuve seule en son nom ou comme mère et tutrice, les tuteurs ou curateurs des mineurs ne pourront jamais se faire représenter si ce n'est à l'egard des mineurs lorsqu'ils seront parvenus à la majorité. Alors il dépendra des associés d'admettre le premier qui sera majeur ou d'attendre la majorité d'un autre qu'ils jugeront plus capable et propre à représenter le deffunt. Aussi la veuve ni les tuteurs ou curateurs des mineurs ne pourront entrer en connoissance de la regie, exiger inven-

taire ni compte particulier, mais ils seront obliges de s'en tenir
à ce qui sera fait par les autres associés, aux comptes qui seront
par eux arretés sans pouvoir les débattre ni les contester, et à
ce qu'ils auront deliberé pour le bien de la chose.

2° Les comparans se réservent d'admettre tous autres associés qui seront tenus des mêmes engagemens ; en outre il est arreté qu'aucun des associés ne pourra vendre son interet en tout n'y partie à aucun etranger sans en donner la préférence aux autres associés, ou à l'un d'eux au défaut des autres ; et pour prévenir les ventes simulées l'associé vendeur et son acquereur étranger seront tenus de se purger par serment sur la sincérité des conventions qu'ils pourroient faire entre eux, et que rien d'important ne soit fait qu'après délibération qui sera toujours arretée à la pluralité des voix.

A l'effet de tout quoy les soumissionnaires font election de domicile chez le sieur Ollivier l'un d'eux demeurant à Nancy. Fait à Ville au Val le vingt un novembre mil sept cent soixante huit.

  Signé Lasalle l'ainé, Ollivier, Jolly, Lasalle de Dilling,
   avec paraphes.

En marge sont écrites les annotations suivantes :

La présente soumission produite est jointe au présent ascensement du 18 mars 1767[1] en exécution de l'arret de la chambre de cejourd'hui 13 janvier 1769. Signé F. Frimont.

Nª. Par arret de la chambre du 25 avril 1774 obtenu par les s^{rs} François Lasalle écuyer, Antoine Dominique Jacques Joseph Dosquet l'ainé aussi écuyer et Jean François Antoine avocat au parlement en consequence de la déclaration par eux faite qu'ils se chargent de toutes les obligations contractées par les sieurs René François Joly et Pierre Etienne Olivier les a déchargé de

---

1. Pièces justif. n° 23, *supra*.

toutes leurs d^es. obligations et ordonne que cette annotation sera faite en marge du présent acte sans préjudice des droits du Roy. Signé Bureau, avec paraphe.

N^a. Par arret du 14 decembre 1785 la chambre en conséquence de la déclaration faite par le s^r François Lasalle écuyer qu'il se charge des obligations contractées par le s^r Antoine Dominique Jacques Joseph Dosquet et Jean François Antoine en l'acte du 18 avril 1774 retenues par l'arret du 25 du même mois, les a déchargé des mêmes obligations pour quoi la présente annotation a été ordonnée pour y avoir recours le cas écheant sauf les droits du Roi. Signé Bureau, avec paraphe.

(*Arch. dép. de Nancy,* série B, n° 11131.)

N° 25.

Arret du conseil d'Etat qui confirme le procès-verbal dressé par le procureur général du Roy en la maîtrise de Sarguemines le 16 avril 1767 et contenant la reconnoissance des parties de bois à deffricher pour l'etablissement de la verrerie de St Louis dans la foret de Bitche et ordonne la vente desd bois.

Du 26 janvier 1768.

Vu en conseil d'etat du Roy l'arret rendu en icelui le 17 février 1767 par lequel Sa Majesté aurait accordé entre autres choses au s^r Jolly et compagnie leurs successeurs et ayant cause les places vagues et terreins à deffricher dans les bois affectés pour la verrerie de St Louis à établir dans la foret de Bitche et dans ses dépendances suivant les abornemens qui en seroient faits à condition de payer au domaine de Sa Majesté un cens annuel et perpétuel de 7 s. au cours de France par arpent au fur et à mesure que lesd terreins entreroient en culture et independamment de la dixme tant sur les anciens terreins que sur les nouveaux qui demeureroit réservé à Sa Majesté, le procès verbal dressé par le procureur de Sa Majesté en la maitrise particuliere de Sarguemines le 16 avril de lad année 1767 et duquel il résulte entre autres choses que les places vaines et vagues à deffricher dans les cantons en bois affectés pour l'exploitation de lad verrerie consistent en 496 arpens de bois dans lesquels sont compris 56 arpens un quart qui ne doivent pas etre cultivés, le tout à prendre dans les contrées qui environnent les terreins et emplacemens de lad verrerie de St Louis, vu aussi l'avis du s^r Mathieu grand maitre des eaux et forets du departement des duchés de Lorraine et de Bar du 9 décembre audit an 1767 ouy le rapport du s^r de l'Averdy conseiller ordinaire et au conseil royal controleur général des finances LE ROY EN SON CONSEIL a confirmé et confirme les opérations faites par le procureur de Sa Majesté en la maitrise particuliere de Sarguemines et enoncées dans le procès verbal dressé par lesd officiers le seize avril mil sept cent soixante sept ; en conséquence ordonne Sa Majesté que les quatre cent quatre vingt seize arpens de bois designés pour etre deffrichés y compris trente arpens de la montagne de Bronenkopff échangée entre les verriers de Gœtzelbruch et le s^r Jolly et compagnie appartiendront aud s^r Jolly et compagnie pour etre unis à la verrerie de St Louis et mis en tel genre de culture qu'ils jugeront à propos à l'exception des cinquante six arpens un quart designés aud proces verbal pour demeurer vains et vagues à la charge par led s^r Jolly et compagnie leurs successeurs et ayant cause de payer au domaine de Sa Majesté un cens annuel et perpétuel de sept sols au cours de France par arpent et ce au fur et à mesure que lesd. terreins seront mis en culture conformément à l'arret du conseil du dix sept février mil sept cent soixante sept. Ordonne en outre Sa Majesté que par le s^r Mathieu grand maitre des eaux et forets du département des duchés de Lorraine et de Bar ou les officiers de lad maitrise de

Sarguemines qu'il pourra commettre, il sera procédé à la vente et adjudication au plus offrant et dernier enchérisseur en la manière accoutumée des bois et arbres qui se trouveront sur lesd. quatre cent quatre vingt seize arpens de terreins à deffricher à l'exception des arbres accordés au s^r Dor pour servir au flottage des bois à l'usage de Hollande et des arbres de batimens qui doivent etre delivrés aud s^r Jolly et compagnie à la charge par ceux qui se rendront adjudicataires desd bois d'en remettre le prix es mains du receveur particulier des bois de lad maitrise pour etre par lui remis ès mains du receveur général des domaines et bois desd duchés en exercice lequel en comptera au proffit de Sa Majesté ainsi que des autres deniers de sa recette; et sera le présent arret enregistré au greffe de lad maitrise pour y avoir recours si besoin est.

Signé : DEMAUPEOU, DE L'AVERDY.

A Versailles le vingt six janvier mil sept cent soixante huit.

(*Arch. nat.*, série E, n° 1431.)

N° 26.

ARRET DU CONSEIL D'ETAT qui accorde au s^r Jolly et compagnie trois cantons de bois de la foret de Bitche pour former la quantité de 8000 arpens de bois affectés à l'exploitation de la verrerie de Munsthal par arret du 17 février 1767 et permet au s^r Jolly de prendre les bois nécessaires pour l'entretien des batimens de la verrerie dans les bois affectés seulement.

Du 13 décembre 1768.

Sur la requête p̄ntée au roi en son conseil par le s^r René François Jolly avocat en la cour souveraine de Lorraine et compagnie, contenant que par un premier arret du conseil du 17 février 1767 et lettres patentes du 4 mars suivant duement enregistrées il a plu à Sa Majesté lui accorder à titre d'ascensement perpétuel la cense domaniale de Munsthal située au comté de Bitche en la Lorraine Allemande avec la faculté d'y construire une verrerie à plusieurs fours pour y fabriquer toutes sortes de verres, et pour l'affouage et roulis de cette usine Sa Majesté a affecté les bois de divers cantons de la foret de Bitche revenants à la quantité de 8000 arpens, lesquels à raison de 40 ans de recru produiront une coupe annuelle de 200 arpens, que pour donner de l'air en suffisance et procurer de la salubrité à une usine aussi considerable, il aurait été reconnu qu'il etoit important de defricher ses environs ; qu'il a été dressé procès-verbal par le procureur de Sa Majesté en la maitrise particulière de Sarguemines le 16 avril 1767 relativement à cet objet ; que par autre arret du 26 janvier 1768, Sa Majesté a confirmé les operations de cet officier et ordonné le defrichement de 496 arpens dont le fond a été abandonné au supliant pour etre mis en culture à charge d'un cens de 7 s. par arpent, et la vente de la superficie a été ordonnée au profit de Sa Majesté ; ce qui a été fait et a produit une somme considerable. Que ce defrichement fait une diminution sur les 8000 arpens affectés à l'exploitation de l'usine ; qu'il est important et nécessaire d'accorder des bois en remplacement pour completter les coupes annuelles et remplir le temps de la révolution fixée par le premier arret. Que le remplacement peut avoir lieu dans les contrees appellées de Geishaltz et le Daubunescht, joignant le Schlosberg dependant de la foreterie de Bitche, qu'il convient aussi d'y ajouter le canton dit la Harthe de Montbronne obmis dans le premier arret pour completter l'affectation accordée de 8000 arpens independamment des essarts et defrichemens dont le fond est chargé d'un cens particulier. Qu'il est constant que le supliant avait demandé par sa requete sur laquelle est intervenu l'arret du 17 février 1767 le canton de la Harthe de 345 arpens ; que ce canton faisant partie de ceux qui forment les 8000 arpens d'affectation, que le même arret accorde cette quantité, c'est par pure omission que ce canton n'y a point été denommé ce qu'il est facile de rectiffier et juste de réparer. Qu'il est egalement juste d'accorder le remplacement puisque c'est une suite de la première concession très utile à l'usine, sans etre nuisible à personne, que le supliant prend la liberté d'observer que par le même arret du 17 fevrier 1767, Sa Majesté a eu la bonté de lui accorder les arbres nécessaires pour la construction de l'usine; qu'il a une attention particuliere pour ne point abuser de cette grace, qu'il a lieu d'esperer d'en obtenir une seconde et qu'il lui sera permis par la suite de prendre aussi le bois qu'il lui faudra pour l'entretien annuel des batimens en payant seulement les droits des officiers, n'etant pas douteux que cette usine exigera des réparations qu'il ne sera pas possible de négliger. A ces causes requeroient les suplians qu'il plut à Sa Majesté ordonner, pour completter l'affectation accordée à l'usine dont est question qu'il y sera ajouté le canton de Kleinharthe de Montbronne ensemble les contrées dites le Geishaltz et le Daubunescht joignant le Schlosberg dépendant de la foreterie de Bitche quand même ils excederoient de quelque chose les 8000 arpens de l'affectation portée par l'arret du conseil du 17 fevrier 1767 et ce independamment des essarts et défrichemens. Accorder en outre au supliant la permission de couper annuellement tous les bois nécessaires pour l'entretien des usines et batimens qui dépendent de lad verrerie à prendre dans les coupes ordinaires et en cas d'insuffisance dans la foret de Bitche suivant la délivrance qui en sera faite par les officiers de la maitrise de Sarguemines en payant seulement les droits desd. officiers. Vu lad. requete ensemble les arrets du conseil des 17 fevrier 1767 et 26 janvier 1768 ci dessus mentionnés et l'avis du s^r Mathieu grand maitre des eaux et forets du département des duchés de Lorraine et de Bar du 31 décembre 1767; ouï le rapport du s^r Maynou d'Invau

PIÈCES JUSTIFICATIVES. 273

conseiller d'etat et ordinaire au conseil royal, controleur général des finances. LE ROY EN SON CONSEIL, ayant egard à la requete a ordonné et ordonne qu'il sera incessamment procedé à la delimitation et à l'abornement du canton appelé Kleinharthe de Montbronne et des contrées appelées Geishalz et le Daubenesche, faisant partie de la foreterie de Bitche pour completter la quantité de 8000 arpens de bois affectés par arret du conseil du dix sept fevrier mil sept cent soixante sept à l'exploitation de la verrerie de Munsthal, et ce, independament du nombre d'arpens dont le defrichement a été permis par un autre arret du conseil du vingt six janvier d^{er}. Permet Sa Majesté au supliant de faire couper annuellement tous les bois nécessaires pour l'entretien des batimens dependants de lad verrerie à prendre dans les coupes ordinaires seulement desd bois affectés suivant la marque et delivrance qui sera faite desd bois au supliant par le s^r Mathieu grand maitre des eaux et forets du département des duchés de Lorraine et de Bar ou les officiers de la maitrise particuliere des lieux qui seront par lui commis, après néanmoins qu'il aura été dressé des devis en bonne forme des réparations à faire auxd batimens à la charge par le supliant de remettre es mains du receveur particulier des bois de lad maitrise le prix de ceux dont il s'agit suivant l'evaluation qui en sera faite en cordes par les officiers de lad maitrise. Et sera le présent arret enregistré au greffe de lad maitrise pour y avoir recours si besoin est.

Signé : DEMAUPEOU, MAYNOU.

A Versailles, le treize décembre mil sept cent soixante huit.

(*Arch. nat.*, série E, n° 1441.)

N° 27.

ARREST DU CONSEIL D'ETAT DU ROI qui confirme les procès-verbaux de visites, reconnoissances et abornemens faits dans les Forets dependantes du Comté de Bitche; fixe les Droits des Usagers dans lesdites Forets et les Cantons où les Droits seront exercés; enfin ordonne l'aménagement desdites Forets.

Du 18 juin 1771.

(Extraits)

. . . .

IV.

Concède Sa Majesté à titre d'ascensement perpétuel aux Censitaires de la Verrerie de St Louis, sous le cens de sept sols de France par arpent les terres et hors-d'œuvres qui sont encore à défricher dans l'intérieur des Forets affectées à ladite Verrerie, ainsi qu'ils se trouvent désignés aux procès-verbaux du vingt deux Juin mil sept cent soixante huit; savoir: six arpens vingt deux verges au canton de Steinberg, sous les numeros seize, dix-sept, dix-huit, dix-neuf, vingt, vingt-un, vingt-deux, vingt-trois et vingt-quatre. Huit arpens quatre-vingt-cinq verges designés entre le canton de Françosenkopff et la prairie du vallon de Goetzenbruck, et douze arpens cent sept verges, designés pour le degagement de la route en haut dudit canton de Steinberg, faisant en tout vingt six arpens, deux cents quatorze verges en onze cantons, et ce indépendamment des terrains concédés auxdits Censitaires et dont ils sont actuellement en possession, en exécution des Arrets du Conseil des dix-sept Février mil sept-cent soixante sept et vingt six Janvier mil sept cent soixante huit.

. . . .

XIV.

En ce qui concerne les essarts et hors d'œuvres, tant dans l'interieur qu'à l'extérieur des Forets affectées à la Verrerie de Meysenthal, et dont les abornemens ont été faits par procès-verbaux des premier Mars et dix-sept Juillet mil sept cent soixante-huit, lesquels essarts et hors d'œuvres contiennent soixante quatre arpens en dix cantons, Sa Majesté a accepté et accepte les offres et soumissions faites par quelques Censitaires de ladite Verrerie, et portées au procès-verbal du trente-un Juillet mil sept cent soixante-huit, de prendre ceux desdits terrains qui se trouvent à leur convenance, ensemble les offres et soumissions de différens autres Propriétaires Riverains, portées au même procès-verbal, de prendre le surplus desdits terreins sous les différens cens qui y sont rappellés : en conséquence Sa Majesté a accordé et accorde lesdits terreins, à titre d'ascensement perpétuel, aux ci après denommés; savoir : A François Semard, habitant de la Soucht, un arpent et demi, à prendre près la Foret de Nouspickel, entre les vingt-deux et vingt-quatrième bornes, sous le cens annuel de dix sols de France par arpent. A Pierre Gerholtz, Jean Vinckler, Thomas Hilt et Joseph Melchior, tous habitant de la Soucht, vingt-trois arpens à la lizière de ladite Foret, attenant les vingt-neuf, trente, trente-une, trente-deux et trente-troisième bornes, pour leur etre distribués par égales portions, et sous le cens annuel de huit sols de France par arpent. A Martin Hilt, Etienne Philippy et Joseph Oberlet, huit arpens attenant la même Foret, entre les trente cinq et trente-sixième bornes. A Georges Walter, Jean-Nicolas Walhreïd, Michel Franckhauser, Etienne Bourgond, Antoine Schuerer, Marie Walter, veuue de Martin Hilt et Ursule Walter veuve de Valentin d'Emeurlay, tous Censitaires de la Verrerie de Meysenthal, huit arpens un cinquième, au même canton, du coté des terres de Meysenthal, pour leur etre aussi distribués par égales portions, le tout moyennant un cens annuel de quinze sols de France par arpent. A Adam Bourgon, l'un des Censitaires de la Verrerie de Meysenthal, trois arpens trois quarts en deux parties, l'une au dessus de son Moulin, près de la Foret, de Glaussenberg, et l'autre attenant les première et deuxième bornes de ladite Foret, sous le cens de dix sols de France par arpent. A Louis Lanaux, aussi Censitaire de ladite Verrerie, trois arpens huit dixième attenans la troisième et quatrième bornes de ladite Foret, moyennant le cens annuel de quinze sols de France par arpent. A Nicolas Lanau, habitant de la Soucht, un arpent cinquante-trois verges en quatre parties, attenant les trois dernières bornes de la même Foret, à la charge de payer un cens annuel de quinze sols de France pour le tout. Audit Pierre Guerholtz, Jean Vinckler, Martin Zimmernann, Gaspard Vinckler, Thomas Hilt et Joseph Melchior tous habitans de la Soucht, sept arpens treize verges à la liziere de la Foret de Kleberg, attenans les trois, quatre et cinquième bornes, pour leur etre distribués par égales portions à la charge par eux de payer un cens annuel de dix sols par arpent. A Etienne Guerschoënt de la Soucht, deux arpens attenant les bornes vingt-une, vingt-deux et vingt-troisième de la même Foret, à la charge d'un cens annuel de quinze sols de France par arpent. Audit Adam Walter de Meysenthal, quatre arpens et demi, attenans à la même Foret entre les soixante quatorze et quatrevingtième et dernière bornes, sous le cens annuel de quinze sous de France par arpent.

. . . .

XIX.

Ordonne Sa Majesté que l'exercice desdits droits d'Affouages, demeurera à l'avenir distinct et separé de l'exploitation des Forets affectées aux Censitaires des Usines; à l'effet de quoi il sera par l'Arpenteur de ladite Maitrise, en présence du Procureur de Sa Majesté, distrait desdites Forets affectées, par des tranchées et layes de separations suffisantes, dans tous les endroits où il sera jugé nécessaire, et aux frais des habitans, des triages pour chacune des Communautés, à prendre dans lesdites Forets affectées où lesdites Communautés se trouvent enclavées, et non ailleurs ; chacun desquels triages sera ensuite divisé en coupes annuelles au profit desdites Communautés, et chacune en droit soi, sous les révolutions et suivant l'etat et possibilité des Forets, le nombre et les besoins des habitans, ainsi qu'il va etre réglé ; savoir : Pour les habitans d'Althorn et Communauté de Montroïal, un triage de six cent arpens, lequel restera indivis entr'eux, à prendre au Canton de Recbsteckopff, dépendant des Forets affectées à la Forge de Moderhausen, et sera divisé en cinquante coupes annuelles de douze arpens chacune. Pour les habitans et Communautés d'Igelshardt et Bellerstein, un triage de trois cent cinquante arpens, à prendre dans la forêterie d'Igelshardt, affectée à ladite Forge, à la lisière de ladite Forêterie attenant les terres de la tranchée de Bellerstein et Igelshardt, lequel triage sera divisé en cinquante coupes annuelles de sept arpens chacune ; Pour les habitans de Waldeck, Neufzinzel, et de la Main du Prince, un triage de cent cinquante arpens, à prendre au canton de Bückelhantzwirtz-Hausenvaldt, Forêterie de Waldeck, lequel triage sera divisé en cinquante coupes annuelles de trois arpens chacune, et dont les premieres seront assises dans les parties les plus dépérissantes. Quant aux autres habitans et ouvriers résidens dans les établissemens mêmes desdites Usines et dependances, savoir les habitans des Verreries de Goëtzenbruck, Meysenthal, de Saint-Louis et de la Forge de Moderhausen, ordonne Sa Majesté que sans qu'il leur soit designé des triages séparés, les Censitaires desdites Usines continueront de delivrer auxdits habitans et ouvriers, cinq cordes de Bois par chaque feu, à prendre dans les Bois affectés, et aux prix, clauses et conditions portés audit Arret du Conseil du 27 Décembre mil sept cent soixante huit.

. . . .

XXVI.

Confirme Sa Majesté jusqu'à ce qu'il lui plaise d'en ordonner autrement, les habitans et Communautés de la partie couverte des Forets du Comté de Bitche, dans l'exercice des droits de vaine et grasse pature, tant dans les triages qui leur ont été assignés que dans les Forets affectées aux Usuines, et dans le surplus des Forets dudit Comté, à la charge par lesdites Communautés de n'exercer lesdits droits que dans les triages qui leur auront été désignés pour leurs affouages, sans pouvoir s'étendre les uns sur les autres, ni au delà desdits triages; et en outre de n'user desdits droits que dans les cantons des mêmes triages qui leur seront annuellement indiqués par les Officiers de ladite Maitrise et autres, néanmoins que les coupes dans lesquelles lesdites Communautés ne pourront envoyer leurs bestiaux que lorsque les taillis auront été déclarés defensables, le tout sous les peines portées par les Ordonnances et Reglemens. Ordonne Sa Majesté qu'en cas d'insuffisance de la vaine et grasse pature pour quelques-unes desdites Communautés dans leurs triages particuliers, il leur sera assigné, soit dans les Forets affectées, soit dans le surplus non affecté, les endroits où les vaines et grasses patures pourront avoir lieu, autres cependant que les coupes, a moins qu'elles ne soient peuplées de bonnes essences, et que les taillis n'en soient jugés défensables; ordonne aussi Sa Majesté que dans lesdits cas d'insuffisance de vaine et grasse pature les cantons qui seront indiqués aux dites Communautés, seront distribués et distingués de manière qu'elles ne puissent parcourir les unes sur les autres et qu'il n'en résulte aucun inconvénient, aucune confusion, ni aucun préjudice aux Censitaires des Usuines, par rapport à l'exercice des mêmes droits de grasse et vaine pature qui leur ont été accordés ; veut néanmoins Sa Majesté que le droit de grasse pature ne puisse s'exercer en aucun cas dans la partie de la Forêterie de La Soucht connue sous le nom de Helscheid, et qui comprend les cantons de Françosenkopff, Bronenkopff, Spessert, Dorenwald, et Steinberg, non plus que dans les cantons de Scheinberg, Hohescheid, Kirscheid, Frauhmuhl, Hundskopff, Guendersberg, Bissemberg, ainsi que dans les Forêteries entières de Valdeck, Igelshard et Lemberg, toutes contrées faisant partie tant des affectations que desdits triages, et du restant des Forets dans lesquelles la glandée sera réservée comme par le passé, pour etre vendue annuellement pour le quinze Septembre au profit de Sa Majesté, par les Officiers de ladite Maitrise à l'effet de quoi toutes patures demeureront fermées aux Usagers dans toutes les contrees ci dessus désignées au premier dudit mois de Septembre de chacune année, en réservant neanmoins des places pour les porcs appartenant à ceux qui ont le droit titre et possession d'en mettre à la glandée.

. . . .

XL.

Ordonne Sa Majesté que pour veiller à la conservation de celles des Forets du Comté de Bitche qui sont affectees aux Usuines et de celles destinées pour les affouages des Usagers, il sera établi par ledit Sieur Grand-Maitre le nombre de seize Gardes, savoir deux pour les Bois affectés aux Forges de Reischoffen, lesquels Gardes jouiront chacun de cent livres de France, pour gages, qui seront supportés et acquittés par le Sieur Dietricht ; Trois Gardes pour les Bois affectés aux Forges de Moderhausen, aux gages de deux cent cinquante livres de France, à partager également entr'eux ; lesquels gages seront supportés et acquittés par la Dame Balligand : Deux Gardes pour la conservation des Bois affectés aux Verreries de Saint-Louis, aux gages de cent cinquante livres de France, à partager également entr'eux; lesquels gages seront supportés et acquittés par le Sr. Joly et Compagnie : Un Garde pour les Bois affectés aux Verreries de Goëtzenbruck et Meysenthal aux gages de cent livres de France, qui seront supportés et acquittés pour moitié par les Censitaires desdites Verreries; et huit Gardes pour les Forets affectées aux Usagers desdites Communautés, aux gages de cinquante livres de France chacun, lesquels gages seront supportés et acquittés par lesdites Communautés, à raison de ce que chacune devra y contribuer relativement à la quantité des Bois dont elle jouira et suivant la répartition qui sera faite desdits gages par ledit Sieur Grand-Maitre. Ordonne Sa Majesté que lesdits Censitaires et Communautés seront tenus de remettre, chacun en droit soi, annuellement ez mains du Receveur des Bois de ladite Maitrise, les gages desdits Gardes, auxquels ils seront délivrés sur les Ordonnances dudit Sieur Grand-Maitre.

. . . .

Collationné.
Signé : DE VOUGNY, avec paraphe.

(*Arch. départ. de Metz*, série B, n° 106.)

N° 28.

SUBROGATION ET VENTE *pour le s^r François René Jolly et compagnie, contre Louis Vndereiner de Munsthal portant 4.000 liv. de principal et vn louis de coëffe.*

Du 7 avril 1768.

Scachent tous que Pardevant le not. Royal de Bitche, y résidant, soussigné, et en présence des témoins cy après nommés fut présent en personne Louis Undereiner munier au moulin de Munsthal, y résidant lequel a volontairement confessé avoir subrogé comme par ces présentes il subroge le sieur François René Jolly et compagnie propriétaires de la verrerie royale de Saint Louis acceptant par Me Pierre Etienne d'Ollivïer batonnier des avocats en la cour souveraine de Lorraine et Barrois séante à Nancy, y résidant comme fondé de pouvoir de lad compagnie en tous les droits acquis audit Vndereiner par l'ascensement qui lui a été passé du moulin et dépendances situé au bas de la digue de l'etang de la même cense de Munsthal actuellement ditte de Saint Louis.

Ledit Vndereiner vend en outre les terres preys et jardins scavoir, six jours de terre labourable ou canton dit Languetriche ban de Munsthal environ un jour et demi jardin et chenivière sur le ban de Monbronne à la droite et au bas du moulin; Le prey de la fabrique de Monbronne joignant d'un coté et les forets de l'autre, d'un bout Joseph Houtte d'autre Clément Schuartz;

Environ un jour et demy de preys provenant de ses acquets scitué au lieudit Sichmitterdhal ban de Monbronne, d'un coté le ruisseau du moulin de l'autre les forets, d'un bout sur un chemin communal, de l'autre sur la prairie de la fabrique de Monbronne.

Et une languette de terre nature de jardin attenant à la scirie lesquels biens cy dessus appartenants au vendeur et subrogeant d'acquets par luy faits, se soumet en consequence de remettre la grosse de son arret d'ascensement du vingtième juin mil sept cent vingt sept et celles des autres biens d'acquets portés cy-dessus et à l'instant a remis celle dudit jour vingt juin mil sept cent vingt sept, promet de remettre les autres grosses dans trois jours. La présente subrogation et vente faites sous la condition que ledit Vndereiner continuera la jouissance dudit moulin jusqu'à la St Jean prochaine et qu'il fera en la présente année, la récolte des fruits par luy ensemencés, restant libre néanmoins l'acquéreur de batir la scirie quand il le jugera à propos, et en outre pour et moïennant la somme de quatre mille livres argent au cours de Bitche et vn Louis pour la coeffe de la femme du vendeur qui ont été payés comptant, dont quittance. Il a pareillement été convenu que sy l'établissement de laditte verrerie n'avait pas lieu ledit Undereiner rentrera dans la jouissance et possession des biens par luy cédés et vendus, en remboursant seulement le prix principal et la coëffe, promettant le vendeur, la garantie de la présente vente et subrogation sous l'obligation de tous ses autres biens meubles et immeubles présents et avenir qu'il a soumis à toutes cours, juridictions, et renoncé à tous bénéfices faisants au contraire.

Fait et passé à Bitche le septième avril mil sept cent soixante huit, avant midy, en présence du s^r Jean Baptiste Henrion entrepreneur de batimens de cette ville Jean François Schmitte fermier de la cense de Münsthal, trouvé en cette ville, témoins connus aux parties et notaire et requis, qui ont signé avec les parties à la réserve du vendeur qui a fait sa marque pour n'avoir pas l'usage d'écrire, de ce interpellé après lecture et interpretation faite des présentes par Me Jean François Remacle l'un des interprettes juré de ce siége ; et avant de signer l'acquereur a volontairement déclaré se soumettre de payer le cens annuel affecté de l'année courante les années à venir et à jamais à payer par les acceptants ce qui a été aussy interpretté.

Marque de Louis Vndereiner et signé Ollivier, J. B. Henrion, Jean François Schmitt; Remacle, et A. l. Helfflinger Nᵉ Rᵃˡ.

En marge est écrit. Pour minutte controlle, parchemin grosse et sceau, cent vingt deux livres. Payé.

Au dessous. Controllé à Bitche le quinze avril 1768. R. Vingt quatre livres. Signé Cellier.

Plus bas. Pour grosse. Signé A. l. Helfflinger Nᵉ. Rᵃˡ, avec paraphe.

Plus bas encore. Scellé à Bitche le vingt deux avril 1768. Reçu soixante dix neuf francs cinq gros. Signé Cellier, avec paraphe.

(*Arch. nat.*, carton Q¹, n° 804. Parchemin.)

N° 29.

Arrêt du Conseil d'Etat qui subroge René François Jolly et compagnie à l'acensement du moulin de Muntzthal porté par l'arret de la chambre des comptes de Lorraine du 20 juin 1727; déboute les requérans du surplus de leurs demandes.

Du 18 septembre 1770.

Sur la requête présentée au Roy en son conseil par françois René Jolly et compagnie propriétaires de la verrerie royale de Sᵗ Louis établie en Lorraine contenant que le 20 juin 1727 les officiers de la chambre des comptes de Lorraine ont ascensé à Michel Vndereiner la permission de faire construire un moulin dans le valon de Munsthal en Lorraine au bas de la chaussée de l'etang que led Vndereiner tenait déjà à cens du domaine ; à la charge par lui ses hoirs et aians cause de payer une redevance annuelle et perpétuelle de deux maldres de seigle et de sept livres en argent, lequel moulin a depuis été construit; il fut en même temps donné à cens aud Vndereiner quatre arpens de bois qu'il pourroit essarter et convertir en jardin à la charge par lui de payer 9 gros de cens par chaque arpent. Par un acte passé devant notaire le 7 avril (1768), Louis Vndereiner représentant Michel Vndereiner a subrogé les supplians dans tous ses droits résultant de l'ascensement cy dessus en même temps qu'il leur a vendu d'autres biens qu'il possédoit patrimonialement, mais comme la subrogation pour la partie du moulin ne peut avoir d'effet qu'autant qu'elle sera agréée par Sa Majesté, c'est ce qui oblige les supplians à se pourvoir.

Requeroient à ces causes les supplians qu'il plut à Sa Majesté approuver et confirmer l'acte de cession et de subrogation passé à leur profit par Louis Vndereiner par led acte du 7 avril 1768, en consequence ordonner qu'ils seront subrogés par les officiers de la chambre des comptes de Lorraine à l'ascensement du moulin et de quatre arpens de terrein mentionnés en l'arret du 20 juin 1727 et conformément aud arret sous les offres des supplians de continuer le payement au domaine de Sa Majesté des redevances qui y sont portées. Vu lad requête. Signé Roux, avocat des supplians.

Vu au conseil d'etat du Roy la requete présentée par le s^r François René Joly et compagnie censitaires de la verrerie de St Louis établie en Lorraine tendant à ce qu'il plut à Sa Majesté approuver et confirmer l'acte de cession et de subrogation passé à leur profit par Louis Vndereiner le 7 avril 1768 ; en conséquence ordonner qu'ils soient subrogés par les officiers de la chambre des comptes de Lorraine à l'accensement du moulin et des 4 arpents de terrain mentionnés en l'arret du 20 juin 1727 et ce conformément aud. arret sous les offres de continuer au domaine de Sa Majesté le paiement des redevances y portées ; l'arret de la chambre des comptes dud jour 20 juin 1727 par lequel elle auroit en conséquence du décret du duc de Lorraine du 18 mars précédent accensé à perpétuité à Michel Vndereiner ses hoirs et aïant cause la permission de construire un moulin dans le valon de Munsthal au bas de la chaussée de l'etang qu'il tenoit à cens du domaine de Lorraine à la charge par led. Vndereiner ses hoirs et aïant cause de païer une redevance annuelle et perpétuelle au domaine de deux maldres de seigle et de 7 liv. en argent pour raison dud moulin laissant et assensant en outre aud Vndereiner quatre arpens de bois qu'il pourra essarter et convertir en jardin à la charge de païer neuf gros de cens par chacun arpent lesquels quatre arpens lui seroient marqués par les officiers de la grurie de Bitche dans le voisinage dud etang et dans l'endroit le moins dommageable dont proces verbal seroit par eux dressé ensemble carte topographique qu'ils renverroient pour etre joints à la minutte dud arret; lesd cens païables à la St Martin lors prochaine entre les mains du receveur général des fermes ou de ses préposés; le contrat passé devant notaire à Bitche le 7 avril 1768 par lequel Louis Vndereiner meunier du moulin de Munsthal auroit subrogé led s^r françois Joly et compagnie censitaires de la verrerie roïale de St Louis et acceptant par le s^r pierre Ollivier batonnier des avocats de la cour souveraine de Nancy fondé de pouvoir de lad compagnie en tous les droits acquis aud Vndereiner par l'accensement à lui passé du moulin et dépendances situés au bas de la digue de l'etang de la même cense de Munsthal; et auroit en outre led Vndereiner vendu les terres prés et jardins, savoir six jours de terres labourables au canton dit Languetriche ban de Munsthal environ un jour et demi de jardin et cheneviére sur le ban de Montbronne à la droite et au bas dud moulin le pré de la fabrique de Montbronne joignant d'un coté et les forets de l'autre d'un bout Joseph Houte et d'autre Clement Schuartz, environ un jour et demi de pré provenant de ses conquets situé au canton de Sichmilertdhal ban de Montbronne d'un coté le ruisseau du moulin et de l'autre les forets, d'un bout sur un chemin communale, de l'autre sur la prairie de la fabrique de Montbronne et une languette de terre en nature de jardin attenant à la scirie ; lesd biens appartenant au vendeur d'acquets par lui faits et dont il se soumet de remettre les grosses de contrat d'acquisition dans trois jours, aïant à l'instant remis la grosse de son arret d'accensement du 20 juin 1727, lesd subrogation et vente faites moïennant la somme de 4000 liv. argent au cours de Bitche ; Autre requete par laquelle lesd. s^r Jolly et compagnie auroient conclu à ce qu'il plut à Sa Majesté leur faire don et concession de toutes les dixmes de fruits qui pourroient etre semés et recueillis dans toute l'etendue de l'ancienne cense de Munsthal, ses dépendances terrains à essarter etautres qui pourroient etre unis à la verrerie aux offres par eux d'y construire une eglise et de rétribuer le pretre desservant et de procurer un maitre d'ecole pour l'instruction de la jeunesse, le tout ainsi que le cas le requerra ; autre requête par laquelle lesd s^r Joly et compagnie auroient demandé qu'il plut à Sa Majesté ordonner que le moulin de Munsthal demeurera uni à la verrerie et que le cens y affecté sera confondu avec celui de la verrerie, leur concéder les droits de basse et moïenne justice sur tout ce qui compose la verrerie ses parties unies et celles qui pourroient l'etre dans la suitte, appartenances et dépendances pour les faire exercer aux termes de la coutume générale de Lorraine, leur permettre d'établir maire greffier sergent et bangards pour de la part du maire exercer la police accorder les saisies et arrets et faire toutes les fonctions de justice dans les cas provisoires, recevoir et faire exécutter les ordres de Sa Majesté tenir la main au bon ordre et à la sureté de l'usine, de ses effets et marchandises, ouvriers et tous autres la fréquentant, de la part du greffier recevoir les jugemens et tous autres actes de procédure nécessaires dont il tiendra registre ; de la part du sergent, se conformer aux ordres du maire et faire toutes saisies et arrets provisoires et de la part des bangards veiller à la conservation des fruits champêtres en dresser leur rapport au greffe de la verrerie pour iceux etre ensuite portés à la tenue des plaids annaux du Bailliage de Bitche et les amendes y etre taxés en la manière ordinaire toute autre justice restant au même bailliage; tous lesquels maire greffier sergent et bangards preteront leur serment à la même tenue des plaids annaux, en ajoutant à l'arret du conseil du 17 février 1767, déclarer les directeur, regisseur, caissiers, controleur, commis, préposés, ouvriers, cantiniers, meunier, domestiques et autres résidents et emploiés de lad. verrerie exempts de taille, subvention et autres impositions quelconques, les affranchissant de la milice, des corvées et autres prestations personnelles; ordonner qu'ils jouiront de tous les droits privilèges et franchises portés ez arrets et lettres patentes des 26 octobre et 5 décembre 1734 lesquels seront en tant que de besoin déclarés communs; autre requete desd Joly et compagnie tendante à ce qu'il plut à Sa Majesté déroger autant que de besoin à l'art. 8 de l'edit du 9 novembre 1728; en consequence les autoriser à faire tels emprunts qu'ils jugeront à propos pour l'etablissement et rouly de la verrerie à affecter et hipothequer tous les batimens et autres acquisitions déjà faittes et à faire, permettre en outre de vendre le cas écheant en énonçant dans les contrats de vente le cens du au domaine de Sa Majesté et sans autre obligation aux acquéreurs que de faire leur déclaration en la chambre des comptes de Lorraine. L'extrait du pied terrier des domaines de Blamont, Ozerailles, Deneuvre et Bardonvillers contenant déclaration faite le 17 avril 1743 par Henry Bernet et Michel Schneidel fermiers de la cense de Munsthal dependante du domaine de Bitche; lesquels reconnoissent que le moulin de lad cense doit annuellement deux maldres de seigle et 7 liv. en argent et la scirie 5 liv., l'arret du conseil du 17 février 1767 contenant ascensement au profit des s^r Joly et compagnie de la cense domaniale de Munsthal et dependances pour en jouir aux charges clauses et conditions portées aud arret ; autre arret du conseil du 26 janvier 1768 qui confirme les opérations faites par le procureur de Sa Majesté en la maitrise particulière de Sarguemines énoncées dans son procès verbal du 16 avril 1767 et en consequence ordonne que les 496 arpents designés pour etre defrichés appartiendront aud. Jolly et compagnie pour etre unis à la verrerie. Vu aussi l'avis du s^r procureur général de Sa Majesté en la chambre des comptes de Lorraine. Ouï le rapport du s^r Abbé Terray conseiller ordinaire au conseil royal controleur général des finances.

LE ROY EN SON CONSEIL ayant aucunement egard aux requetes dud s^r Jolly et compagnie les a subrogé et subroge au benefice de l'accensement porté par l'arret de la chambre des comptes de Lorraine du vingt juin 1727 du moulin construit au bas de la chaussée de l'etang de Munsthal et des quatre arpens de bois enoncés aud. arret à la charge par les suplians de païer au domaine de Sa Majesté dans le temps et de la manière portée aud arret un cens annuel pour le moulin de quatre maldres de seigle et de douze livres en argent au cours de France et pour les quatre arpens de bois un pareil cens de vingt sols par arpent même monnoye ; ordonne en conséquence Sa Majesté qu'il leur sera passé par la chambre des comptes un contrat de subrogation conformément au présent arret et en la manière ordinaire ; deboutte au surplus lesd. Jolly et compagnie de toutes les autres demandes portées en leurs requetes.

(*Arch. nat.*, carton Q^1, n° 804.)

N° 30.

Arret du Conseil d'Etat qui condamne les entrepreneurs de la verrerie de St Louis établie à Munsthal à payer au domaine entre les mains du Sr Alaterre adjudicataire général des fermes la dime des fruits recueillis pendant les années 1771 et 1772 et à recueillir à l'avenir dans les terres à eux acensés par l'arret du conseil du 17 fevrier 1767 et notamment la dime des pommes de terre.

Du 28 décembre 1772.

Sur la requete présentée au roi en son conseil par Julien Alaterre adjudicataire général des fermes de France et des duchés de Lorraine et de Bar, poursuites et diligence de Jean Baptiste Pellé sous fermier p̅p̅al des domaines du comté de Bitche et autres du districts de la grande Lorraine allemande contenant que par arret du conseil du 17 fevrier 1767 portant ascensement de la cense domaniale de Munsthal pour etre convertie en une verrerie sous le nom de verrerie de St Louis, il a plu à S. M. accorder aux entrepreneurs de cette usine les places vagues et terreins à defricher dans les contrees des bois affectés à lad verrerie et dans les dépendances, suivant les abornemens qui en seroient faits; à condition de payer un cens annuel et perpétuel de 7 s. de France par arpent, le tout à fure et mesure que lesd terreins entreroient en culture et independemment de la dime tant sur les anciennes terres que sur les nouvelles, qui demeureroit réservée à S. M.; qu'en conséquence de cette concession les entrepreneurs de la verrerie de St Louis avoient fait defricher et essarter une quantité très considérable de terres dans lesquelles ils avoient planté des pommes de terre; que le préposé du fermier du domaine de Bitche auroit demandé en

1771 aux propriétaires de la verrerie la dime de ces pommes de terre, mais qu'ils auroient prétendu qu'elle n'étoit point due sous pretexte qu'une déclaration du 6 mars 1719 en exemptoit les heritages qui n'y etoient point sujets d'ancienneté ou qui etoient nouvellement defrichés ; ce qui auroit été pris pour un refus qui auroit été constaté par un procès verbal dressé le 23 septembre 1771 déposé au greffe du Bailliage de Bitche; que cette pretention ne pouvoit pas se soutenir, ce qui obligeoit le supliant à recourir à la justice de S. M. pour la faire proscrire ; qu'en effet la déclaration du 6 mars 1719 sur laquelle les entrepreneurs de la verrerie de St Louis se fondoient n'etoit nullement applicable à l'espèce ; que cette loi donnée pour regler des différens qui commencoient à naitre entre les décimateurs et les cultivateurs qui refusoient le paiement de la dime de cette espèce de fruits n'avoit point porté atteinte aux droits du domaine sur les terres nouvellement defrichées surtout lorsque comme ici la pretention de cette redevance en une certaine portion des fruits que la terre peut produire etoit une condition expresse et positive de la concession qui est faite des terreins ; que la réserve de la dime faite par l'arret du conseil du 17 fevrier 1767 étant indéfinie, il s'en suivoit qu'elle etoit due de toutes les espèces de fruits, avec d'autant plus de raison que si elle n'avoit pas lieu sur les pommes de terre, il seroit facile aux entrepreneurs d'eluder l'effet de cette réserve ou de la restreindre à leur gré en chargeant la totalité ou la plus grande partie des terres defrichées de cette espèce de fruits ; qu'il etoit cependant sensible que ce n'avoit été qu'en consideration de la dime sur la totalité des terres defrichées que la quotité du cens n'avait été fixée qu'à 7 s. par arpent ; que la $\overline{\text{pp}}$alle partie des revenus du domaine dans le comté de Bitche consistoit en terreins essartés dans les forets de S. M. ; que la dime s'y percevoit sans exception des pommes de terre au profit du domaine des le moment que les terreins etoient mis en culture ; que les cultivateurs n'avoient jamais fait aucune difficulté de la païer et ne s'etoient jamais avisés pour s'y soustraire, d'invoquer les dispositions de la déclaration de 1719 parceque cette loi rendue pour fixer les droits des décimateurs ecclésiastiques et faire cesser la diversité d'usage et de jurisprudence sur une espèce de fruit qui commençoit à prendre faveur dans la province, ne pouvoit s'appliquer à la dime qui est due au souverain sur les terrains provenant d'essarts faits dans les forets; qu'on ne connoissoit de tentatives contraires à cette regle que celle des censitaires de la forge de Monterhausen qui dans un cas bien plus favorable que ceux de la verrerie de St Louis et sans qu'il soit dit un seul mot d'aucune espèce de dime dans leur ascensement, ont néantmoins été condamnés de la payer au domaine par arret du conseil des finances de Lorraine du 22 avril 1752 pour les pommes de terre plantées dans les terreins provenant d'essartemens et de defrichemens; les expressions de cet arret sont remarquables; il décide clairement que les pommes de terre sont du nombre des fruits décimables lorsqu'elles sont plantées dans des terreins dependant du domaine dont l'essartement a été permis par le souverain; cette espèce de dime est une partie des fruits généralement quelconques que le souverain s'est réservée soit expressément par le titre de concession, soit tacitement par la nature même de ces concessions dont la dime ne peut appartenir aux décimateurs ecclésiastiques qui n'y avoient aucun droit avant l'essart; elle est le prix de la concession et de la permission de défrichement ou en fait partie; si la tentative des entrepreneurs de la verrerie de St Louis leur reussissoit il en resulteroit une perte considerable sur les revenus du domaine; tous les possesseurs de terreins défrichés dans les forets de S. M. et qui sont en très grande quantité ne manqueroient pas à leur exemple d'emploïer les mêmes moïens pour se soustraire au païement de la dime des pommes de terre qu'ils ont jusqu'à présent acquitté sans difficulté et alors les portions desd. terreins qui seroient emplantés de cette espèce de fruits se trouveroient libres de cette charge imposée sur le fonds et les possesseurs jouiroient gratuitement de ces mêmes portions de terreins ; cette tentative des entrepreneurs de la verrerie de St Louis annonce qu'ils ont perdu de vue les motifs sur lesquels ils ont obtenu la concession ; par leur requête sur laquelle est intervenu l'arret du conseil du 17 fevrier 1767, ils ont exposé que la cense domaniale de Munstzthal étoit anciennement ascensée aux nommés Michel et Simon Undrener par arret et contrat de 1727 moyennant un cens annuel et sous la réserve au profit du domaine du roi du terrage à la 10e gerbe ; ils disent que le sol de Munstzthal et des environs est un sable froid mouvant et maigre qui ne peut produire que des pommes de terre, du blé de turquie et un peu de seigle ; ils demandent ensuite l'ascensement non seulement de la cense de Munstzthal mais encore des places vagues et des terreins à defricher aux offres de païer un cens au domaine independamment de la dime tant sur les anciennes terres que sur les nouvelles sans aucune distinction de l'espèce de fruits qui y seront plantés ; cette dime représente donc un ancien droit de terrage à la dixième gerbe dont assurément les pommes de terre n'étoient point exceptées ; ce droit de terrage ainsi que la dime qui le représente est une portion du prix de la concession, le prix est du sur la totalité des terres concédées et on ne peut sérieusement en prétendre l'exemption pour une partie de ces terres sous pretexte qu'elles seroient emplantées d'une espèce de fruit non sujet à la dime. Ce seroit diminuer considerablement pour ne pas dire anéantir le prix de la concession puisque selon eux même le sol ne peut produire que des pommes de terre ; la plus grande partie des terres qui sont en culture dans le comté de Bitche proviennent d'essarts dans les forets domanialles ; la dime en appartient au domaine à l'exclusion de tous autres décimateurs ainsi qu'il a été jugé par une infinité d'arrets du conseil de la chambre des comptes de Lorraine. C'est en consideration de cette dime que les cens établis sur ces terres sont toujours très modique ; ils ne sont imposés que pour conserver une marque du domaine directe et sans que dans les titres il soit fait mention de la dime parce qu'elle est de droit comme on vient de le dire ; l'obligation qui en a été imposée aux entrepreneurs de la verrerie de St Louis est un titre de plus contre eux ; ils savent mieux que personne qu'elle a été de tout temps percue sur les pommes de terre comme sur tous les autres fruits, ils n'en ont pas demandé ni obtenu la réserve, ils sont en consequence tenus de la payer comme tous les autres possesseurs de terreins domaniaux essartés la païent. Requeroit à ces causes le supliant qu'il plut à Sa Majesté condamner les entrepreneurs de la verrerie de St Louis établie à Munstzthal à païer conformément à l'arret du conseil du 17 fevrier 1767 qui sera exécuté suivant sa forme et teneur la dime de touttes les espèces de fruits recueillis par eux pendant l'année dernière et la présente et qu'ils recueilleront à l'avenir des terres à eux ascensés par led arret et notamment des pommes de terre et pour leur contestation les condamner aux dommages interets du supliant et aux dépens ; vu la requête ; copie de la déclaration du 6 mars 1719 ; expédition de l'arret du conseil des finances de Lorraine du 23 avril 1752 ; copie de l'arret du conseil du 17 fevrier 1767, et expédition du procès verbal du 23 septembre 1771 y enoncées et jointes ; Ouï le rapport du sr abbé Terray conseiller ordinaire au conseil roïal controleur général des finances. LE ROI, EN SON CONSEIL, ayant egard à lad. requête a condamné et condamne les entrepreneurs de la verrerie de St Louis établie à Munstzthal à payer au domaine entre les mains du supliant ou de ses préposés conformément à l'arret du conseil du dix sept février mil sept cent soixante sept qui sera exécuté suivant sa forme et teneur, la dime de toutes les espèces de fruits recueillis pendant l'année dernière et la présente et qu'ils recueilleront à l'avenir dans les terres à eux ascensées par led arret et notamment celle des pommes de terre.

Signé: DEMAUPEOU, TERRAY.

A Versailles le vingt huit décembre mil sept cent soixante douze.

(Arch. nat., série E, n° 1485.)

N° 31.

SUBROGATION *à Francois Lasalle l'ainé, Antoine Dominique Jean Jacques Dosquet, banquier à Metz et Jean Francois Antoine, avocat au parlement, de tous les droits appartenant à M*^{e} *Noble Pierre Etienne Ollivier ancien batonnier de l'ordre des avocats près la cour souveraine de Lorraine et Barrois et M*^{e} *René Francois Jolly, avocat en la même cour, dans les verreries de S*^{t} *Louis; moyennant* 131 000 *liv. de principal.*

Du dix-huit avril mil sept cent soixante quatorze, à Nancy, après midy.

Pardevant le conseiller du Roy notaire à Nancy soussigné présents les temoins cy après nommés sont comparus Me Noble Pierre Etienne Ollivier ancien batonnier de l'ordre des avocats près la cour souveraine de Lorraine et Barrois demeurant audit Nancy tant en son nom qu'en celui de M° René François Jolly aussi avocat en la même cour résident en la même ville duquel il se porte fort avec promesse de lui faire agréer et rattifier le présent dans le mois au plus tard, lequel a dit que par arret du conseil du dix sept février mil sept cent soixante sept et lettres patentes du quatre mars suivant, le dit Me René François Jolly et compagnie ont obtenu à titre d'ascensement perpétuel la cense domaniale de Munsthal dans le comté de Bitche avec permission et obligation d'y ériger et construire une verrerie à plusieurs fours qui a été décorée du nom de verrerie royale de St Louis; que lorsque ces lettres patentes et arret ont été présenté en la chambre des comptes de Lorraine pour y etre enregistrés elle a rendu arret le dix huit mars de l'année mil sept cent soixante sept par lequel elle enjoint au dit Me Jolly de designer les noms de ceux qui composoient sa compagnie, qu'en satisfaisant à cet arret Messieurs François et Albert Lasalle et Ollivier auroient fait leur soumission par acte du vingt un novembre mil sept cent soixante huit registré et déposé au greffe de ladite chambre, que depuis le sieur Albert Lasalle étant décédé, les associés ont jugé à propos de dissoudre leur société par délibération du neuf du présent mois d'avril par laquelle mes dits sieurs Jolly et Ollivier ont consenti de subroger mondit sieur François Lasalle Monsieur Antoine-Dominique-Jacques-Joseph Dosquet l'ainé banquier à Metz et Monsieur Jean-François Antoine, avocat au parlement demeurant aux verreries royales de St Louis dans tous leurs droits et à leur céder leurs parts dans la dite verrerie circonstances et dependances généralement quelconques, ce que mes dits sieurs Lasalle Dosquet l'ainé et Antoine ont accepté et promis de se pourvoir en conséquence à la chambre des comptes pour y faire enregistrer l'acte qui en seroit passé et faire décharger mes dits sieurs Ollivier et Jolly de tous les engagemens par eux contractés en vertu de leur soumission du vingt un novembre mil sept cent soixante huit jointe à la minute de l'arret de mil sept cent soixante sept. Et pour satisfaire à cette délibération mon dit sieur Pierre Etienne Ollivier tant en son nom qu'en celui dudit Me Jolly duquel il se porte fort avec promesse de faire rattifier comme il est dit cy dessus a déclaré subroger mon dit sieur François Lasalle l'ainé écuyer, conseiller sécretaire du Roy en la chancellerie près la cour souveraine de Nancy, seigneur de Ville-au-Val et autres lieux mondit sieur Antoine Dominique

Jacques Joseph Dosquet l'ainé, aussi écuyer, conseiller sécretaire du Roy en la même chancellerie, banquier à Metz, tous deux y demeurant ordinairement, de présents en cette ville de Nancy, logés à l'hotel des dames de France paroisse St Roch, et mon dit sieur Antoine avocat au parlement, résident ordinairement aux dites verreries de St Louis, aussi de présent à sa campagne de Belleville près Nancy, paroisse St Pierre, tous trois acceptans pour eux, leurs hoirs et ayans cause, dans tous les droits, noms, raisons et actions qui appartiennent à mes dits sieurs Ollivier et Jolly, dans ladite verrerie de St Louis, circonstances et dépendances déclarant leur céder les parts et portions qui leur competent et appartiennent dans ladite usine et dépendances, sans en rien excepter ni réserver, les dites parts et portions des cédans consistant en moitié dans la totalité ; la présente cession faite à la charge par mes dits sieurs Lasalle Dosquet et Antoine ainsy qu'ils s'y obligent de payer et rembourser à mes dits sieurs Ollivier et Jolly, cedans le montant de leurs avances pour l'etablissement de ladite verrerie et construction y faittes, arretés à la somme de cent trente un mille livres, avec les interets, le tout cours de France conformément aux délibérations des vingt quatre novembre mil sept cent soixante huit et neuf du présent mois d'avril lesquelles subsisteront dans leur entier et dans tous leurs points ainsi qu'elles ont été rédigées dans le registre des déliberations, dont tous les feuillets ont été cottés et paraffés le premier novembre mil sept cens soixante huit et resté entre les mains de mon dit sieur Lasalle qui s'oblige de le représenter à toutes réquisitions ; s'obligent en outre mes dits sieurs Lasalle Dosquet et Antoine de se pourvoir incessamment à la chambre des comptes de Nancy à l'effet de faire registrer le présent acte dans ses greffes et de faire décharger mes dits sieurs Ollivier et Jolly des engagemens par eux contractés en vertu de leurs soumissions du vingt un novembre mil sept cens soixante huit, jointe à la minutte de l'arret du dix huit mars mil sept cens soixante sept, de laquelle décharge ils leurs remettront expedition en bonne forme ainsi qu'une copie du présent acte dont les frais resteront à la charge des cessionnaires, mes dits sieurs cédans ne restant garans que de leurs faits et promesses, obligeans, etc., renonçans, etc., soumettans, etc.

Fait et passé en l'etude les an et jour avant dits, en présence de Jean Bureau le jeune, huissier au Bailliage royal et siége présidial de Nancy, et de Jean Pierre Noel M^e perruquier, bourgeois de la dite ville y demeurans temoins connus et requis qui ont signé avec toutes les parties et le notaire instrumentaire lecture faite.

Signés à la minutte Ollivier, Lasalle l'ainé, Dosquet l'ainé, Antoine, J. P. Noel, Bureau le jeune et Puissant, notaire.

Controlé à Nancy le 18 avril 1774. Reçu dix huit livres onze sous neuf deniers et renvoyé le sceau à Bitche. Signé Malinier.

Collationné.

Signé : Puissant, avec paraphe.

N^a. Par arret du 14 décembre 1785, la chambre en consequence de la déclaration faite par le sieur François Lasalle écuyer qu'il se charge de toutes les obligations contractées par les s^{rs} Antoine Dominique Jean Jacques Dosquet l'ainé et Jean François Antoine dans le présent acte retenus par l'arret du 25 avril 1774, les a déchargés des mêmes obligations, pourquoi la présente annotation a été ordonné etre faite pour y avoir recours le cas écheant sauf les droits du Roi.

Signé : Bureau avec paraphe.

(*Arch. dép. de Nancy,* série B, n° 11131.)

N° 32.

Arret de la chambre des comptes qui confirme l'acte de cession du 18 avril 1774 à François Lasalle l'ainé, Antoine Dominique Jacques Joseph Dosquet et Jean François Anthoine, des droits de René François Jolly et Pierre Etienne Ollivier sur la cense domaniale de Muntzthal.

Du 25 avril 1774.

Notre dite chambre faisant droit sur les conclusions de la requête, ordonne que l'acte de cession du 18 du présent mois dont il s'agit sera enregistré en ses greffes pour etre exécuté suivant sa forme et teneur et qu'il sera annexé à la minute de l'ascensement passé par notre dite chambre le 18 mars 1767, pour y avoir recours le cas écheant, et en consequence de la déclaration faite par les supplians qu'ils se chargent de toutes les obligations contractées par René François Jolly et Pierre Etienne Ollivier en l'acte du 21 novembre 1768, joint au même ascensement, a déchargé lesdits René François Jolly et Pierre Etienne Ollivier de toutes leurs dettes et obligations et ordonne qu'annotation sera faite de cette décharge en marge de l'acte dudit jour 21 novembre 1768, sans préjudice à nos droits. Fait à Nancy en la chambre du conseil et donné sous le grand scel de notre dite chambre le 25e jour du mois d'avril l'an 1774 et de notre règne le 59e. Signé Bureau.

(De Dietrich, *Descript. des gîtes de minerai....*, t. III, p. 310.)

N° 33.

ARRÊT DU CONSEIL D'ETAT qui ordonne la vente annuelle de cent pins dans la foreterie de Waldeck, lesquels seront alternativement vendus à l'enchére et alternativement délivres aux censitaires de la verrerie de Saint-Louis à la charge de payer 9 liv. par chaque arbre.

Du 26 avril 1774.

Sur la requête présentée au Roi en son conseil par le sr René François Jolly et compagnie censitaires des verreries royales de St Louis dans le comté de Bitche en Lorraine, contenant, etc.

LE ROI EN SON CONSEIL ayant aucunement egard à la requete, a ordonné et ordonne que par le sr Mathieu Grand-Maitre du département des eaux et forets des duchés de Lorraine et de Bar, ou les officiers de la maitrise particuliere de Sarguemines qu'il pourra commettre, il sera annuellement marqué en jardinant et par forme de nettoiement dans la foreterie de Waldeck, la quantité de cent pins, s'il est possible, sans toucher à aucun arbre vif et d'espérance, lesquels arbres seront alternativement vendus au plus offrant et dernier enchérisseur en la manière accoutumée et alternativement délivrés aux suplians à la charge de payer 9 livres au cours de Lorraine par chaque pied d'arbre, outre les droits ordinaires, et de ne pouvoir, ainsi que ceux qui se rendront adjudicataires des arbres qui seront vendus, faire aucun feu dans le canton, à peine de cent livres d'amende et de pareille somme de dommages-interets, outre le dommage qui pourroit etre causé au recru et aux autres arbres. Fait Sa Majesté defense aux suplians et auxdits adjudicataires, sous les mêmes peines, de déraciner les tocs desdits arbres. Et sera le présent arret enregistré au greffe de ladite maitrise, pour y avoir recours si besoin est. Fait et arreté au conseil d'etat tenu pour les finances à Versailles, le 26 avril 1774. Signé de Vougny.

(DE DIETRICH, *Descript. des gîtes de minerai....*, t. III, p. 320.)

N° 34.

Arret du conseil d'Etat qui ordonne qu'il sera procédé à la vente des arbres surnuméraires aux réserves et propres au service, dans les coupes des forets du comté de Bitche affectées aux usines de la partie couverte et aux communes usageres; excepte néanmoins de ladite vente ceux des dits arbres qui se trouveront sur les coupes affectées aux verreries de St Louis, lesquels seront employés aux reparations et reconstructions des batimens des dites verreries.

Du 20 juin 1775.

Extrait du registre des enregistrements du greffe de la maitrise des eaux et forets de Sarguemines.

Extrait du registre du conseil d'Etat.

Sur ce qui a été représenté au Roy en son conseil par le procureur de Sa Majesté en la maitrise particulière des eaux et forets de Sarreguemines ; que par les différents arrets qui ont fixé des affectations et coupes reglées tant au profit des forges et usines de Moderhausen, Reischoffen et verreries de Goetzenbruck, Meysend'hal et St Louis, qu'en faveur des communautés de la partie couverte des forets du comté de Bitche, il a été ordonné qu'outre et independamment des réserves ordinaires à faire dans les dittes coupes, il seroit réservé tous les arbres propres au service pour etre vendus en la manière accoutumée au profit de Sa Majesté que ces ventes ont eu lieu pour les trois premières coupes delivrées à la forge de Moderhausen pour les années 1761, 1762 et 1763 qu'en 1764 un arret du conseil de Lorraine, ayant ordonné la vente des arbres dépérissans dans la totalité des dittes forets, elle a été faite au commencement de l'année 1766, mais qu'on a suspendu la vente particuliere desdits arbres de service parce qu'une partie avait été comprise dans la vente générale. Que depuis les officiers de la ditte maitrise en procédant aux delivrances des coupes annuelles au profit des dits usagers, ont toujours opéré jusqu'à présent conformement aux arrets qui les ont ordonnés, c'est à dire qu'ils ont désigné dans toutes lesdites coupes les arbres surnuméraires aux réserves ordinaires dont on a suspendu la vente, pour ne point introduire des adjudicataires qui auroient pu mettre du désordre et de la confusion dans l'exploitation générale et dans celles particulières, que les coupes où se trouvent les dits arbres surnuméraires, etant degagées de ceux qui faisoient partie de l'exploitation générale, il n'y a plus d'inconvenient de procéder au martelage et de suitte à la vente desdits arbres de service qui étant dans le plus grand dépérissement, tomberont en pure perte pour Sa Majesté si l'on n'en fait l'exploitation qu'il convient ; cependant de ne pas l'etendre dans les coupes où le taillis dejà élevé et de la plus belle espérance seroit dans le cas d'etre dégradé tant par la chute de quelques uns desdits arbres que par les voitures qu'on sera obligé d'introduire dans les anciennes coupes pour la vuidange des bois ; que ces motifs doivent déterminer Sa Majesté à n'ordonner le martelage dont il s'agit, que dans les trois dernières coupes des bois affectés aux usines et aux usagers. Qu'independamment de ces trois coupes, il seroit à propos d'anticiper deux des coupes à venir, attendu que les remanances etant abandonnées aux proprietaires des usines et aux communautés, il est naturel qu'en les exploitant ils trouvent ces rémanances propres à etre convertis en cordes en même temps que les bois non propres au service qui leur sont abandonnés ; que le dit procureur de Sa Majesté estime qu'il est à propos d'ordonner que par les officiers de la maitrise particuliere de Sarreguemines, il sera procédé dans les trois dernières coupes délivrées aux propriétaires des dites usines et aux communautés de la partie couverte des forets de Bitche, ainsi que dans les deux premières coupes à delivrer, au martelage des arbres surnuméraires aux réserves, qui seront jugés propres au service, pour etre vendus et adjugés au profit de Sa Majesté, ordonner pareillement que d'année en année il seroit usé de même jusqu'à la revolution des dites coupes. Vu les avis du s^r Mathieu grand maitre des eaux et forets du département des duchés de Lorraine et de Bar du quatre mars et deux may de la présente année, ouï le rapport du sieur Turgot conseiller ordinaire au conseil Royal, controleur général des finances,

LE ROY EN SON CONSEIL, a ordonné et ordonne que par le sieur Mathieu grand maitre des eaux et forets du département des duchés de Lorraine et de Bar, ou les officiers de la maitrise particulière de Sarreguemines qu'il pourra commettre, il sera procédé à la vente et adjudication au plus et dernier enchérisseur en la manière ordinaire des arbres surnuméraires aux réserves et propres au service qui se trouveront tant dans la dernière coupe récolée et celle en usence que dans les deux premières à delivrer dans les forets du comté de Bitche affectées aux usines établies dans la partie couverte, ainsi qu'aux communautés usagères suivant la marque qui en sera préalablement faite du marteau du Roy, par les officiers de ladite maitrise en présence dudit sieur grand maitre dont procès-verbal sera par eux dressé pour etre ensuitte déposé au greffe dudit siege, à la charge par ceux qui se rendront adjudicataires desdits arbres d'en remettre le prix ez mains du receveur particulier des bois de la ditte maitrise pour etre par lui remis en celles du receveur général des domaines et bois des dits duchés en exercice, lequel en comptera au profit de Sa Majesté ainsi que des autres deniers de sa recette. Ordonne pareillement Sa Majesté que d'année en année et successivement jusqu'à la révolution des dites coupes il en sera usé de même ; « Excepte neanmoins Sa Ma-
« jesté de la vente ci dessus prescritte les arbres de service sur-
« numéraires à la réserve qui se trouveront sur les coupes usées
« et à user des forets affectées aux verreries de St Louis les-
« quels arbres seront employés aux réparations et reconstruc-

« tions à faire aux batimens desdites verreries sur les devis en
« bonne forme qui seront représentés par les propriétaires des
« dites verreries, en payant par eux le prix desdits arbres sui-
« vant l'estimation qui en sera faite par les officiers de ladite
« maitrise le tout conformément à l'arret du conseil du treize
« décembre dix sept cent soixante huit qui sera exécuté selon sa
« forme et teneur, » et sera le présent arret enregistré au greffe
de ladite maitrise pour y avoir recours si besoin est. Fait au
conseil d'etat du Roy tenu à Versailles le vingt juin dix sept
cent soixante quinze.

Collationné.
Signé: DE VOUGNY.

Enregistré au greffe de la maitrise des eaux et forets de Sarreguemines le vingt septembre dix sept cent soixante quinze par
le greffier commis soussigné. Signé Putot.

(*Arch. nat.*, carton Q^I, n° 805, et série E, n° 1515.)

N° 35.

ARRET DU CONSEIL D'ETAT qui confirme les délivrances faites aux entrepreneurs de la verrerie de St Louis des arbres nécessaires pour la construction de cette usine et des batimens en dépendant, homologue le procès-verbal de vérification de l'emploi des dits arbres.

Du 15 mars 1777.

Sur la requete présentée au roi en son conseil par le s^r La Salle l'ainé et compagnie propriétaires de la verrerie royale de St Louis, contenant, que par un arret du conseil du 17 fevrier 1767, le conseil a permis l'etablissement dans la foret de Bitche de ladite verrerie, que les supliants ont été authorisés par une disposition de cet arret et par un subsequent du 13 décembre

1768, à prendre dans les forêts affectées à l'affouage de cette usine les bois nécessaires pour la construction et l'entretien des batimens dont elle devait etre composée, qu'en consequence, il a été délivré aux suplians depuis 1767 jusqu'en 1776, 3564 chênes, 346 pins, 72 pilots, et 388 perches, qu'il a été procédé le 27 aout et jours suivans par le procureur de Sa Majesté en la maitrise particulière de Sarguemines assisté d'un expert en présence des supplians pareillement assistés d'un expert, à la verification de l'emploi des arbres dont il s'agit, qu'il a été reconnu que les suppliants ont effectivement employé la quantité d'arbres qui leur a été délivré, que dans ces circonstances les suplians ont recours à Sa Majesté.

A ces causes requeroient les suplians qu'il plut à Sa Majesté confirmer les delivrances qui leur ont été faites, en consequence, homologuer le proces verbal de vérification d'arbres dont il s'agit. Vu ladite requête ensemble le procès verbal du 27 aout dernier et jours suivans ci dessus mentionné et l'avis du sr Mathieu Grand-Maitre des eaux et forets du departement des duches de Lorraine et de Bar du 14 fevrier de la présente année, ouï le rapport du sr Taboureau, conseiller d'etat ordinaire au conseil royal, controleur général des finances. LE ROY EN SON CONSEIL, ayant egard à la requête, a confirmé et confirme les délivrances qui ont été faites aux suppliants en consequence des arrets du conseil des 17 fevrier 1767 et 14 décembre 1768 des arbres nécessaires pour la construction et l'entretien des batimens de la verrerie roïale de St Louis et de ses dépendances, homologue Sa Majesté le procès-verbal de vérification de l'emploi desdits arbres dressé par le procureur de Sa Majesté en la maitrise particuliere de Sarguemines le 27 aout dernier et jours suivans et ordonne qu'il sera déposé au greffe de ladite maitrise pour y avoir recours si besoin est. Fait au conseil d'etat du Roi tenu à Versailles le onze mars 1777. Signé et collationné Hugel de Montaran.

Enregistré au greffe de la maitrise particulière de Sarguemines le 15 mai 1777, par le soussigné.

Signé : PACOT.

(*Arch. dép. de Metz*, série B, n° 108.)

N° 36.

ARRET DU CONSEIL D'ETAT qui maintient les propriétaires de la verrerie roïale de St Louis dans l'exercice du droit de paturage à eux accordé par l'arret du conseil du 17 février 1767, moyennant le payement annuel de 20 sols de France par chaque habitant ; ordonne que lesdits propriétaires seront remboursés du prix par eux payé pour les adjudications de glandée à eux faites pour les ordinaires de 1779 et 1781.

Du 15 fevrier 1784.

Sur la requete présentée au Roy en son conseil par le s^r François Lasalle l'ainé et compagnie propriétaires des verreries roïales de St Louis contenant que l'arret et les lettres patentes qu'ils ont obtenus le dix sept février 1767 pour l'etablissement d'une verrerie roïale dans le comté de Bitche, leur accorde entre autres choses et à leurs ouvriers fermiers et habitans, les grasses et vaines patures dans les forets affectées à leurs verreries, moyennant une retribution annuelle de vingt sols par ménage,

Que les suplians, leurs ouvriers et habitans, ont jouis sans aucune difficulté, des grasses et vaines patures depuis le moment de l'erection de leurs usines jusqu'en 1779 que les officiers de la maitrise ont adjugé le 29 septembre la grasse pature dans la foret de Helscheit affectée aux suplians pour une somme de 156 liv. de Lorraine faisant de France 120 liv. 15 s. 5 d.

Qu'au 28 aout de l'année suivante les suplians firent des remontrances au siége, en consequence de la requête qu'ils avoient présenté au conseil pour 'obtenir la jouissance de leurs droits, la maitrise y deféra en surseyant à l'adjudication de la grasse pature de la foret de Helscheidt jusqu'après décision et par provision l'usage de la glandée fut permise.

La requete des suplians ayant sans doute été adhirée dans quelque bureau, ils se présentèrent à l'adjudication du trois septembre 1781 pour y obtenir un nouveau délai, mais la maitrise sans s'arreter à la remontrance du s^r Anthoine l'un des suplians et sans préjudice aux droits des parties, il lui a été par provision adjugé la glandée du Helscheidt distraction faite des cinquante places réservées aux habitans de St Louis, pour la somme de 50 liv. de Lorraine et de France 38 liv. 14 s. 2 d.

C'est pour parvenir à obtenir l'exécution des arrets et lettres patentes accordées aux suplians le 17 février 1767 qu'ils ont recours de nouveau à Sa Majesté.

Leurs titres sont respectables ainsy que le contrat d'ascensement de la chambre des comptes de Nancy, le tout enregistré dans les cours supérieures au trésor des chartres et dans le greffe de la maitrise de Sarreguemines les 18 mars et 27 avril 1767 et 8 avril 1768, accordent aux suplians, leurs ouvriers fermiers et habitans les grasses et vaines patures dans les forets affectées à leur manufacture, moyennant vingt sols par ménage. La rétribution a été payée annuellement.

Les suplians et leurs ouvriers ont jouis pendant dix années sans mot dire de la concession, mais les officiers de la maitrise de Sarreguemines ont interrompu leur jouissance sous pretexte d'un arret de réglement des forets de Bitche du 18 juin 1771 dans lequel on a fait inserer, sans entendre les parties interessées que le droit de grasse pature ne seroit exercée en aucun cas dans la partie de la foreterie de la Soucht connue sous le nom de Helscheidt, mais qu'elle seroit réservée comme par le passé pour etre vendue annuellement au proffit de S. M. A l'effet de quoi toutes patures demeureroient fermées aux usagers dans les contrées cy dessus au premier septembre de chacune année, en réservant néanmoins des places pour les porcs appartenant à ceux qui ont le droit d'en mettre à la glandée.

Or il est incontestable que les suplians, leurs fermiers et ouvriers ont un droit de mettre leurs porcs à la glandée et sans aucune restriction quantité ni modération et c'est injustement que la maitrise voudroit en restreindre le nombre à cinquante pièces.

Les lettres patentes de 1767 ne fixent point la quantité de porcs et cela est impossible, les habitans et ouvriers résidens, sont aujourd'hui (1er fevrier 1782) au nombre de quatre vingt ménages et susceptibles dans le moment d'une augmentation considerables, les suplians ayant obtenu le douze janvier 1782 un jugement de l'academie roïale des sciences qui déclare les verres de toutes espèces, gobelets et cristaux fabriqués dans leur manufacture aussy parfaits que ceux d'Angleterre que cet objet de fabrication procurera de l'avantage au commerce et pourra même devenir utile aux sciences, il faut donc batir en consequence un nouveau four et procurer des logemens à une trentaine d'ouvriers de plus.

Enfin la glandée est un objet concédé aux suplians, ils ont contracté de bonne foy avec S. M. Elle est de toute utilité à ses ouvriers qui résident dans le milieu des forets eloignés de tous secours et qui s'ils en etoient privés ou restraint, deserteroient sans qu'on put les retenir. A ces causes requeroient les suplians qu'il plut à Sa Majesté sans s'arreter à l'arret du 18 juin 1771 art. 26, ordonner que celui du dix sept février 1767 sera exécuté suivant sa forme et teneur en consequence que la somme de cent cinquante neuf livres neuf sols sept deniers au cours de France que les supliäns ont païes mal à propos au receveur des domaines et bois pour le prix des adjudications de glandée des années 1779 et 1781 leur sera rendue.

Comme aussy maintenir et confirmer les suplians dans l'exercice et jouissance de la grasse et vaine pature dans les forets affectées à leurs usines aux offres qu'ils font de payer comme par le passé une redevance de 20 s. par chaque ménage dependants desd. usines. Vu lad. requete les arrets cy dessus mentionnés, notamment celui du 17 février 1767, l'avis du s^r Grand M^o des eaux et forets du departement des duchés de Lorraine et de Bar du 10 juin 1782 et les observations des administrateurs des domaines du 26 novembre dernier, Ouy, etc.

Le Roy etant en son conseil ayant egard à la requete en interpretant en tant que de besoin l'art. 26 de l'arret du 18 juin 1771 a maintenu et confirmé, maintient et confirme les suplians dans le droit et jouissance de grasse et vaine pature à eux accordé dans les forets affectées à la verrerie royale de St Louis par l'art. 5 de l'arret du conseil du 17 fevrier 1767 qui sera exécuté selon sa forme et teneur, à la charge par les suplians de fournir au greffe de la maitrise particulière de Sarreguemines au premier mai de chaque année une déclaration exacte du nombre d'ouvriers fermiers et habitans dépendans de lad. usine, ainsi que de celui des chevaux, bêtes rouges et porcs de leur nourri, pour sur lad déclaration et d'après la visite et reconnoissance des forets qui sera faite par lesd officiers et dont procès-verbal sera par eux dressé, etre les suplians portés sur le cahier des charges des adjudications pour le nombre de bestiaux de chaque espèce qu'ils pourront mettre en pannage, et à la charge en outre par les suplians de payer comme par le passé pour l'exercice du droit de grasse et vaine pature 20 s. au cours de France par chaque habitant es mains du fermier du domaine ou de ses préposés. Ordonne Sa Majesté que par Jean Vincent René regisseur des domaines et bois les suplians seront remboursés de la somme de 159 liv. 9 s. 7 d. par eux payés pour les adjudications de glandée à eux faites pour les annees 1779 et 1781 et dont il a été fait recette au profit de Sa Majesté dans les etats des bois des duchés de Lorraine et de Bar desd années

1779 et 1781 et ce suivant l'employ en dépense qui en sera fait sous le nom des suplians dans l'etat des bois desd duchés qui sera arreté au conseil pour l'ordinaire de la présente année 1784; et en reportant par led regisseur le present arret ou copie d'icelui duement collationné avec la quittance des suplians sur ce suffisante, lad. somme de 159 liv. 9 s. 7 d. lui sera passée et allouée en dépense dans ses etat et compté pour lad année sans difficulté en vertu du présent arret et sans qu'il en soit besoin d'autre.

(*Arch. nat.*, carton Q¹, n° 805.)

N° 37.

ARRET DU CONSEIL D'ETAT qui accorde aux propriétaires de la verrerie royale de St Louis, 2323 arpens de bois de la foret de Bitche en augmentation d'affouage pour lad verrerie, aux charges et conditions exprimées aud arret.

Du 25 mai 1784.

Sur la requete présentée au Roi en son conseil par le s^r François Lasalle l'ainé et compagnie propriétaires des verreries royales de St Louis dans le comté de Bitche en Lorraine contenant que par arret et lettres patentes des 17 fevrier et 4 mars 1767, duement enregistrés il a été concédé au s^r Jolly et compagnie représentés aujourd'hui par les suplians, à leurs successeurs et ayant cause la cense domaniale de Münsthal à la charge d'y construire une verrerie royale sous le nom de St Louis pour y fabriquer toutes sortes de verres en rond et à boire, en glaces, cristaux, carreaux, bouteilles, et généralement de toutes les sortes que faire se pourroit, et pour son affectation et roulis il lui a été affecté la quantité de 8000 arpens de bois mesure de Lorraine pour former une coupe de 200 arpens, que par arret du conseil du 13 décembre 1768 Sa Majesté a accordé aux suplians plusieurs cantons de bois pour completter lesd 8000 arpens, que depuis ces epoques les suplians ont fait construire des batimens pour lesquels ils ont été forcés d'aller chercher au loin les materiaux nécessaires, qu'ils ont reussi successivement à faire fabriquer la gobleterie ordinaire, le verre en table façon de Bohême et le verre a vitres des meilleurs qualités, qu'en 1781 ils sont parvenus après bien des dépenses et des recherches à faire travailler en cristal françois pour toutes sortes d'assortimens; qu'ils ont présenté à l'academie royale des sciences des échantillons de cette nouvelle fabrication qui, d'après l'examen des commissaires nommes à cet effet et les différentes epreuves auxquelles ils ont fait procéder a été par un jugement du 12 janvier 1782 déclaré aussi parfaite que celle d'Angleterre, qu'il doit résulter de cette découverte un avantage pour le commerce et pour l'etat qui ne verra plus sortir du royaume un numéraire considerable. Que les suplians qui ont employé une partie de leur fortune pour rendre leur manufacture complette désirent continuer leurs travaux avec succès mais que pour y parvenir ils ont besoin d'une augmentation d'affectation, les 8000 arpens de première affectation étant déjà insuffisants pour le roulis de trois fours seulement avec leurs accessoires; que pour supléer à ce vuide les suplians désireroient qu'il leur fut accordé un suplement d'affectation de 2323 arpens de bois assis au canton Hohefurst, Rondekopst, Speckoff formant le premier des 17 triages, art. 33 de l'arret de reglement des forets dependantes du comté de Bitche du 18 juin 1771. Que le prix des matieres de première nécesité depuis 15 ans est à peu près doublé les traitemens et sallaires des ouvriers egalement augmentés; que les frais des constructions pour leurs logemens, magasins et autres batimens nécessaires et indispensables de la fabrication du cristal à laquelle seront employés plus de 60 ouvriers occasionneront une dépense extraordinaire, qu'enfin pour interesser ceux-ci et prevenir leur desertion dans la crainte qu'ils n'aillent porter leur industrie dans des établissemens de domination étrangère les suplians seront forcés de faire des sacrifices et beaucoup de dépenses et que c'est dans ces circonstances qu'ils qu'ils ont recours à Sa Majesté. A ces causes requeroient les suplians qu'il plut à Sa Majesté leur accorder en suplément d'affectation les 2323 arpens à prendre dans les cantons ci-dessus designés, aux offres qu'ils font de payer le prix de 1 liv. 4 s. la corde au cours de France. Vu lad requête et les pièces y énoncées et jointes, et notamment le jugement de l'Académie des sciences du 12 janvier 1782 ci-dessus mentionné; l'avis du s^r De la Porte intendant et commissaire départi en Lorraine et celui du s^r Mathieu grand maitre des eaux et forets du département des duchés de Lorraine et de Bar des 10 mai 1783 et 21 avril 1784, ensemble les observations des administrateurs des domaines et bois du dix huit juin mil sept cent quatre vingt trois, Sa Majesté désirant traiter favorablement le nouvel établissement formé par les s^{rs} La Salle l'ainé et compagnie et procurer aux habitans du comté de Bitche de nouveaux moyens de subsistance; ouï le rapport du s^r de Calonne, conseiller ordinaire au Conseil royal, controleur général des finances :

LE ROI EN SON CONSEIL ayant égard à la requête, a accordé et accorde aux suplians, leurs successeurs et aïant cause à perpétuité et par forme d'augmentation d'affouage à leur verrerie royale de St Louis le premier des dix sept triages de la foret de Bitche contenant deux mille trois cent vingt trois arpens de bois assis aux cantons de Hohefurst, Rondekopst et Speckoff designées art. trente trois de l'arret de reglement des forets du comté de Bitche du dix huit juin mil sept cent soixante et onze conformément auquel led triage continuera d'etre reglé en cinquante coupes annuelles de quarante sept arpens pour les vingt trois premières et de quarante six pour les vingt sept autres dont la délivrance sera annuellement faite aux suplians à commencer de l'an mil sept cent quatre vingt quatre pour l'ordinaire mil sept cent quatre vingt cinq, par le s^r Mathieu grand maitre des eaux et forets du departement des duchés de Lorraine et de Bar, ou les officiers de la maitrise particuliere de Sarreguemines qu'il pourra commettre distraction faite de deux arpens qui continueront d'etre annuellement delivrés pour l'usage de la thuillerie de Lemberg, conformément à ce qui a été prescrit par led arret de mil sept cent soixante et onze art. trente trois; lesquelles coupes seront avec les chablis converties en cordes de quatre pieds de hauteur sur huit de longueur et la buche de quatre pieds, le tout mesure de Lorraine et dont le prix sera remis es mains de Jean Vincent René, regisseur des domaines et bois ou en celle de ses préposés à raison, suivant leurs offres de 24 sols de France la corde pour etre par lui compté au profit de Sa Majesté, ainsi que des autres deniers de sa recette ; à la charge par les suplians de payer en outre entre les mains du greffier de lad maitrise les quinze deniers pour livre dud prix pour être distribués conformément aux edits de mil sept cent quarante sept et mil sept cent cinquante six et un sol par corde pour le comptage aux officiers de lad. maitrise, permet Sa Majesté aux suplians de disposer à leur profit des rames, cimeaux et houpiers qui ne seront pas compris dans lesd cordages, à l'exception seulement des brins de quatre pouces de tour ; ordonne Sa Majesté que conformément à l'art. trente cinq de l'arret du dix huit juin mil sept cent soixante et onze il sera réservé par chacune desd coupes annuelles, autant que faire se pourra au moins douze arbres des mieux venus et de la meilleure essence, sans néanmoins que les parties peuplées puissent supporter la réserve des vuides et clairières auquel cas lesd officiers seront tenus d'en faire mention dans leurs procès-verbaux ; et qu'après la première révolution il sera reservé par chaque arpent dix arbres de futaie, non compris les douze baliveaux de l'age; et que s'il est jugé nécessaire par led. sr grand maitre pour le repeuplement desd bois de réceper au bout de dix à quinze années les taillis, les suplians seront tenus de les prendre et façonner à leur compte et d'en payer le prix ainsi qu'il est fixé par le présent arret. Et à l'égard de la délivrance pour les constructions, entretien et reparation des batimens de lad verrerie, grasse et vaine pature, dans les coupes dont il s'agit, ordonne Sa Majesté qu'il en sera usé conformément aux arrets du conseil des dix sept février mil sept cent soixante sept, treize décembre mil sept cent soixante huit, vingt juin mil sept cent soixante quinze et quinze février mil sept cent quatre vingt quatre qui seront ainsi que tous autres qui peuvent avoir été rendus en faveur des suplians exécutés selon leur forme et teneur. Ordonne Sa Majesté que le présent arret sera enregistré au greffe de lad maitrise pour y avoir recours si besoin est.

Signé: (illisible.)

Signé: DE CALONNE.

(*Arch. nat.,* série E, n° 1620.)

N° 38.

ARRÊT DU CONSEIL D'ÉTAT qui défend à tous ouvriers, serviteurs et autres employés de la verrerie royale de st Louis de quitter leur service sans un congé des entrepreneurs de ladite verrerie qu'ils seront tenus de demander deux ans avant leur sortie; et de s'eloigner de plus d'une lieue de cet établissement sans une permission desdits entrepreneurs.

Du 29 avril 1785.

Sur ce qui a été représenté au Roi etant en son conseil que les srs François La Salle et compagnie, propriétaires des verreries royales de St Louis, ont fait construire en vertu d'arret et de lettres patentes de l'année 1767 dans le comté de Bitche en Lorraine une verrerie à plusieurs fours, pour y fabriquer toutes sortes de verres en rond, à boire, en glaces, cristaux, carreaux et bouteilles, qu'ils sont enfin parvenus, après beaucoup de dépenses, de temps et de recherches à trouver le secret de la fabrication des verres et cristaux anglais, que cependant ils craignent que des entrepreneurs d'établissements du même genre et élevés plus récemment que le leur ne reussissent à débaucher leurs ouvriers et Sa Majesté voulant donner aux s^{rs} La Salle et Cie des marques de sa protection,

Ouï le rapport du s^r de Calonne, etc.

Le Roi en son Conseil a fait très expresses inhibitions et défenses à tous ouvriers, serviteurs, domestiques et autres employés aux verreries royales de St Louis, sous peine d'amende, même de punition corporelle de quitter leur service sans un congé des entrepreneurs desdites verreries, lequel congé ils seront tenus de demander deux ans avant leur sortie, leur faisant Sa Majesté défense de s'eloigner de plus d'une lieue de cet établisssement sans une permission desdits entrepreneurs. Fait pareillement Sa Majesté défense à tous maitres de verrerie et autres de recevoir à leur service sans un congé par écrit des entrepreneurs susdits, les ouvriers, serviteurs, domestiques ou autres employés dans leur manufacture, et au cas qu'ils les eussent reçus, ordonne qu'ils seront tenus de les rendre à première réquisition à peine de 3000 livres d'amende et de tous dommages, dépens, intérets, même d'etre procédé extraordinairement tant contre ceux qui auront quitté leur établissement susdit que contre ceux qui les auront subornés et embauchés. Enjoint Sa Majesté aux s^{rs} commissaires départis dans les provinces de tenir, chacun en droit soi la main à l'exécution du présent arret, leur attribuant, à cet effet, toute cour et juridiction, icelle interdisant à ses cours et autres juges, sauf l'appel au Conseil, et sera le présent arret imprimé et affiché partout

PIÈCES JUSTIFICATIVES. 315

ou besoin sera et exécuté nonobstant oppositions ou empêchemens quelconques pour lesquels il ne sera différé.

(DE DIETRICH, *Descript. des gites de minerai...*, t. III, pp. 331, 332.)

N° 39.

VENTE

Pour M. François Lasalle, écuyer, secrétaire du Roi,
Contre MM. Antoine Dominique Jacques Joseph Dosquet, aussi écuyer, sécretaire du Roi, et François Paul Nicolas Anthoine, lieut. général au bailliage de Boulay,
Portant cession de $\frac{3}{6}$ de la verrerie de St Louis et des droits qui en dépendent, moyennant 159,000 liv. de principal.

Du 12 novembre 1785.

Ce jourd'hui, douze novembre mil sept cent quatre vingt cinq après midi,

Par devant le notaire royal au bailliage royal de Boulay y résident soussigné et en présence des témoins à la fin nommés, sont comparus Monsieur Antoine Dominique Jacques Joseph Dosquet écuyer sécretaire du Roy seigneur de Tichemon résident à Metz et Monsieur François Paul Nicolas Anthoine conseiller du Roy lieutenant général civil et criminel au dit bailliage résident au dit Boulay propriétaires de parties de la verrerie Royale de St Louis établie en consequence des lettres patentes du Roy quatre mars mil sept cent soixante sept accordées à Me René François Jolly avocat à la cour souveraine de Lorraine et compagnie scavoir mon dit sieur Dosquet de deux sixiemes et mon dit sieur Anthoine en qualité d'héritier seul et unique de Monsieur Jean François Anthoine son père d'un sixième en vertu de l'acquisition faite par mes dits sieurs Dosquet et Anthoine père dudit Mᵉ Jolly et compagnie par acte du dix huit avril mil sept cent soixante quatorze, reçu par Mᵉ Puissant notaire Royal à Nancy controllé le même jour au bureau de ladite ville et scellé au bureau de Bitche le vingt huit du même mois.

Lesquels dits sieurs Dosquet et Anthoine déclarent avoir vendu cédé et transporté comme en effet ils vendent cèdent et et transportent par ces présentes à Monsieur François Lasalle l'ainé écuyer sécretaire du Roi maison couronne de France et de ses finances seigneur de Villeauval et autres lieux, proprietaire de trois sixièmes de ladite verrerie acceptant pour lui ses Hoirs successeurs et ayant cause scavoir mondit sieur Dosquet les deux sixièmes et mon dit sieur Anthoine le sixième en ladite verrerie tant en immeubles que meubles approvisionnemens effets, marchandises créances recouvremens et généralement tout ce qui leur appartient en la dite verrerie et dependances sur le pied qu'elle existe actuellement avec tous les droits en dependants sans en rien réserver ni hors mettre pour le prix et somme 1° soixante cinq mille cinq cent livres au cours de France pour les dits trois sixièmes dans les immeubles dont quarante trois mille six cent soixante six livres treize sols quatre deniers pour les deux sixièmes appartenant à mon dit sieur Dosquet et vingt un mille huit cent trente trois livres six sols huit deniers pour le sixième de mon dit sieur Anthoine.

2° De quatre vingt treize mille cinq cent livres aussi au cours de France pour les dits trois sixièmes dans les dits meubles effets approvisionnemens, marchandises créances recouvremens dont soixante et deux mille trois cent trente trois livres six sols huit deniers pour les deux sixièmes revenant à mon dit sieur Dosquet et trente et un mille cent soixante six livres treize sols quatre deniers pour le sixieme revenant à mon dit sieur Anthoine.

Lesquelles dites sommes de soixante cinq mille cinq cens livres d'une sorte et quatre vingt treize mille cinq cens livres d'autre mes dits sieurs Dosquet et Anthoine reconnoissent avoir respectivement reçues de mon dit sieur Lasalle suivant la repartition ci devant faite l'en quittent et déchargent, consentant mes dits sieurs Dosquet et Anthoine qu'il entre dès à présent en la pleine et entière et réelle propriété et jouissance des dits trois sixièmes dans ladite verrerie Royale de St Louis et dépendances tant en meubles qu'immeubles à l'effet de quoi ils subrogent mon dit sieur Lasalle en tous leurs droits, noms, raisons et actions et au bénéfice des dites lettres patentes du quatre mars mil sept cent soixante sept, de l'acte du dix huit avril mil sept cent soixante quatorze arret de la chambre des comptes de Nanci du seize mai mil sept cent soixante dix sept et de tous autres titres sans autre garantie que celle de leurs faits et promesses. A charge par mon dit Lasalle 1° de se conformer et d'exécuter le contenu aux dites lettres patentes et arret chambre des comptes de Nanci sous les peines y portées, 2° de se pourvoir incessamment en ladite chambre des comptes de Nanci à l'effet de faire registrer le présent acte en ses greffes et de faire décharger mes dits sieurs Dosquet et Anthoine des engagemens par eux contractés par l'acte du dix huit avril mil sept cent soixante quatorze joint à la minute de l'arret de la chambre des comptes de Nanci du vingt cinq avril suivant de laquelle décharge il sera remis une expedition en bonne forme à chacun des dits sieurs Dosquet et Anthoine ainsi que copie du présent acte aux frais de mon dit sieur Lasalle, 3° d'acquitter annuellement les trois sixièmes des cens rentes et redevances qui peuvent etre dus au domaine de Sa Majesté consistans pour la totalité en deux cent livres sur la dite verrerie cent cinquante deux livres deux sols pour quatre cent quatre vingt seize arpens de defrichement à raison de sept sols par arpent, de deux maldres de seigle sur le moulin et neuf gros pour chacun des quatre arpens convertis en jardin, quarante livres au cours de France à raisons de vingt sols par ménage au nombre de quarante, les capitaux desquels cens et redevances sont pour les dits trois sixièmes de deux mille sept cent soixante dix livres au dit cours de France, reconnoit mon dit Lasalle que lesdites lettres patentes arrets et actes rappellés au présent ainsi que tous les autres titres registres et papiers concernant ladite verrerie royale de St Louis lui ont été remis et sont en sa possession.

Fait et passé à Condé Northen au presbitère les an et jour avant dits en présence de M. Philippe Gerguonne curé dudit Condé Northen, archipretre de Varize et de Louis Chir maire actuel dudit lieu témoins connus à ce priés qui ont signé avec les parties et moi notaire: apres lecture faite et avant que de signer a été présent Pierre Isidor Henry admodiateur à Condé qui a servi comme témoin lecture de rechef faite.

<blockquote>

Signé: DOSQUET, ANTHOINE, LASALLE l'aîné, GERGONNE curé de Condé Northen, archipretre de Varize, LOUIS CHIR maire, P. I. HENRY, F. HURTO.

</blockquote>

Con^{llé} à Boulay le douze novembre 1785. Vol. 13, fol. 35, art. 15 et 16. Reçu quarante deux livres quatorze sous huit deniers y compris 3^s p. p^r deux dispositions. Un mot rayé et neufs mots surchargés app^{vés} de nous paraffés.

<blockquote>

Signé: LEFORT.

</blockquote>

(*Arch. dép. de Metz,* not. et tabel., Boulay.)

N° 40.

ARRET DE LA CHAMBRE DES COMPTES qui confirme l'acte de cession du 12 novembre 1785 des droits de Antoine Dominique Jacques Joseph Dosquet l'ainé et Jean François Anthoine dans la cense domaniale de Muntzthal, au profit de François Lasalle.

Du 14 décembre 1785.

La chambre, en conséquence de la déclaration faite par le s^r François de Lasalle, ecuyer, qu'il se charge de toutes les obligations contractées par les s^{rs} Antoine Dominique Jacques Joseph Dosquet l'ainé et Jean François Anthoine en l'acte du 18 avril 1874, retenu par le présent arret, les a déchargés des mêmes obligations; pourquoi la présente a été ordonnée etre faite, pour y avoir recours le cas échéant, sauf les droits du Roi.

Signé : BUREAU.

(DE DIETRICH, *Descript. des gîtes de minerai...*, t. III, p. 311.)

N° 41.

VENTE

Pour messire Jean Baptiste Gilles, baron du Coëtlosquet, mestre de camp et dame Charlotte Eugénie Lasalle son épouse,
Contre messire François Lasalle, écuyer,
Portant cession de la verrerie de St Louis et des droits qui en dependent, moyennant 300,000 liv. de principal.

Du 15 janvier 1788.

Par devant le notaire royal au bailliage royal de Bitche y résidant soussigné et présens les témoins cy après nommés

Furent présens en personnes messire François Delasalle, écuyer, seigneur de Villeauval Ameneville et autres lieux, propriétaire de la verrerie royale de St Louis et dependances située dans le comté de Bitsche en Lorraine d'une part,

Et messire Jean Baptiste Gilles baron du Coetlosquet, mestre de camp, commandant du regiment de Bretagne Infanterie, gentilhomme d'honneur de monseigneur le comte d'Artois, chevalier de l'ordre royal et militaire de St Louis, chevalier commandeur des ordres royaux militaires et hospitaliers de St Lazare de Jerusalem et de Notre-Dame du Mont Carmel, et dame Charlotte Eugénie Delasalle son épouse fille dud. messire Delasalle dame de Deistorff, d'autre part.

Lequel sieur Delasalle a reconnu et confessé volontairement avoir vendu cédé transporté et abandonné comme par ces présentes il vend cède transporte et abbandonne en tous droits de propriété et tres fond : au dit sieur de Coetlosquet et à la dame son épouse duement autorisée par son mari pour l'effet des présentes ce qu'elle a reçue pour agréable ; promet mondit sieur du Coetlosquet de faire en outre agréer et ratifier la présente acquisition à la majorité de ladite dame son épouse, l'autorisant même dès à présent, et sans qu'il soit besoin de nouvelle autorisation acceptant chacun pour moitié en propriété et l'usufruit du tout réservé au survivant, ensuite à leurs hoirs et ayans cause.

Scavoir.

La propriété réelle de la verrerie Royale de St Louis avec toutes ses dépendances consistantes en batimens moulins, fermes bois et forets, terres prés jardins et en quoi le tout puisse consister sans en rien réserver ni excepter de façon quelconque pour par lesdits sieur et dame du Coetlosquet entrer en jouissance le premier jour du mois de février prochain, et par eux jouir du tout ainsi et de même que ledit sieur Delasalle en a jouit pu ou du jouir les subrogeant dans tous ses droits.

Ladite verrerie et dépendances chargée de ses cens et rentes envers le domaine de Sa Majesté, pour raison d'iceux lesdits sieur et dame du Coetlosquet se pourvoiront pour se faire subroger aux droits du sieur vendeur et pour cet effet ledit sieur Delasalle a à l'instant remis au sieur et dame du Coetlosquet à la vue du notaire et des témoins tous les arrets titres et papiers concernant la concession et la propriété de ladite verrerie ensemble ceux de l'affectation des fonds en forets concédés à la dite usine.

De tout quoi les dits sieur et dame acquereurs se tiennent pour satisfaits pour dans aucun cas n'aller au contraire ; ledit sieur vendeur déclarant vendre le tout en gros sans garantie du détail ; mais franc, quitte, libre et déchargé de toutes dettes et hypotecques généralement quelconques.

La présente vente faite pour et moyennant la somme de trois cent mille livres au cours de France de principal.

Sur laquelle somme ledit sieur Delasalle reconnoit avoir reçu dud. sieur du Coetlosquet celle de quatre vingt mille livres même cours faisant partie du don que Sa Majesté a accordé au sieur du Coetlosquet lors de son mariage et qui a été cy-devant remise audit sieur Delasalle suivant reconnoissance qui est entre les mains dud. sieur du Coetlosquet et qu'il s'oblige de remettre incessamment comme soldée et acquittée par le moyen des présentes.

Et quant aux deux cent vingt mille livres restantes les sieur et dame du Coetlosquet promettent et s'obligent solidairement l'un pour l'autre et un seul pour le tout de payer soit en argent comptant et ayant cours ou aux créanciers qui seront indiqués par le s^r vendeur dans l'espace de l'année et au dernier cas de rapporter bonnes et valables quittances et décharges desdits créanciers dans ledit delai et d'icy aux payemens effectifs, s'obligent en outre de payer les interets ordinaires aux taux du Royaume ; renonçant le dit sieur Delasalle purement et simplement à l'hypotecque principale qu'il a sur les immeubles de la verrerie en faveur de ses créanciers qui accepteront en son lieu et place lesdits sieur et dame du Coetlosquet et en faveur de ceux qui leur porteront de l'argent pour le rembourser ; consentant que lesdits créanciers et preteur ayent un privilège spécial d'hypotèque avant lui sur lesd. immeubles.

Pour la sureté de ladite somme de deux cent vingt mille livres et des interets à echeoir les dits sieur et dame du Coetlosquet ont specialement affecté et hypotecqué ladite verrerie de St Louis et toutes ses dépendances et appartenances et la généralité de tous leurs autres biens meubles et immeubles qu'ils ont soumis à toutes justices.

Promettant mon dit sieur De la Salle la garantie de la présente vente aux clauses cy-devant énoncées sous l'hypotéque de tous ses biens meubles et immeubles qu'il a aussi soumis à toutes justices renonçant à toutes exceptions contraires.

Fait et passé à l'hotel de ladite verrerie de St Louis où le notaire a été invité le quinze janvier mil sept cent quatre vingt huit trois heures de relevée en présence de messire Gabriel Aimé Jourdan, écuyer, pensionnaire du Roy, chef ordinaire de panneterie et échansonnerie de monseigneur comte d'Artois, résidant ordinairement à Paris et du s. Sebastien Frantz négociant demeurant à Wölkling temoins trouvé sur les lieux, connus et requis qui ont signé avec les parties et le notaire après lecture faite et par interpretation aud. s. Frantz, le présent fait sur trois feuillets, le premier signé des parties tous residant ordinairement à Metz.

Signé : LASALLE l'ainé, le B^{on} DU COETLOSQUET, JOURDAN, LASALLE DU COETLOSQUET, B. FRANTZ, ROCHATTE, n^{re} Royal.

Controle. . . . . 24¹ »ˢ
3 sols pour livre. . . . . 3 .12
Total. 27¹.12ˢ

Controlé à Bitche le 19 janvier 1788 registre 65 folio 1ᵉʳ case 3ᵐᵉ. Reçu vingt sept livres douze sols.

Signé : C. Villers.

(*Arch. dép. de Metz*, not. et tab., Bitche.)

N° 42.

Arret du Conseil d'État *qui déclare commun à la verrerie royale de Sᵗ Louis l'arret du Conseil du 21 août 1759 et autres reglemens concernant les droits d'entrée du verre dans les cinq grosses fermes.*

Du 10 mars 1772.

Sur la requete présentée au Roi en son Conseil par le sʳ René François Jolly et compagnie, proprietaire de la verrerie royale de Sᵗ Louis dans le comté de Bitche, Lorraine ; expositive que la Lorraine faisoit autrefois un état gouverné par ses souverains particuliers ; elle avoit ses tarifs pour les droits de haut-conduits, d'entrée, d'issue foraine, traverses et autres traites ; que, etc., etc.

Suivent de nombreux détails, des développements étendus, concernant les droits auxquels sont soumises diverses marchandises et notamment le verre, à leur entrée dans certaines provinces, et qui sont rapportés *in extenso* par de Dietrich (*Descript. des gîtes de minerai...*, t. III, pp. 333-340, *ad notam*).

Vu ladite requête, ensemble les pièces y enoncées et jointes, le mémoire en réponse du 16 janvier 1770 des fermiers généraux caution de Julien Alaterre, adjudicataire des fermes générales unies ; et de l'avis des députés au bureau du commerce du 28 février dernier. Ouï le rapport du sieur abbé Terray, conseiller ordinaire au Conseil royal ; controleur général des finances.

Le Roi en son Conseil, ayant aucunement egard àladite requete du s^r Jolly et compagnie, déclare communs à la dite verrerie royale de St Louis l'arret du Conseil du 21 aout 1759 et autres règlemens concernant les droits d'entrée sur le verre, ordonne en conséquence que les droits d'entrée dans les cinq grosses fermes sur les verres provenant de ladite verrerie royale de St Louis ne seront plus perçus à l'avenir jusqu'à ce qu'il en ait été ordonné autrement par Sa Majesté qu'à raison de trois livres dix sols du cent pesant sur la gobeletterie et ouvrages façonnés, de sept sols du cent pesant de verre à vitres et de vingt sols aussi du cent pesant des verres en table.

Signé : Demaupeou, Terray.

A Versailles le 10 mars 1772.

(*Arch. nat.*, série E, n° 1476.)

N° 43.

Adjudication de domaines nationaux.

Séance publique du 3 prairial de l'an 6 de la République française, une et indivisible, 9 heures du matin.

Présents les citoyens Aix, président, Meuller et Legoux administrateurs, Rolland faisant les fonctions de commissaire du directoire exécutif et Lajeunesse, secrétaire en chef.

PIÈCES JUSTIFICATIVES. 325

Ce jourd'hui nous administrateurs du département de la Moselle, etant dans la salle ordinaire des adjudications de domaines nationaux dont la vente est ordonnée par les lois des 16 brumaire an V, 16 et 24 frimaire an VI, pour y procéder au nom du commissaire du Directoire exécutif, près le département de la Moselle, avons annoncé qu'en exécution desdites loix, il allait être procédé aux secondes publications dont les premières ont été faites le 28 floréal dernier et qui sont contenues en l'affiche numerotée 20 qui a été publiée et apposée à cet effet dans tous les lieux prescrits par la loi, ainsi qu'il est justifié par les certificats représentés par le commissaire du Directoire exécutif, lesquelles publications et adjudications seront faites à l'extinction des feux et aux charges clauses et conditions retenues et inserées dans nos séances des 21 ventose et 9 floréal dernier et sous toutes autres qui pourront etre arretées par l'administration centrale.

Desquelles charges, clauses et conditions nous avons fait donner lecture aux curieux assemblés.

Lecture pareillement faite de l'affiche, nous avons fait publier.

Art. 1er. La verrerie de Munsthal dite de St Louis, commune et canton de Lemberc et du ci-devant district de Bitche consistant, scavoir :

En maison de maitres, maison de direction, corps de logis des employés, quatre corps de logis pour les ouvriers, attelier de maréchal, maison du salinier, logement et depot de l'ambalage, hangars, lavoir, magasin et poterie, sechoir des pots, hangards, moulin à pillerie, moulin à grains, eglise pour le desservant, et toutes autres dépendances, jardins fermes et dépendances contenant environ deux cent trente huit arpens en terres labourables et quarante fauchées en prés, mesure de Lorraine, terres et prés non affermés de la consistance de cent soixante neuf arpens en prés et deux cent dix arpens en terres, également mesure de Lorraine, ustensils de la verrerie et généralement toutes ses dependances, provenant de l'emigré Coetlosquet, le tout estimé par procès-verbal d'expertise en date du 21 pluviose an VI, valeur en capital de trois cent vingt deux mille huit cent quarante six francs, neufs sols, dix deniers.

Plus huit mille arpens en bois mesure de Lorraine partie en haute futaie le surplus en coupes de quarante ans avec recrue affectés à perpétuité à ladite usine par arret du conseil du 17 fevrier 1767, à charge de payer par l'adjudicataire, annuellement le prix de la corde de bois mesure de Lorraine, sur le pied de douze sols l'une, et trois deniers pour livre en sus, au cours de France, lesdits bois estimés environ du produit annuel de trois mille neuf cent cordes et du revenu en deniers de neuf mille huit cent soixante dix francs quatorze sols en sus des avantages de l'affectation, formant un capital au denier vingt de cent quatre vingt dix sept mille quatre cent quatorze francs.

Lesquelles estimations réunies forment un total de cinq cent vingt mille deux cent soixante francs neuf sols dix deniers dont le quart déduit, il reste pour première mise trois cent quatre vingt dix mille cent quatre vingt quinze francs sept sols quatre deniers et demi.

Ladite vente faite à la folle enchère du citoyen Eloy Poincelot ex-artiste vétérinaire résidant à Metz rue du pont de Thionville déclaré déchu du bénéfice de l'adjudication qui lui en a été faite le 11 germinal dernier, par notre arrêté du 4 floreal an VI, après les sommations prescrites par la loi, faites les 23 germinal et 9 floreal derniers, dont lecture a été donnée.

Ladite verrerie et dépendance publiées aux conditions ci devant énoncées et sous celles spéciales.

1°. Que la restitution à faire aux acquéreurs du canon payé d'avance sera liquidée au cours des papiers à l'epoque du payement qui en a été fait à l'émigré Coëtlosquet, au surplus les adjudicataires sont authorisés après cette liquidation arretée par le receveur des domaines de Bitche, à toucher des fermiers ce qu'ils peuvent devoir à la nation sur leurs canons échus au jour de la vente en déduction de la restitution et jusques à concurrence seulement.

2°. Que l'arret du conseil du 17 février 1767 ayant affecté à perpétuité pour alimenter lesdites verreries 8000 arpens de bois mesure de Lorraine faisant à la mesure d'ordonnance environ trois mille cinq cent dix arpens de France, les acquéreurs ne jouiront que de ladite affectation et conformément aux dispositions de cet arret en payant 12 sols par corde de bois mesure de Lorraine que les coupes annuelles qui leur seront délivrées produiront et 3 deniers pour livre en sus, le fond de la propriété, l'administration et le comptage des cordes restant sous le regime forestier, sans qu'ils puissent disposer du bois de corde autrement que pour l'usine.

Sous pretexte de déficit sur le nombre d'arpens de ladite affectation, de la diminution du produit annuel en bois de cordes, de la dégradation des bois ou pour toute autre cause ils ne pourront prétendre aucune indemnité.

Les acquereurs seront tenus d'exécuter l'adjudication passée devant l'administration du canton pour les réparations qui ont été reconnues nécessaires aux bâtiments des usines, fermes et dépendances, néanmoins toutes celles faites jusqu'au jour de la vente seront payées par la nation et ce qui restera à faire demeurera à leur compte, le tout d'après estimation qui sera faite par experts et dans la proportion du prix accordé à l'adjudicataire des réparations.

Lecture aussi faite du bail sous seing privé fait double et passé à Paris le 4 mai 1791 entre Jean Baptiste Gilles du Coetlosquet et Charlotte Eugénie de la Salle son épouse de lui autorisée propriétaires de ladite verrerie de St Louis et dépendances d'une part, et Antoine Gabriel Aimé Jourdan, d'autre part, l'administration a de suite fait allumer le premier feu durant lequel le prix du bien ci-dessus a été porté à la somme de six millions par le citoyen Cuttin; ledit feu eteint, en avons successivement fait allumer quinze autres, le dernier desquels s'est eteint sur l'enchère du citoyen Poncelet de la somme de six millions cinq cent vingt cinq mille francs et un dix septieme et dernier feu fut allumé et eteint sans enchère, l'administration centrale a adjugé et adjuge audit citoyen Claude Poncelet comme dernier encherisseur les biens ci dessus specifiés et designés, moyennant les prix et somme de six millions cinq cent vingt cinq mille francs formant le montant de la derniere enchère, aux charges clauses et conditions ci-devant enoncées laquelle adjudication ledit citoyen Claude Poncelet résidant à Metz a déclaré etre tant pour lui que pour les citoyens Dominique Rolland et Philippe Louis Sébastien Thirion résidant dans ladite commune à ce présent et acceptant chacun pour deux seizièmes, pour eux et leurs héritiers ou ayant cause; et encore pour et au profit des citoyens Jean Genot et Michel Barthelemy demeurant en ladite commune aussi à ce présent et acceptant pour quatre seizièmes pour eux et leurs héritiers ou ayant cause; des citoyens Pierre François Collin et Louis Charles Desnoyers de la dite commune à ce présent et acceptant pour trois seizièmes pour eux et leurs héritiers ou ayant cause; des citoyens Cerf Goudchaux fils et Louis Moutardier dit Laprairie résidant audit Metz aussi à ce présent et acceptant pour trois seizièmes pour eux et leurs héritiers ou ayant cause moyennant la somme de six millions cinq cent vingt cinq mille francs qu'ils se sont soumis tous solidairement à payer conformément aux loix, et ont signé.

ROLLAND, L. M. dit LAPRAIRIE, BARTHELEMY, GOUDCHAUX fils, PONCELET, GENOT, COLLIN-COMBLE, DESNOYERS.

Enregistré à Metz le 2 messidor an VI de la République. Reçu six mille cinq cent vingt cinq francs, payés.

Signé: (illisible.)

(*Arch. dép. de Metz.*)

N° 44.

Bail de la verrerie de Muntzthal au profit de Jacques Seiler et de ses coassociés, pour une durée de 12 années.

Du 12 pluviose an VIII.

Pardevant le notaire public pour le département de la Moselle à la résidence de Metz soussigné et en présence des témoins ci-après nommés.

Furent présents les citoyens Claude Poncelet, resident en cette commune rue du Lancieu, quatrième section, Dominique Rolland, resident à Metz rue Chevremont, seconde section, Augustine Bourdon veuve du citoyen Louis Sebastien Thirion, ex receveur général du département de la Moselle, tant en son nom qu'en qualité de tutrice établie par justice à Isidore Thirion, son fils mineur né du mariage d'entre elle et ledit defunt, Antoine Thirion, homme de loy demeurant en cette commune en qualité de curateur établi par justice à Catherine Louise Olympe Thirion fille mineure née du premier mariage d'entre ledit citoyen Thirion et la citoyenne Jadac sa première épouse; mesdits tutrice et curateur demeurant rue des Clercs troisième section se faisant et portant forts du citoyen François Louis Bruno Plassiau demeurant à Bouzonville époux de la citoyenne Catherine Françoise Jadac première épouse du citoyen Thirion, ex receveur, le citoyen Plassiau en qualité de tuteur établi par justice à la citoyenne Catherine Louise Olympe Thirion mineure et par lesquels ils se soumettent de faire ratifier les présentes à première requisition, Jean Genot huissier en cette commune demeurant place de la Liberté quatrième section, Michel Barthelemy, demeurant à Metz rue de la Paix, troisième section, Pierre François Collin Combe, demeurant aussi en la même commune rue susdite des Clercs; Louis Desnoyers demeurant même rue, Cerf Goudchaux fils, demeurant rue de la Trinité seconde section, et Louis Moutardier dit Laprairie demeurant à Metz rue des Augustins quatrième section, tous propriétaires de la verrerie de Muntzthal.

Lesquels ont laissés à titre de bail la dite verrerie aux prix clauses et conditions ci après.

Aux citoyens Jacques Seiler et Georges Walter le jeune le premier demeurant à la verrerie de Muntzthal et le second à Goetzenbruck à ce présents et acceptant tant en leurs noms qu'en ceux des citoyens Georges Walter l'ainé, Michel Berger résidant au dit Goetzenbruck, Joseph Bourquin (*sic*), Martin et Gaspard Walter demeurant à Meisenthal, et Louis Lorin de Muntzthal, commune de Limberg, département de la Moselle; desquels ils sont fondés de pouvoir par délibération par eux souscrite le vingt trois nivose an huit, dont copie signée des susnommés dument enregistrée au bureau de Metz cejourd'huy par le citoyen Gossin est demeurée jointe et annexée au présent acte après avoir été des deux comparants signée et certifiée sincère et véritable, signée des témoins et paraphée dudit notaire pour en assurer l'état et la représentation le cas échéant; se soumettant lesdits citoyens Jacques Seiler et Georges Walter l'ainé[1] de faire ratifier[2] les présentes par leurs associés par acte public et dans le mois, d'en produire acte qui sera annexé aux présentes, attendu que leur pouvoir est sous seing privé.

Art. 1er. Le bail est fait pour douze années consécutives qui commenceront au douze messidor de la présente année et finiront après les douze années expirées à pareil jour de la verrerie de Muntzthal, avec ses dépendances, consistant en maison de maître, batiments, moulins, fermes, bois, forêts, terres, prez, jardins et généralement tout ce qui dépend de la même verre-

---

1. C'est sans doute: *le jeune,* qu'il faut lire.
2. La ratification a été passée le 19 pluviose an VIII devant Me Olivier, notaire à la résidence de Bitche.

rie, sans aucune exception, tel qu'en ont joui ou du jouir les preneurs qui sont actuellement fermiers, ainsi que les ustensiles et autres objets nécessaires à la verrerie sans aucune exception ni réserve, ainsi que tout est constaté par un état qui est à la verrerie formé entre l'emigré Coetlosquet et le citoyen Jourdan fermier précédent dont les fermiers enverront copie certifiée d'eux aux propriétaires.

La vente de tout ou partie de l'usine par aucuns des propriétaires n'interrompra point la jouissance du bail; il en sera fait clause expresse dans les contrats de vente, à peine de tous depens dommages et interets; les fermiers ne pourront par réciprocité retrocéder leur bail pendant les douze années à personne sans l'exprés consentement et par écrit des proprietaires.

Art. 2. Le prix du bail est à six mille cinq cents francs en temps de guerre pour un four en activité et huit mille francs en temps de paix; pour deux fours il sera payé dix mille francs en temps de guerre et douze mille francs en temps de paix; pour trois fours le canon sera de quatorze mille francs en temps de guerre et de seize mille francs en temps de paix. Le prix en temps de paix, treves, armistice ou suspension d'armes ne commencera à courir que trois mois après la signature et la guerre sur mer sera regardée comme temps de paix. Le canon dans l'un et l'autre cas sera payable en deux termes égaux par un moitier, dont le premier echerra au douze nivose an neuf; le second au douze messidor suivant et ainsi de suite jusqu'à l'expiration du bail. Les preneurs payeront au par delà la moitié des contributions foncières et accessoire auxquelles l'usine et ses dépendances, les terres prez, bois, moulins peuvent etre assujetties; ils feront également l'avance de l'autre moitié qu'ils retiendront sur les termes de l'année à écheoir et il leur en sera fait état par les propriétaires à la vue des quittances.

Art. 3. Si l'usine étoit forcée à un chomage total provenant de la dévastation des armées ennemies, occasionné par l'incendie des principaux atteliers, provenant du feu du ciel ou autrement, et encore à défaut par les propriétaires de faire les réparations à leur charge et qu'ils auroient été invités à faire, il ne sera payé aucun canon à compter du jour du chommage, et il ne sera du qu'a commencer de celui ou les fermiers auront obtenus la jouissance de l'usine et de ses dépendances, ou qu'elles auront été réparées ou reconstruites.

Art. 4. En cas de chommage forcée comme il vient d'etre expliqué les fermiers ne payeront qu'un canon proportionnel pour les terres, prez et moulins dont ils auront joui, à l'effet de quoi il sera fait une ventillation par experts. Et dans ce cas les fermiers ne paieront aucune contribution sur les bois ; elles demeureront au compte des propriétaires ; et les fermiers paieront la moitié de celles sur l'usine, terres, prez moulins et bâtiments.

Art. 5. Les grosses réparations demeureront au compte des propriétaires, les fermiers entretiendront les batiments de réparations locatives, ainsi que les fours et ustensiles, ils seront tenus de renouveller les fours et ustensiles en tout ou partie en cas de vetusté et de rendre le tout en bon état et à dire d'experts à la fin de leur jouissance, s'il se présente des grosses réparations qui auroient besoin d'etre effectuées de suite, comme enlèvement et chute de toitures de l'un des ateliers, pour ne point entraver l'exploitation, les fermiers les feront exécuter, et les propriétaires leur en tiendront compte sur la reconnoissance qu'ils en feront ou à dire d'experts, apres cependant que les propriétaires auront été prévenus de l'événement au moment même.

Art. 6. Les fermiers ne pourront supprimer aucune des fabrications actuellement existante, ils les entretiendront même dans un état de perfection, il leur sera libre de les accroître, mais dans ce cas il faudra qu'ils obtiennent la permission par écrit des propriétaires qui alors seront tenus de leur faire état des batiments, ustensiles dont ils auroient augmentés l'usine sur l'estimation qui en sera faite à la fin du bail par les experts respectivement nommés.

Art. 7. Les fermiers préviendront les propriétaires par lettres du jour de la mise à feu ou de l'extinction d'un ou plusieurs fours ; le prix du canon commencera à courir ou cessera du jour de cet avertissement, les propriétaires s'en rapporteront aux fermiers sur ce qui les déterminera à eteindre un ou plusieurs fours, ou à les allumer. En cas d'extinction d'un ou plusieurs fours ils préviendront le chargé d'affaires des propriétaires ou eux-mêmes des motifs qui les y ont déterminés, mais les propriétaires ne supporteront aucune diminution de canon pour le chommage provenant d'un four manqué par défaut de construction, les fermiers devant prendre leurs précautions à cet égard.

Art. 8. Les fermiers n'exploiteront que les bois nécessaires pour alimenter un ou plusieurs fours, les personnes et ouvriers attachés à l'usine auxquelles on est d'usage d'en délivrer, s'ils ne consomment pas les bois de la coupe ordinaire pour un ou deux fours, l'excédent servira pour l'année suivante.

Art. 9. Les fermiers seront tenus de rendre et laisser à la fin du bail la verrerie dument assortie de matieres premières pour la fabrication et de marchandises fabriquées pour la vente courante, mais aussi les propriétaires s'engagent de prendre le tout, savoir les matieres premières au prix des factures des marchands et fournisseurs et quant aux marchandises fabriquées au prix de fabriques en suivant le tarif qui sert à former les factures, tel qu'il existera alors, mais toutefois sous une déduction de vingt pour cent.

Art. 10. Les propriétaires auront si bon leur semble la précaution d'avoir aux environs de l'usine une personne de confiance chargée de leurs interets, afin que les fermiers puissent s'adresser à elle pour les cas pressés et singulièrement pour les réparations.

Art. 11. Au moyen du présent bail les fermiers renoncent à l'indemnité qui leur résultait contre les propriétaires de la résiliation par eux notifiée de l'ancien bail en conséquence des dispositions de la loi du quinze frimaire an deux ; les frais dus à l'administration forestière pour la délivrance des coupes et ce qui est à payer pour la redevance de douze sols trois deniers du à la République par chacune corde de bois reste à la charge des preneurs.

Il sera remis aux laisseurs et aux frais des preneurs une expédition du présent bail.

Telles sont les conventions respectivement convenues et arrêtées entre les parties que chacune d'elle promet d'exécuter littéralement et pour raison de quoi elles obligent, affectent et hypothequent leurs biens ; solidairement de la part des preneurs, sans division ni discussion y renonçant, une obligation ne derogeant à l'autre.

Fait et passé à Metz en l'étude avant midi.

L'an huit de la République française une et indivisible, le deux pluviose.

Et ont signé avec et en présence des citoyens Dominique Bauchez et Jean François Henry menuisier demeurant à Metz, rue des Cloutiers seconde section, témoins connus et requis lecture faite.

Suivent les signatures.

Enregistré à Metz le deux pluviose an huit folio 174 case 9 et suivants, perçu sept cent vingt francs subvention soixante et douze francs.

Signé : Gossin.

Pour expédition délivrée par M⁰ Muller notaire à Metz soussigné comme dépositaire définitif des minutes de M⁰ Claude Purnot notaire rédacteur. Metz le dix décembre mil huit cent quatre vingt quatre.

Signé : Muller, avec paraphe.

N° 45.

VENTE

Pour Jean Nicolas Wellenreither et consorts,
Contre Adam Walter, ancien verrier demeurant à Meisenthal,
De une place et $\frac{1}{5}$ dans la verrerie dudit Meisenthal, moyennant 64 liv. de principal.

Du 1ᵉʳ avril 1766.

Pardevant le notaire roïal au bailliage de Bitche, y résidant, soussigné en présence des témoins cibas nommés fut présent Adam Walter ancien verrier demeurant à Meysendhal lequel a volontairement confessé avoir vendu comme par ces présentes et vend à Jean Nicolas Veillereiter, Nicolas Hild, Antoine, Etienne et Ursule les Walter, veuve de Valentin Demerlé demeurant audit lieu, présens et acceptans, tant pour eux, leurs femmes, l'usufruit réservé aux survivans d'eux deux, puis leurs hoirs et ayans causes, que pour Etienne Walter leur frère absent savoir une place et un cinquième dans la verrerie dudit lieu aisances appartenances et dépendances ainsi que le vendeur en a joui ou du jouir pour franc quitte, à la réserve du cens du au domaine qui est de six livres annuels, cette vente faite pour et moyennant la somme de soixante quatre livres au cours de Bitche, outre les vins ordinaires, laquelle somme principale le vendeur a déclaré avoir reçu comptant des acquéreurs avant la passation des présentes dont quittance et décharge. Ce premier s'est expressement réservé la jouissance de lad. verrie pour ce qui le concerne en icelle sa vie naturelle durante ce qui lui a été accordé par les acquéreurs. Bien entendu que ledit Nicolas Vellereiter a deux parts dans ladite acquisition à cause de Martin Valter son beau frère. Au moyen de quoi ledit vendeur promet sous l'obligation, etc., renonçant, etc. Fait et passé à Meysendhal le premier avril mil sept cent soixante dix après midy en présence de Gaspard. Rodzenger manœuvre et de Christian Walkler aussi manœuvre audit lieu témoins à ce requis et connus qui ont signé, les parties ayant signé et marqué après lecture et interpretation faites. Marques de Barbe Valter et d'Ursule Valter, et signé Jean Nicolas Wellenreither, Antoine Walter, Nickell Hild, Anna Maria (*illisible*), Caspard Grotzinger, Adam Walter et A. L. Helfflinger n°.

Controllé à Bitche le huit avril 1766.
Reçu trente sols.

Signé : BECKER.

(*Arch. départ. de Metz,* not. et tab., Bitche.)

N° 46.

VENTE

Pour Michel Franckhauser, maitre verrier demeurant à Meysendhal et Odile Philippy sa femme,

Contre Charles Pierron, bourgeois de Bitche et Jeanne Walter sa femme,

De ¼ de place ou verge de la verrerie de Meysendhal, etc., moyennant 352 liv. de principal.

Du 12 janvier 1768.

Pardevant les notaires royaux au bailliage de Bitche y demeurant soussignés furent présents Charles Pierron, M^re maréchal ferrant bourgeois de cette ville et Jeanne Walter sa femme, de son mary à l'effet des présentes duement autorisée, laquelle autorisation elle a reçu pour agreable ; lesquels ont volontairement reconnus et confessés avoir vendu cédé et abandonné en toute propiété à Michel Franckhauser laboureur et maitre verrier demeurant à la verrerie de Meysendhal présent, stipulant et acceptant pour luy et Odile Philippy sa femme chacun pour moitié l'usufruit réservé au survivant puis à leurs hoïrs ou ayants cause savoir : le quart d'une place vulgairement appellée Verge de la verrerie dudit Meysendhal ensemble la parte et pretention de la venderesse qu'elle a dans les autres places ou verges dans laditte verrerie en commun entre toutes maitres verriers provenant de l'ancien de feu Joseph Walter son père chargez des cens et rentes du au Domaine, que l'acquereur s'oblige et se soumet d'acquitter au surplus franc quitte et libre de toutes hypotheques. La présente vente faite pour et moyennant la somme de trois cent cinquante deux livres au cours de Bitche, le gros écu de France compté sur le pied de huit livres aud. cours, de prix principal outre les vins ordinaires qui ont été consommés entre les parties. Sur laquelle somme principale les vendeurs ont reçu à l'instant comptant huit livres et à l'egard des trois cent quarante quatre livres restant l'acquéreur a promis de les payer à ces derniers au terme de Pentecote de la présente année sans interets et a été réservé aux mêmes vendeurs le loyer des dites places ou verges jusqu'au payement de la somme avant ditte pour assurance duquel les choses vendues demeureront spécialement affectées et hypothéquées ainsi que les autres biens dudit acquéreur. Au moyen de quoy les vendeurs ont promis la garantie de la présente vente, etc., obligeant soumettant, etc., renonçant, etc. Fait et passé à Bitche en l'étude le douze janvier mil sept cent soixante huit après midy ; et ont les parties signé avec les notaires à l'exception de la venderesse qui a déclaré ne savoir écrire ni signer et a fait sa marque de ce interpellé. Après lecture et interpretation faite par Me Helfflinger dans les minutes duquel demeurera le présent acte. Marque de Odile Philippi, et signé Michel Franckhauser, Carolus Pierron, A. L. Helfflinger et (*illisible*) n° royal.

 Con^{llé} à Bitche le 14 janvier 1768.
 R. quarante cinq sols.,   Ceillier.
 (*Arch. départ. de Metz*, not et tab., Bitche.)

N° 47.

ÉTAT DES PRIVILÈGES dont jouissent les ouvriers employés dans les verreries établies dans le département de Bitche.

Du 27 novembre 1769.

Il y a dans le département trois verreries.

La plus ancienne est celle de Meisendahl. Les ouvriers n'en jouissent qu'a titre de bail pour trente années renouvellé par arret du cy devant conseil du 13 juillet 1762,

Celle de Gaezenbruck possédée à titre d'ascensement perpétuel dont l'établissement n'est que depuis 1721,

Et celle de St Louis de Munzdhal aussi ascensée à perpétuité suivant arret du Conseil du Roy et lettres patentes du 4 mars 1767.

Ainsy c'est sur lesdits arrets et lettres patentes que les privilèges et exemptions des ouvriers emploiés aux dites vsuines sont fondé et non sur vne loi générale et commune à toutes les manufactures de la province.

Les deux premieres verreries forment actuellement communautés et sont imposées par la chambre à la subvention ponts et chaussées et autres charges, sur feuilles séparées.

Celle de St Louis paye subvention avec la communauté de Lemberg.

Les maitres de ces vsuines payent egalement les droits domaniaux et sont attenus aux mêmes prestations que les autres sujets du comté de Bitche.

Cependant les ouvriers compagnons qui ne sont pas intéressés dans l'exploitation mais qui travaillent seulement à salaire et aux gages des maitres, qui n'ont aucune propriété de possession sont exempts de tous les deniers royaux, même du sol de paroisse, dans les communautés où ils demeurent; pour raison desquelles exemtions il y a dans l'arret d'ascensement de la verrerie de Gaezembruck seulement une redevance fixe annuelle et perpetuelle à la charge des maitres.

Ceux-ci paient egalement une rente fixée par leurs arrets pour l'exemtion des droits de gabelle sur les vins, cidre bière et eaux de vie dont le debit dans le comté de Bitche est sujet à impot à raison de deux pots par mesure envers le domaine, au moyen de laquelle rente le bû des ouvriers est franc.

La vaine et grasse pature est egalement accordé aux bétail des ouvriers dans les contrées des forets affectées aux usuines moiennant une autre rétribution fixe, annuelle, ou en gros ou par feu.

L'on voit par ce qui a été dit cy dessus, que les verreries de Meysendhal et Gaezembruck sont imposée par la chambre sur feuilles séparées et que ces lieux forment communautées, ainsy il y a maire et sindic et des officiers de justice, dont les habitans font choix, ou qui sont etablis tous les ans aux plaids annaux, il nomment des asseieurs qui répartissent les deniers de la taille ou subvention proportionnellement aux forces et faculté de chacun des maitres et possesseurs de fonds dans le continent des dites verreries.

Quant à St Louis les censitaires faisant jusqu'icy corps avec la communauté de Lemberg, quoique par l'arret de son établissement elle soit attaché à celle de la Soucht, l'usuine est imposée par les asseieurs de cette communauté, et les censitaires ont jusqu'icy acquitté la cotte en entier sans en rien repartir sur leurs ouvriers.

Fait par nous subdelégué au departement de Bitche, 27 novembre 1769.

Signé : VHRICH, avec paraphe.

(*Arch. dép. de Nancy,* papiers de l'anc. Intend. de Lorraine.)

N° 48.

VERRERIE DE WINGEN.

A quelques cents mètres de la verrerie de Hochberg, on voyait, au commencement du xvIII^e siècle, s'élever une autre usine du même genre, la verrerie de Wingen. Le territoire de ces deux fabriques, aujourd'hui compris dans une même banlieue (la banlieue de Vingen), appartenait alors à deux seigneuries différentes.

Tandis que Jean-Adam Stenger s'établissait à Hochberg, dans les domaines des comtes de Hanau-Lichtenberg, Jean Krebs s'installait à Wingen, sous les auspices de Théodore et de Chrétien III, comtes palatins du Rhin, ducs de Bavière, de Clèves et de Berg, princes de Moers, comtes de Veldentz, de Sponheim et de la Marche de Ravensberg. Krebs débuta par des défrichements et par la construction d'une scierie, puis il installa une verrerie. Trois beaux emphytéotiques des 22 décembre 1714, 9 avril 1715 et 12 mars 1716, réunis le 18 décembre 1724 en une concession unique, accordaient des droits importants à la verrerie, à la cense et à la scierie de Wingen. Parmi ces droits figurait notamment celui de prendre gratuitement, dans la forêt de Wingen, tout le bois de chauffage hêtre et tout le bois de marnage nécessaire à la verrerie et à la cense.

Krebs exploita pendant sa vie l'ensemble des concessions qu'il avait obtenues ; mais après sa mort, qui paraît être survenue avant 1752, la verrerie ne tarda pas à entrer en chomage. Ses trois gendres Jacques Stenger, Jean-Jacques Allenbach et Pierre Brumm firent renouveler à leur profit personnel le bail de 1724, et ils obtinrent, le 27 décembre 1752, un nouveau titre, qui les investit de l'Emphytéose, au détriment de leurs enfants mineurs. Cet acte réduisait dans des proportions désastreuses les délivrances de bois à recevoir de la forêt de Wingen, et il eut pour conséquence naturelle la cessation, en 1758, du travail de la verrerie. Mais plus tard, les petits-enfants de Pierre Brumm protestèrent contre les irrégularités dont ils avaient été victimes, et un arrêt, rendu le 5 juin 1787, par le conseil souverain d'Alsace, fit droit à leur demande, et déclara entaché de nullité le bail de 1762. A partir de cette époque, et jusqu'à ces temps derniers, les emphytéotes de Wingen, qui n'ont jamais cessé de recevoir une délivrance annuelle de bois de chauffage hêtre, destiné à leurs ménages, firent d'incessants efforts pour arriver à la reconstruction et à l'exploitation de la verrerie, dont les privilèges importants se transmettaient soit par héritage, soit par des contrats de vente, en même temps que les parts du droit au bois de chauffage des maisons.

Lorsque la Révolution de 1789 eut fait passer la seigneurie au domaine de l'État, les emphytéotes essayèrent de ressaisir une partie de leurs droits, mais rencontrèrent de l'opposition de la part des agents forestiers de l'époque. Il en résulta un procès, qui se termina en première instance par un jugement du tribunal de Saverne, du 25 thermidor an XI. Le Préfet du Bas-Rhin ayant interjeté appel de ce jugement, tout favorable aux emphytéotes, ceux-ci, pour éviter de plus longs démêlés, offrirent de renoncer à quelques-uns de leurs droits. Il intervint alors, le 16 mai 1806, une transaction approuvée par décret impérial du 21 septembre 1810, qui confirma expressément, au profit des emphytéotes, le droit de recevoir gratis dans la forêt de Wingen, tout le bois de chauffage hêtre nécessaire à leur verrerie, le bois de marnage pour leurs constructions, et une délivrance annuelle de 230 st. 04 hêtre, pour leur chauffage personnel. La transaction ne stipulait aucune déchéance en cas de chômage de l'usine, et même elle prévoyait ce chômage. Après avoir, de 1806 à 1815, perçu le bois de hêtre destiné à l'usine, bois que, avec le consentement de l'administration, ils vendaient à la verrerie de Hochberg, les emphytéotes de Wingen firent une demande de bois de marnage pour la reconstruction de leur propre verrerie. Sans nier l'obligation que leur imposait la transaction de 1806, les agents forestiers cherchèrent à l'éluder. De là une nouvelle action judiciaire intentée par les emphytéotes et qui fut arrêtée par l'étude d'un projet de cantonnement. Il y eut alors une instance administrative, qui se termina en leur faveur, par un avis du Conseil d'État du 22 juillet 1847, et par une décision du ministre des finances du 11 août de la même année. Mais cette décision, qui reconnaissait aux emphytéotes tous les droits stipulés par la transaction de 1806, ne leur fut point signifiée ; elle resta dans les cartons de la préfecture du Bas-Rhin et n'en sortit qu'en 1859, pour être mentionnée dans un projet de cantonnement que les agents forestiers soumirent, à cette époque, aux emphytéotes, en vue du rachat de leur droit, relativement minime, au bois de chauffage des maisons. Les intéressés, auxquels l'administration notifia qu'elle les considérait comme déchus des droits afférents à la verrerie de Wingen, répondirent en revendiquant ces droits, et se mirent en devoir de réédifier leur usine. Ils obtinrent, le 10 octobre 1863, une décision ministérielle absolument favorable encore, et que suivit la délivrance gratuite d'un fort acompte sur les bois de marnage qu'ils avaient demandés pour leurs constructions. Le 29 mai 1864, ils formèrent entre eux une société en commandite par actions, sous la raison Chrétien Teutsch et Cie, et ils allaient s'occuper des premiers travaux, lorsque l'administration forestière leur opposa une difficulté toute particulière, en exigeant que la verrerie fût exactement reconstruite sur l'emplacement du siècle dernier, c'est-à-dire sur un emplacement que personne ne pouvait plus désigner d'une manière précise. De là un procès, dans lequel l'État produisit de nombreuses autres objections, mais qui se termina en première instance à Saverne, le 16 novembre 1869, par un jugement tout favorable aux emphytéotes. L'administration française interjeta appel de ce jugement, et l'affaire fut portée devant la Cour de Colmar, où, en suite de l'annexion, les emphytéotes se trouvèrent bientôt en face d'un nouvel adversaire, l'administration allemande. Après de longues démarches, pour obtenir une solution, ils virent enfin leur procès jugé le 7 mai 1877. L'arrêt qui fut rendu à cette date anéantit complétement leur entreprise et leurs espérances. La Cour de Colmar estimant que d'après le titre primordial, les droits de la verrerie avaient été concédés en vue de favoriser le défrichement et la culture des terrains du ban de Wingen, débouta la société Chrétien Teutsch et Cie, par ce motif principal, et peu en harmonie avec les notions industrielles de notre époque, que la société ne possédait et ne cultivait point les terres de l'ancien ban de Wingen, et qu'elle ne saurait, dès lors, exercer les droits afférents à la verrerie. La société Chrétien Teutsch et Cie, qui effectivement ne détenait point les centaines d'hectares de terres et de prés de l'ancienne cense, et qui, dans l'intérêt même de son industrie verrière, ne se souciait point de cumuler celle-ci avec une immense exploitation agricole, dut s'incliner devant cet arrêt, et prononça sa dissolution, dans une dernière assemblée de ses actionnaires, qui eut lieu le 16 février 1879.

(Ed. Teutsch.)

FIN.

TABLES

TABLE ANALYTIQUE DES MATIÈRES

Introduction.

Pages.

Plan de l'ouvrage. — Documents et publications consultés. — Monnaies et mesures du duché de Lorraine, et spécialement du comté de Bitche   v

Chapitre Ier.

Le comté de Bitche.

Ses possesseurs successifs. — Ses limites, sa topographie. — Ses forêts; droits d'usage de ses habitants. — Sa population. — Son industrie   1

Chapitre II.

L'art de verrerie dans les temps anciens.

La verrerie dans les Gaules, et particulièrement dans les province du nord-est. — Anciennes verreries de la Lorraine. — Les historiens ne rapportent rien des verreries du comté de Bitche antérieures au xviiie siècle   19

Chapitre III.

Verreries du comté de Bitche aux xve, xvie et xviie siècles.

Ces verreries forment deux groupes distincts. — Groupe de la vallée de la Schwolbe : Riderchingen, Neukirchen, la « Vieille verrerie », Holbach. — Groupe de la vallée de Muntzthal : Hutzelthal, Glasthal, Meisenthal, Muntzthal, Eidenheim, Speckbronn, La Soucht. — Villages fondés par des verriers.   35

Chapitre IV.

Verreries du comté de Bitche au xviiie siècle.

Traité de Ryswick, le duc de Lorraine reprend possession de ses États. — Après Louis XIV, Léopold continue applica-

tion de mesures propres à relever la Lorraine. — Il autorise
l'érection des verreries de Meisenthal et de Goetzenbruck.
— François III et Stanislas suivent d'autres errements. —
Augmentation des impôts, émigrations.—Mort de Stanislas,
incorporation de la Lorraine à la France. — Acensement de
la métairie domaniale de Muntzthal, à charge d'y construire
une verrerie. — Monographie des usines de Meisenthal et de
Goetzenbruck ; de la cense de Muntzthal et de la verrerie
de Saint-Louis. — Projets d'établissements verriers 63

Chapitre V.
Exploitation des verreries du comté de Bitche.

Leur organisation. — Mode de fabrication. — Nature des
produits fabriqués ; leurs débouchés. — Privilèges des verriers 133

Chapitre VI.
Verre cristallin et cristal à base de plomb.

Découverte du verre cristallin à Murano. — Sa propagation
dans divers pays d'Europe. — Découverte, en Angleterre,
du cristal à base de plomb. — La verrerie de Saint-Louis
introduit sa fabrication en France. — Le cristal à l'Académie
royale des sciences. — Cristalleries de Sèvres, de Montcenis,
de Vonêche 141

Chapitre VII.
Verreries limitrophes du comté de Bitche.

Montbronn (Principauté de Lixheim). — Ludwigsthal, Obermattstall et Hochberg (comté de Hanau). — Wingen
et Kalenburg ou Rosteig (comté de La Petite-Pierre). —
Schüsselthal (comté de Hanau ?) 155

Appendice.
Pièces justificatives.

Édits, décrets, arrêts du Conseil d'État et de la Chambre des
comptes, lettres patentes, contrats d'acensement, baux, dénombrements, extraits des comptes du Domaine et de la
gruerie de Bitche, actes notariés, etc. 167

LISTE ALPHABÉTIQUE

DES NOMS DE PERSONNES ET DES NOMS DE LIEUX

CITÉS DANS L'OUVRAGE.

ABRÉVIATIONS : Acad. fr., de *l'Académie française;* Acad. sc., *de l'Académie des sciences;* adj. ferm., *adjudicataire des fermes des duchés;* all., *allemand;* angl., *anglais;* antiq., *antiquaire;* archit., *architecte;* archiv., *archiviste;* ast., *astronome;* censit., *censitaire;* chim. verr., *chimiste verrier;* chron., *auteur de chroniques;* com. pal., *comte palatin;* contrôl. recet., *contrôleur de recettes;* D. P., *Deux-Ponts;* direct. de Verr., *directeur de Verrerie;* emph., *emphytéote;* ferm., *fermier;* ferm. gén., *fermier général;* flor., *florentin;* gard. mart., *garde-marteau;* géog., *géographe;* gruy., *gruyer;* Han. Licht., *Hanau; Lichtenberg;* hist., *historien;* Holl., *Hollande;* insp. mines, *inspecteur général des mines;* intend., *intendant du comté de Bitche;* litt., *littérateur;* Lorr., *Lorraine;* m. de Forg., *maître de Forges;* m. de Verr., *maître de Verrerie;* minér. sax., *minéralogiste saxon;* nat., *naturaliste;* nég., *négociant;* ouv. Holl., *ouvrier en bois de Hollande;* pal., *palatin;* phil. all., *philosophe allemand;* prés. Ch. compt., *président de la Chambre des comptes de Lorraine;* proc. Ch. compt., *procureur près la Chambre des comptes de Lorraine;* pub., *publiciste;* recev. gruy., *receveur et gruyer;* sax., *saxon;* suéd., *suédois;* vén., *vénitien;* verr., *verrier.*

Adalbert, duc de Lorr., 1.
Agricola (Georges), minér. sax., 136.
Alaterre (Julien), adj. ferm., 108.
Albertingen, cense, 10.
Alexandrie d'Égypte, 142.
Alix (Thierry), prés. Ch. compt., 1, 2, 3, 7, 8, 9, 14, 16, 17, 25, 27, 28, 37, 38, 45, 53, 133.
Allenbach (Jean-Jacques), emph., 161.
Althorn, village, 17.
Amalric (Félix-Victor), nég., 130.
Amélie, princesse de D. P., 3.
Andrêheim, vieux ban. Voir *Eidenheim.*
Anthoine (François-Paul-Nicolas), censit., 116.
Anthoine (Jean-François), censit., 110, 111, 116.
Antoine, duc de Lorr., 24, 142.
Artigues (d'), m. de Verr., 119, 152.
Audenelle (J.), 30, 87, 146.

Baccalan, *pro* Poncet, 91, 93.
Baccarat, verrerie, 152.

Bainville-aux-Miroirs, verrerie, 31.
Banstein, hameau, 5.
Baquol, litt., 164.
Barthelemy (Michel), 120, 122, 123.
Beaufort (François de), direct. de Verr., 114, 130, 147, 149 à 152.
Beaupré, antiq., 22, 23, 30, 31.
Belon (Pierre), du Mans, nat. voy., 142, 143.
Benoît (Arthur), litt., 36.
Berger (Michel), m. de Verr., 96, 119, 123.
Berger (Pierre), direct. de Verr., 34.
Bernard (Henry), ferm., 100.
Bernhold, 162, 163.
Berovieri, verr. ven., 142.
Biningen, ou *Beningen,* village, 10, 66.
Bitche, ville et château, 3, 4, 9, 41, 45.
Bitche, verrerie, 56.
Bontemps (G.), direct. de Verr., pub., 144, 146, 152.
Bosc d'Antic, chim. verr., 66.
Bouteiller (de), 45.
Brumm (Pierre), emph., 158, 161.
Burgun (Adam), censit., m. verr., 80.
Burgun (Adam), m. de Verr., 124.
Burgun (Étienne), censit., m. verr., 80.
Burgun (Jean-Nicolas), censit., m. verr., 70.
Burgun (Joseph), m. de Verr., 119, 124, 157.
Burgun (Martin), censit., m. verr., 70.
Burgun (Mathieu), direct. de Verr., 33.
Burgun (Nicolas), censit., 124.
Burgun (Sébastien), m. verr., 60, 68, 70.
Burty (Philippe), pub., 147.
Buszuueiller, village, 10.

Calmet (Dom), érudit, hist., 2.
Caqueray (Philippe de), m. verr., 26, 36.
Cassini, ast., Acad. sc., 6, 15, 37, 56, 156, 160, 162.
Chambré, nég., 34.
Charles III, duc de Lorr., 3, 4.
Charles IV, duc de Lorr., 41.
Charles-Henry de Lorr., 41.

LISTE ALPHABÉTIQUE DES NOMS.

Charlotte d'Orléans, régente de Lorr., 100.
Chrétien III, com. pal., 160.
Cochet (l'abbé), antiq., 20.
Coetlosquet (baron du), censit., 116, 119, 124.
Coetlosquet (comte L. du), 111.
Colchen, préfet, 30, 81, 87, 96, 121, 146.
Collin-Comble (Pierre-François), 120, 123.
Copher (Jean), ouv. Holl., 18.
Corneille (Thomas), Acad. fr., 10.
Corny (de), 152.
Creusot. Voir *Le Creusot*.
Creutzer (P.), 64, 65.
Cueullet (Jacquemin), gruy., 8, 16, 38, 42, 44.

Desnoyers (Louis-Charles), 120, 123.
Diétrich, m. de Forg., 75.
Diétrich (baron de), Acad. sc., 26, 28, 29, 80, 95, 96, 114, 116, 127, 156, 163.
Dithmar (Jean-Frédéric), censit., 129.
Dithmar (Pierre), recev. gruy., 56.
Dosquet, l'aîné, censit., 111, 116.
Du Cange, érudit, 11.
Durival, litt., hist., 7, 27, 28, 40, 86, 87, 94.

Eguelshardt, cense, 10, 17.
Eidenheim, moulin et verrerie, 35, 40, 42, 52 à 55, 138.
Eppenbronn, village, 4.
Erlich (Sébastien), m. verr., 50.
Estienne (Henri), litt., 25.
Evrard ou Eberhard, comte de D. P., 2.

Félibien (André), archit., 36.
Figuier (Louis), pub., 110, 147, 151.
Fillon (Benjamin), antiq., 20, 27.
Fisbach, hameau, 4.
Forsheim, village, 4.
Fougeroux de Bondaroy, Acad. sc., 147, 148, 151.
Franckhauser (Michel), m. verr., 80.
François III, duc de Lorr., 63, 65, 99, 100.
Frohmmuhl, moulin, 43, 46.

Genot (Jean), 120, 123.
Gérard d'Alsace, duc de Lorr., 2.
Gerspach, pub., 110.
Glashutte, hameau, 157.
Glassenberg, hameau, 47.
Glasthal, verrerie, 35, 39, 48, 49.
Goetzenbruck ou *Gotzbrick,* verrerie et village, 28, 33, 34, 44, 58, 63, 64, 67, 70, 78, 79, 80, 85 à 98, 119, 127, 134, 135, 137, 138, 139.
Gerstersberg, cense, 10.
Goudchaux (Cerf), 120.
Grœsselé (Bartholomé), emph., 158.
Granchés, nég., 149.
Grand-Soldat, verrerie, 39.
Greiner (Adam), m. verr., 50.
Greiner (Jean), m. verr., 50.
Greiner (Léonard), m. de Verr., 50, 56, 57, 58.
Greiner (Martin), m. de Verr., 49, 50, 57, 156, 157.
Greiner (Paul), m. verr., 50.
Grenier, emph., 156.
Greppen, village, 4.
Griveyer (Jean-Georges), ouv. Holl., 18.
Grote (H.), 2.
Guemund. Voir *Sarguemines.*

Haguenau, ville, 95.
Hanviller, village, 126, 128.
Haspelscheidt, village, 16.
Hausen, 75.
Haussonville (d'), hist., 99.
Hecht (Dr L.), 66.
Henri II, duc de Lorr., 7, 155.
Héron de Villefosse, insp. mines, 30, 146.
Hertzog (Bernard), chron., 88.
Hilt (Jean-Nicolas), m. verr., 70, 90.
Hochberg, verrerie et village, 155, 157 à 160.
Hochweyersberg, château, 17.
Hoff (Georges), m. verr., 50.
Holbach (baron d'), phil. all., 143, 144.
Holbach, verrerie et hameau, 27, 35, 38, 40 à 50, 54, 61, 133, 138.

Horn, hameau, 17.
Horn (La), rivière, 67, 127.
Huber (Jean), m. verr., 50.
Hugo (A.), pub., 146, 152.
Hulscht, village, 4.
Huober (Adam), contrôl. recet., 58.
Huober (Jean), contrôl. recet., 57.
Hutzelthal, verrerie, 35, 39, 48, 49.

Jacques, comte de D. P., 2, 3, 45.
Jacquet, 7.
Jaillot (H.), géog., 3, 17, 47, 56, 163, 164.
Jean de Calabre, duc de Lorr., 23.
Jean René, comte de Han. Licht., 4, 158.
Johannesberg, hameau, 163.
Jolly (René-François), censit., 54, 75, 101, 102, 105 à 111, 116, 118.
Jourdan (Antoine-Gabriel-Aimé), nég., 119, 121.

Kalenburg, verrerie, 155, 158, 162, 163.
Kaltenhausen, faubourg de Bitche, 10.
Kauffelt (Pierre), censit., 156.
Keyserslautern, ville, 9.
Klabach, moulin, 94.
Kœnigsberg. Voir *Mont-Royal.*
Koch. Voir Copher.
Krebs (Jean), emph., 160, 161.
Krebs (Nicolas), m. verr., 50.
Kreiner ou Greiner, m. verr., 57, 59.
Kunckel (Jean), chim. verr. suéd., 143, 144.

La Haye, verrerie, 26, 36.
Lambert, m. verr., 146, 147, 152.
Lambert (Charles), 124.
Lanaux (Louis), censit., 80.
La Petite-Pierre, ville, 119.
Laprairie (Moutardier dit), 120.
Lasalle (Albert), censit., 110, 111.
Lasalle (François), censit., 110, 111, 112, 115, 116, 127, 148.
La Soucht, verrerie, cense et village, 28, 34, 35, 40, 41, 42, 48, 50, 56 à 61, 68, 70, 80, 84, 85, 86, 95, 104, 119, 134, 138.

Laubespin (marquis de), 126, 127, 128.
Lazari (Vincenzo), antiq., 142
Le Creusot, verrerie, 147.
Lemberg, château, 3, 9, 10.
Lemberg, village, 3, 9, 37, 61, 66, 115.
Léonhardt. Voir Greiner (Léonard).
Léopold, duc de Lorr., 40, 48, 63, 64, 68, 86, 98, 99.
Lepage (Henri), archiv., 31, 32, 39.
Le Vaillant de la Fieffe (O.), antiq., 26, 36.
Levis de Mirepoix, 130.
Liederscheidt, village, 15.
Lipmann, 152.
Longuerue (Dufour abbé de), litt., 45.
Lorin (Louis), direct. de Verr., 119, 123.
Louis, comte de Nassau, 7.
Louis le Noir, com. pal., 53.
Louis XIII, 36.
Louis XIV, 63.
Louis XV, 139, 152.
Loysel (Pierre), chim. verr., 19, 130.
Ludwigsthal, verrerie, 155, 156.
Lutzelhardt, château, 4.

Macquer, Acad. sc., 147, 148, 151.
Magny (Jules), 146.
Marcus (A.), 117.
Marguerite-Louise, princesse de D. P., 2, 45.
Martin ou Greiner (Martin), m. de Verr., 57.
Mathon, 20.
Meisenthal, verrerie et village, 28, 33, 35, 39, 48, 49, 53, 60, 61, 63, 64, 67 à 86, 90, 93, 95, 104, 119, 127, 134 à 139.
Meisenthal, moulin, 18, 39.
Mercator (Gérard), géog., 24, 25.
Merret (Chr.), nat. angl., 143, 144.
Metz, ville, 9, 21, 22, 25, 33, 146.
Moder (La), rivière, 60, 67, 164.
Montbronn, village et verrerie, 6, 15, 53, 54, 155.
Montcenis, verrerie, 141, 146, 147, 152.
Montigny, village, 21.

Montmorency-Laval, évêque de Metz, 152.
Mont-Royal, village, 61.
Mouterhausen, cense et forges, 2, 41, 64, 75, 128 à 131.
Muntzthal, verrerie et cense, 35, 39, 40, 41, 42, 47, 49 à 58, 60, 63, 75, 98 à 112, 115, 116, 121, 134, 138, 145, 148, 157.
Muntzthal, moulin, 54, 104, 106, 109.
Murano, verreries, 141, 142, 143.

Nancy, ville, 32.
Nantes, verrerie, 35, 38, 41 à 46.
Neri, chim. verr., flor., 143, 144.
Neukirchen, verrerie, 35, 38, 41 à 44.
Neyreider (Christophe), ouv. Holl., 18.
Nieder-Gailbach, village, 7.
Noël, litt., 100.
Nouveau-Atheim, village, 7, 10.

Obermattstall, verrerie, 119, 124, 155, 156, 157.
Oberstembach, village. Voir *Steinbach*.
Offweiler, village, 4.
Ollivier (Pierre-Étienne), censit., 101, 110, 111.
Ortelius (Abraham), géog., 24, 25.
Oster (l'abbé), 43.

Panard, chansonnier, 37.
Paris, ville, 25, 32.
Pavie, ville, 142.
Peligot (Eug.), Acad. sc., 145, 147.
Petit-Arnsperg, château, 4.
Petit-Rederching, village, 15.
Philésius (Jean), 2.
Philippe V, comte de Han. Licht., 2, 3, 4, 45.
Philippe de Linange-Westerbourg, 3.
Philippe IV, *dit* Le Bel, 26, 36.
Pline l'Ancien, 21.
Poncelet (Claude), 120, 123.
Poncelet (le général), Acad. sc., 146, 151.
Poncet (Jean-Georges), gard. mart., 40, 85, 87, 89, 90, 91, 93.
Portieux, verrerie, 107.
Préaudeau de Chemilly, censit., 128, 129, 130.

Ptolémée, ast., 2.

Raon-en-Vosges, verrerie, 31.
Reinhard, comte de D. P., 2.
Reinhard, comte de Han. Licht., 158.
Renault (Antoine), direct. de Verr., 152.
René d'Anjou, duc de Lorr., 23.
Reyerswiller, village, 16.
Riderchingen, verrerie, 12, 35, 38, 41, 42, 44.
Rimlingen ou *Rumlingen,* village, 10, 45, 88.
Rimlinger, 96.
Ristelhuber (P.), litt., 164.
Rohrbach, village, 66.
Rolland (Dominique), 120, 123.
Romenécourt (de), intend., 51, 98.
Roppewiller, village, 16, 66.
Roslaye ou *Rosteig,* verrerie. Voir *Kalenburg.*

Saint-Cloud, verrerie, 141, 146, 147, 152.
Saint-Louis, verrerie, 28, 61, 63, 67, 75, 79, 94, 101 à 126, 130, 139, 141, 145 à 152.
Sarbruck, ville, 88.
Sarguemines, ville, 88.
Sarre, rivière, 9.
Schaut, verrerie. Voir *Schüsselthal.*
Schiresthal, censes et hameau, 18, 28, 61, 84 à 86.
Schirmer (André), ouv. Holl., 18.
Schmitt, ferm., 101.
Schneider (Bernard), ferm., 101.
Schneider (Michel), ferm., 100.
Schoepflin (D.), hist., 157, 160, 163.
Schorbach, village, 10.
Schuerer (Antoine), censit., 80.
Schurer (Jean), m. verr., 50.
Schüsselbœchel, ruisseau, 164.
Schüsselthal ou *Schüssersthal,* verrerie, 155, 163, 164.
Schwalbach (Le), rivière. Voir *Schwolb* (Le).
Schweigs, village, 4.
Schwerer, m. de Verr., 81.

Schwolb (Le), rivière. Voir *Horn (La)*.
Schwolbe (La), rivière, 35, 37, 40, 42, 45, 133.
Seiler (Jacques), m. de Verr., 119, 121 à 126, 157.
Sèvres, verrerie, 141, 146, 152.
Siersthal ou *Syersdhal*, village, 41, 43.
Sigward (Stoffel), m. verr., 50.
Smalendal, village, 17.
Soucht. Voir *La Soucht*.
Speckbronn, verrerie et hameau, 15, 35, 39, 52, 55, 59.
Specklin (Daniel), 156, 160.
Spinola (marquis de), 130.
Stanislas, duc de Lorr., 5, 6, 33, 63, 65, 67, 75, 101.
Steinbach, village, 4, 10, 17.
Steinbach (Christian), ouv. Holl., 18.
Steinhausen, village, 5.
Stenger (Adam), m. de Verr., 57, 58, 59.
Stenger (François), emph., 158.
Stenger (Jacques), emph., 161.
Stenger (Jean), m. de Verr., 59, 163.
Stenger (Jean-Adam), emph., 158.
Stenger (Jean-Jacques), m. de Verr., 158, 163.
Stenger (Martin), m. verr., 68.
Stenger (Pierre), m. verr., 91, 94.
Strauss (Valentin), censit., 156.
Strulbach, ruisseau, 5.
Sturtzelbronn, abbaye, 3, 9, 16, 17, 41, 75.

Tessin, rivière, 142.
Teutsch (Chrétien), m. de Verr., 142, 159, 161, 162.
Teutsch (Édouard), m. de Verr., 159, 162.
Teutsch (Henri), m. de Verr., 159.
Teutsch (Victor), m. de Verr., 159.
Théodore, com. pal., 160.
Thibault, proc. Ch. compt., 75, 108, 110, 111.
Thilloy (Jules), 2, 53, 56.
Thirion (Philippe-Louis-Sébastien), 120.
Troulben, village, 4.
Turckheim (de), 162.
Turgan, pub., 147.

Udweiller, cense, 10.
Undereiner (André), 100.
Undereiner (François), 100.
Undereiner (Jacques), 100.
Undereiner (Louis), censit., 54, 100, 104, 106.
Undereiner (Mathieu), censit., 51, 100.
Undereiner (Michel), censit., 75, 98, 99, 100, 104, 106, 120.
Undereiner (Pierre), censit., 51, 52, 98, 100.
Undereiner (Simon), censit., 75, 98, 99, 100, 120.
Urweiller, village, 4.
Utweiller, village, 7.

Veimman (Jean), ouv. Holl., 18.
Velbach, village, 10.
Venise, verreries, 142.
Vieille Verrerie, verrerie, 35, 38, 42, 43, 44.
Vieux-Allheim, village, 7, 10.
Vivien de Saint-Martin, géog., 66.
Viville, 30, 146.
Volcyr de Sérouville, 24, 142.
Vonêche, verrerie, 141, 152.

Waldeck, cense, 10, 17.
Walschbronn, village, 5, 10.
Walter, m. de Verr., 91, 95, 119, 121 à 126.
Walter (Adam), censit., 58, 68, 80.
Walter (Adam), m. de Verr., 60.
Walter (André), direct., de Verr., 33.
Walter (Étienne), m. verr., 68, 90, 94.
Walter (Gaspard), m. de Verr., 81, 91, 119, 124.
Walter (Georges), l'aîné, m. de Verr., chron., 33, 34, 35, 38, 39, 48, 50, 55, 57 à 60, 68, 87, 88, 96, 119, 123, 135, 163.
Walter (Georges), le jeune, m. de Verr., 119, 123.
Walter (Jean-Martin), m. verr., 68, 90, 91.
Walter (Jean-Nicolas), m. verr., 68, 90.
Walter (Martin), m. de Verr., 119, 124.
Walter (Pierre), m. verr., 50, 58, 59, 60, 68.
Waltreid (Jean-Nicolas), censit., 80.
Weissembourg, ville, 95.

Wieswiller, village, 7.
Wingen, village et verrerie, 155, 160, 162.
Wittmeyer, m. de Verr., 158, 159.
Woelfling, ou *Wolflingen,* village, 7.
Wolmunster, village, 15, 66.

Zimmermann (Maurice), censit., 156.
Zinsel (La), rivière. Voir *Moder (La).*
Zoller (Frédéric de), ferm. gén., 69, 70.

INDEX

DES DESSINS ET DES PLANS TOPOGRAPHIQUES

	Planches,	pages.
Armoiries du comté de Bitche. 1513	j	3
Le *Dreypeterstein*, borne tribanale armoriée	ij	5
Coupe en verre, trouvée en 1880 à la *Lunette d'Arçou*, près de Metz	iij	23
Verrerie de Eidenheim. 1755	iv	53
Verres à boire, trouvés en 1843, sur l'ancien ban de Eidenheim	v, vj	55
Verrerie de Meysendhal. 1749	vij	68
Verrerie de Goetzenbruck. 1741	viij	91
Cense de Munsthal. 1737	ix	99
Verrerie de Saint-Louis. 1770	x	111
Manufacture de glaces de Mouterhausen. 1793	xj	131
Un colporteur de verre au xvie siècle	xij	137

FIN DES TABLES.

Nancy, impr. Berger-Levrault et Cie.

NOTE RECTIFICATIVE

CONCERNANT LA VERRERIE DE HOLBACH.

Ce qui est écrit page 45, lignes 11 à 16, sur l'époque de la fondation de cette usine, doit être rectifié et remplacé par ce qui suit :

On peut, avec toute vraisemblance, placer la date de l'érection de la verrerie vers 1550, par ces motifs que son admodiation, qui prit fin en 1583, a dû avoir, comme toutes celles des fours de verrerie du pays, une durée de 30 années ; que, d'ailleurs, cette admodiation n'a pas pu être le renouvellement d'un bail antérieur, puisque c'est en 1540 seulement que la mort du comte Simon VII (Wecker) a mis le comte Jacques, créateur de l'usine, en possession de la terre de Bitche. (H. GROTE, *Stammtafeln*, p. 153.)

ERRATA

Pages.	Lignes.	Au lieu de :	Il faut lire :
XXI	1	pieds de Lorrain,	pieds de Lorraine.
51	5	de Romécourt,	de Romenécourt.
57	15	La Verrerie du Sucht,	La Verrie du Sucht. (Voir page 190.)
75	13	1570,	1750.
87	28, 29	signification,	étymologie.
88	31	dole,	idole.
89	14	Hetscheidt,	Helscheidt.
98	11	de Romécourt,	de Romenécourt.
102	26	*Helscheid,*	*Helscheidt.*
103	24	*Schlossber,*	*Schlossberg.*
121	24	Muntzthal,	Muntzthal (Saint-Louis)
156	15	au démembrement,	un démembrement.
237	3	Rauleu,	Raulin.
240	19	sens,	cens.
163	19	par ladite verrerie,	pour ladite verrerie et.
315	21	soxante sept,	soixante sept.
349	7, 8	*Hanau; Lichtenberg,*	*Hanau-Lichtenberg.*
349	15	après verr., *verrier,* il faut ajouter : voy., *voyageur.*

TABLE GÉNÉRALE

	Pages.
Introduction.	v
Les verreries du comté de Bitche	1
Pièces justificatives	167
Table analytique des matières	347
Liste alphabétique des noms de personnes et des noms de lieux.	349
Index des dessins et des plans topographiques.	360
Note rectificative concernant la verrerie de Holbach	361
Errata.	363

www.ingramcontent.com/pod-product-compliance
Lightning Source LLC
Chambersburg PA
CBHW052120230426
43671CB00009B/1059